"十三五"职业教育 国家规划教材

 国家职业教育软件技术专业 教学资源库配套教材

 高等职业教育计算机类课程 新形态一体化教材

C#程序设计

（第3版）

▶主编 郑卉 陈海珠

高等教育出版社·北京

内容简介

本书是"十三五"职业教育国家规划教材，也是国家职业教育软件技术专业教学资源库"C#程序设计"的配套教材。本书是按照高职高专软件技术人才培养方案的要求，总结近几年国家示范性高职院校软件技术专业教学改革经验编写而成。

本书以任务驱动方式组织知识点，全书共分为7个单元，主要内容包括C#语言简介、C#语言基础、面向对象的C#、C#进阶编程、Windows窗体、数据访问、综合应用。本书理论与实践并重，内容循序渐进，语言和示例代码简洁易懂，而且配有大量的实训任务，便于读者上机操作。通过对各个单元的学习加深对知识的理解，强化学生分析问题和解决问题的能力，激发学生的创新实践能力。

本书配有微课视频、授课用PPT、案例素材、习题答案等丰富的数字化学习资源。与本书配套的数字课程"C#程序设计"已在"智慧职教"平台（www.icve.com.cn）上线，学习者可以登录平台进行在线学习及资源下载，授课教师可以调用本课程构建符合自身教学特色的SPOC课程，详见"智慧职教"服务指南。教师也可发邮件至编辑邮箱1548103297@qq.com获取相关资源。

本书适合作为高等职业院校相关专业的C#课程教材，也适合作为各类工程技术人员和程序设计人员的参考用书。

图书在版编目（CIP）数据

C#程序设计／郑卉，陈海珠主编．—3版．——北京：高等教育出版社，2022.7

ISBN 978-7-04-055982-8

Ⅰ.①C⋯　Ⅱ.①郑⋯　②陈⋯　Ⅲ.①C语言–程序设计–高等职业教育–教材　Ⅳ.①TP312.8

中国版本图书馆CIP数据核字（2021）第061280号

C# Chengxu Sheji

策划编辑	傅　波	责任编辑	傅　波	封面设计	赵　阳	版式设计	于　婕
插图绘制	黄云燕	责任校对	马鑫蕊	责任印制	韩　刚		

出版发行	高等教育出版社	网　址	http://www.hep.edu.cn
社　　址	北京市西城区德外大街4号		http://www.hep.com.cn
邮政编码	100120	网上订购	http://www.hepmall.com.cn
印　　刷	涿州市星河印刷有限公司		http://www.hepmall.com
开　　本	787mm×1092mm　1/16		http://www.hepmall.cn
印　　张	22	版　次	2013年5月第1版
字　　数	600千字		2022年7月第3版
购书热线	010-58581118	印　次	2022年7月第1次印刷
咨询电话	400-810-0598	定　价	55.00元

本书如有缺页、倒页、脱页等质量问题，请到所购图书销售部门联系调换
版权所有　侵权必究
物　料　号　55982-00

"智慧职教"服务指南

"智慧职教"是由高等教育出版社建设和运营的职业教育数字教学资源共建共享平台和在线课程教学服务平台，包括职业教育数字化学习中心平台（www.icve.com.cn）、职教云平台（zjy2.icve.com.cn）和云课堂智慧职教App。用户在以下任一平台注册账号，均可登录并使用各个平台。

- 职业教育数字化学习中心平台（www.icve.com.cn）：为学习者提供本教材配套课程及资源的浏览服务。

登录中心平台，在首页搜索框中搜索"C# 程序设计"，找到对应作者主持的课程，加入课程参加学习，即可浏览课程资源。

- 职教云（zjy2.icve.com.cn）：帮助任课教师对本教材配套课程进行引用、修改，再发布为个性化课程（SPOC）。

1. 登录职教云，在首页单击"申请教材配套课程服务"按钮，在弹出的申请页面填写相关真实信息，申请开通教材配套课程的调用权限。
2. 开通权限后，单击"新增课程"按钮，根据提示设置要构建的个性化课程的基本信息。
3. 进入个性化课程编辑页面，在"课程设计"中"导入"教材配套课程，并根据教学需要进行修改，再发布为个性化课程。

- 云课堂智慧职教App：帮助任课教师和学生基于新构建的个性化课程开展线上线下混合式、智能化教与学。

1. 在安卓或苹果应用市场，搜索"云课堂智慧职教"App，下载安装。
2. 登录App，任课教师指导学生加入个性化课程，并利用App提供的各类功能，开展课前、课中、课后的教学互动，构建智慧课堂。

"智慧职教"使用帮助及常见问题解答请访问 help.icve.com.cn。

总　　序

国家职业教育专业教学资源库建设项目是教育部、财政部为深化高职院校教育教学改革，加强专业与课程建设，推动优质教学资源共建共享，提高人才培养质量而启动的国家级建设项目。2011年，软件技术专业被教育部、财政部确定为高等职业教育专业教学资源库立项建设专业，由常州信息职业技术学院主持建设软件技术专业教学资源库。

按照教育部提出的建设要求，建设项目组聘请了中国科学技术大学陈国良院士担任资源库建设总顾问，确定了常州信息职业技术学院、深圳职业技术学院、青岛职业技术学院、湖南铁道职业技术学院、长春职业技术学院、山东商业职业技术学院、重庆电子工程职业学院、南京工业职业技术学院、威海职业学院、淄博职业学院、北京信息职业技术学院、武汉软件工程职业学院、深圳信息职业技术学院、杭州职业技术学院、淮安信息职业技术学院、无锡商业职业技术学院、陕西工业职业技术学院17所院校和微软（中国）有限公司、国际商用机器（中国）有限公司（IBM）、思科系统（中国）网络技术有限公司、英特尔（中国）有限公司等20余家企业作为联合建设单位，形成了一支学校、企业、行业紧密结合的建设团队。依据软件技术专业"职业情境、项目主导"人才培养规律，按照"学中做、做中学"教学思路，较好地完成了软件技术专业资源库建设任务。

本套教材是"国家职业教育软件技术专业教学资源库"建设项目的重要成果之一，也是资源库课程开发成果和资源整合应用实践的重要载体。教材体例新颖，具有以下鲜明特色。

第一，根据学生就业面向与就业岗位，构建基于软件技术职业岗位任务的课程体系与教材体系。项目组在对软件企业职业岗位调研分析的基础上，对岗位典型工作任务进行归纳与分析，开发了"Java程序设计""软件开发与项目管理"等14门基于软件企业职业岗位的课程教学资源及配套教材。

第二，立足"教、学、做"一体化特色，设计三位一体的教材。从"教什么、怎么教""学什么、怎么学""做什么、怎么做"三个问题出发，每门课程均配套课程标准、学习指南、教学设计、电子课件、微课视频、课程案例、习题试题、经验技巧、常见问题及解答等在内的丰富的教学资源，同时与企业开发了大量的企业真实案例和培训资源包。

第三，有效整合教材内容与教学资源，打造立体化、自主学习式的新形态一体化教材。教材创新采用辅学资源标注，通过图标形象地提示读者本教学内容所配备的资源类型、内容和用途，从而将教材内容和教学资源有机整合，浑然一体。通过对"知识点"提供与之对应的微课视频二维码，让读者以纸质教材为核心，通过互联网尤其是移动互联网，将多媒体的教学资源与纸质教材有机融合，实现"线上线下互动，新旧媒体融合"，成为"互联网+"时代教材功能升级和形式创新的成果。

第四，遵循工作过程系统化课程开发理论，打破"章、节"编写模式，建立了"以项目为导向，用任务进行驱动，融知识学习与技能训练于一体"的教材体系，体现高职教育职业化、实践化特色。

第五，本套教材装帧精美，采用双色印刷，并以新颖的版式设计，突出重点概念与技能，仿真再现软件技术相关资料。通过视觉效果搭建知识技能结构，给人耳目一新的感觉。

本套教材是在第一版的基础上，几经修改，既具积累之深厚，又具改革之创新，是全国近20余所院校和20多家企业的110余名教师、企业工程师的心血与智慧的结晶，也是软件技术专业教学资源库多年建设成果的又一次集中体现。我们相信，随着软件技术专业教学资源库的应用与推广，本套教材将会成为软件技术专业学生、教师、企业员工立体化学习平台中的重要支撑。

高等职业教育软件技术专业教学资源库项目组

第 3 版前言

C# 是微软公司发布的一种由 C 和 C++ 衍生出来的面向对象的编程语言、运行于 .NET Framework 和 .NET Core(完全开源,跨平台)之上的高级程序设计语言。本书面向 C# 初学者,重点阐述 C# 语法基础、面向对象程序设计思想、窗体程序设计以及数据的存储和访问,使初学者能够掌握小型系统的设计与开发方法。本书内容循序渐进,符合高职学生的认知规律和学习规律。

编者紧随软件开发产业升级、技术发展以及 .NET 开发工具的更新,吸收专业和课程建设成果,突出职业教育的特点,深化产教融合、校企合作。本书的修订主要体现在以下三个方面。

一、强化课程思政实践性要求

与企业开发人员通力合作共同修订、优化本书结构和更新配套资源,通过编程实践活动和职业行为养成提升学生思想政治素养。实训任务单、项目案例等配套资源充分体现"培养具有'家国情怀、国际视野、创新思维、工匠精神'的高素质应用型专门人才与行业精英"的人才培养目标,同时聚焦对标"工程创新能力与适应变化能力"的核心需求。

二、将新技术及时纳入教学内容

相较于之前版本,Visual Studio 2019 升级改进跨度较大,是第一个支持使用 .NET Core3 来构建跨平台应用程序的集成开发环境。本次修订,编者重写了第 1 单元,针对如何使用 Visual Studio 2019 做了详细介绍。在第 6 单元、第 7 单元,针对数据库访问,编者根据最新的数据引擎做了较大修改,旨在帮助学生快速掌握新版本的编码工具。同时,为了保持准确性,对每个例题代码进行了重新调试,更新了对应的代码运行效果图。

三、进一步优化教材体例结构与语言规范,修订个别差错

本书于 2014 年出版第 1 版,2017 年出版第 2 版,截至 2021 年,每一学年,编者都会收集师生反馈意见与建议,对书中的文字描述、案例选择、图片展示进行不断完善,对使用过程中发现的错误进行纠正,力求内容表述简洁、浅显易懂。

本书由重庆电子工程职业学院郑卉、陈海珠主编,邓晶、李林、项刚参与编写。第 1 单元由邓晶编写,第 2 单元由李林编写,第 3 单元由项刚编写,第 4、第 5 单元由郑卉编写,第 6、第 7 单元由陈海珠编写,全书由郑卉统稿。重庆电子工程职业学院周静、曾洋对本书内容提出了改进建议,重庆朔悦科技有限公司技术总监陈心、重庆雷班纳科技有限公司项目经理刘枝正对本书的案例和实训任务单等配套资源优化也做出了贡献。感谢所有关心本书编写的师长和朋友。

本书配有微课视频、授课用 PPT、源代码、习题答案等丰富的数字化学习资源。与本书配

套的数字课程"C#程序设计"已在"智慧职教"平台（www.icve.com.cn）上线，学习者可以登录平台进行在线学习及资源下载，授课教师可以调用本课程构建符合自身教学特色的 SPOC 课程，详见"智慧职教"服务指南。教师也可发邮件至编辑邮箱 1548103297@qq.com 获取相关资源。

  由于编者水平有限，加之编写时间仓促，书中难免出现错误和不妥之处，敬请广大读者批评指正。

编　者

2022 年 4 月

第 1 版前言

一、缘起

.NET 是微软公司推出的新一代开发平台,在此平台上借助 .NET 所支持的编程语言,可以开发控制台程序、系统服务、Windows 窗体应用、Web 应用等多种类型的应用程序。.NET 应用程序的目标系统不仅包括传统的 Windows 系统,还可以用在微软公司所推出的其他各种系统平台上,如 Windows Phone、Windows Server 和 Windows Azure 平台等。

.NET 是在微软平台上进行软件开发的首选技术,它一经推出便受到了广泛的关注,经过十多年的发展,已经有许多软件系统构建在 .NET 平台之上,并且将会有更多的软件系统会采用 .NET 技术开发。整个 .NET 平台涉及的内容相当广泛,微软公司也在不停地推陈出新,不断发布 .NET 框架、.NET 编程语言和 Visual Studio 的新版本,这让学习者有点应接不暇,无所适从。本教材的编写目的是希望初学者少走弯路,帮助他们找到学习的方向。

从软件开发角度来看 .NET 平台,它包括开发工具和语言以及一个庞大的类库,.NET 的各种技术主要以类库以及编程语言特性来体现(如图 1 所示)。对于这样一个庞大的知识体系,学习者不可能在短时间内掌握。要学习 .NET 技术,首先应该掌握一门编程语言,然后再逐渐学习 ASP.NET、WCF、LINQ 等技术。本教材选择 .NET 平台上的首选开发语言 C#,将读者带入 .NET 的世界。

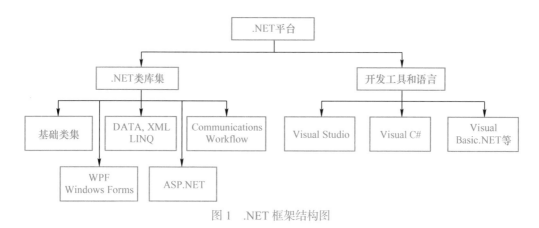

图 1　.NET 框架结构图

二、结构

本书定位于 .NET 的初学者,重点阐述 C# 基础语法、面向对象程序设计思想、窗体程序设计以及数据的存储,使初学者能够应对小型系统的设计与开发。教材内容安排遵循深入浅出、由易到难、循序渐进的原则,符合高职学生的认知规律。整个课程内容的学习路径分为学习准备、语言基础、进阶学习、知识提升四个阶段,如图 2 所示。

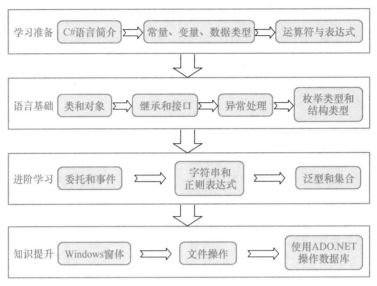

图 2 学习路径图

从学生认知规律的角度将教学内容分成了 7 个教学单元 23 个子任务,教学单元与子任务结构见表 1。

表 1 教学单元与子任务结构

序号	单元名称	子项目/任务
1	C# 语言简介	搭建 C# 开发环境
		创建 C# 应用程序
2	C# 语言基础	C# 的数据类型、变量和常量、运算符和表达式
		C# 的流程控制语句
3	面向对象的 C#	使用类和对象
		继承和多态
4	C# 进阶编程	异常处理
		枚举类型和结构类型
		委托和事件
		字符串和正则表达式
		使用集合和泛型
5	Windows 窗体	创建 Windows 应用程序
		常用窗体控件
		菜单、工具栏、状态栏和对话框
6	数据访问	读写文本文件和二进制文件
		管理文件和目录
		访问数据库
		使用数据控件

续表

序号	单元名称	子项目/任务
7	综合实例——图书馆管理系统	需求分析
		系统分析
		系统设计
		数据库与界面设计
		系统关键功能模块的编码实现

单元1 C#语言简介，介绍 .NET 框架和 C#，以及如何在 Visual Studio 中编写并调试程序，使读者对 .NET 程序开发的特点、方法、步骤有一个初步了解，并通过一个简单例子让读者迅速适应 Visual Studio 的开发环境。

单元2 C#语言基础，介绍 C# 语言的基础语法知识，包括变量、常量、数据类型、类型转换、数组、运算符和表达式以及流程控制语句。这些内容是编程语言的基础知识。

单元3 面向对象的 C#，介绍 C# 面向对象的编程特性，先介绍了类的定义方法，其中包括字段、属性、方法以及构造函数的定义，以及如何使用对象访问这些类成员，通过属性的介绍引出了封装性，接下来介绍了另外两大特性，继承性和多态性，通过这两个特性可以体会到面向对象程序设计的优点。

单元4 C#进阶编程，介绍 .NET 平台所提供的便于程序开发的一些功能。先介绍了异常处理，然后介绍了枚举类型和结构类型、委托和事件、字符串和正则表达式，最后介绍了集合和泛型的概念。

单元5 Windows 窗体，介绍如何开发具有图形界面的窗体应用程序。Visual Studio 为我们提供了所见即所得的开发环境，大大简化了窗体程序的开发过程。主要内容包括开发 Windows 应用程序的步骤和思路，以及窗体、控件、菜单、工具栏、状态栏、对话框等常用窗体程序元素的用法。

单元6 数据访问，介绍如何持久存储数据。内容包括文件读写、文件系统管理、使用 ADO.NET 访问数据库以及相关的数据控件用法。

单元7 综合实例——图书馆管理系统，通过一个简化的图书馆管理系统向读者展示了使用 C# 开发信息管理系统的基本过程，并介绍了一些 UML 基本概念和图示。

每个单元通过场景描述引出单元的教学核心内容，明确教学任务。每个任务的编写分为知识储备、任务实施、拓展知识、项目实训四个环节。

知识储备：详细讲解知识点，通过系列实例实践，边学边做；

任务实施：通过任务来综合应用所学知识，提高学生系统的运用知识的能力；

拓展知识：强调一些扩展知识、提高知识与技巧交流；

项目实训：在项目实施的基础上通过"学、仿、做"达到理论与实践统一、知识的内化与应用的教学目的。

三、特点

1. 针对性强，教材内容选取以实用为主

本书以软件技术专业学生的就业岗位群为导向，整个课程分为两部分：知识技能和技术应用。知识技能以介绍 C# 语言基础知识、面向对象程序设计、WinForms 窗体以及数据访问等基本知识为主，培养学生较为系统的面向对象程序设计基本技能；技术应用以完整的项目——"图书馆管理系统"为载体，在行业专家的指导下，对项目的需求分析、设计、编码、测试、实施、维护等工作过程进行任务与职业能力分析，按照高职学生的认知特点设计教学项目，培养学生软件开发和维护的基本职业能力。

2. 精心设计，教学内容与资源库有机结合

本书以教学内容为主线将资源库中的各项资源有机结合在一起。

在线资源库包含三个方面内容：第一，课程本身的基本信息，包括课程简介、学习指南、课程标准、整体设计、单元设计、考核方式等；第二，教学内容的全程视频教学资源，既方便课内教学，又方便学生课外预习与复习；第三，课程拓展资源：这包含课程的重难点剖析，循序渐进的综合项目开发、相关培训、认证、案例、素材资源等。

教材内容满足课堂教学的需要，而网络媒体库与交互系统的应用为学生课外自主探究学习提供了一个良好的平台。课堂教学与资源库平台结合，形成了"主导—主体相结合"的教学结构，提高了教学效果与学习效果。

四、使用

1. 教学内容课时安排

教材建议授课 84 学时，可根据实际情况决定是否讲授综合实例。教学单元与课时安排见表 2。

表 2　教学单元与课时安排

序号	单元名称	学时安排
1	C# 语言简介	4
2	C# 语言基础	6
3	面向对象的 C#	12
4	C# 进阶编程	18
5	Windows 窗体	12
6	数据访问	12
7	综合实例——图书馆管理系统 *	20*
	合计	64 或 84

2. 课程资源一览表

本书是国家职业教育软件技术专业教学资源库"C# 程序设计"课程的配套教材，该课程作为国家职业教育软件技术专业教学资源库建设课程之一，开发了丰富的数字化教学资源，可使用的教学资源见表 3。

表 3　课程教学资源一览表

序号	资源名称	表现形式与内涵
1	课程简介	Word 文档，包含对课程内容简单介绍和对课时数、适用对象等项目的介绍，让学习者对 C# 有个简单的认识。

续表

序号	资源名称	表现形式与内涵
2	学习指南	Word 文档，包括对学前要求、学习目标要求以及学习路径和考核标准要求，让学习者知道如何使用资源完成学习。
3	课程标准	Word 文档，包含课程定位、课程目标要求以及课程内容与要求，可供教师备课时使用。
4	整体设计	Word 文档，包含课程设计思路，课程的具体的目标要求以及课程内容设计和能力训练设计，同时给出考核方案设计，让教师理解课程的设计理念，有助于教学实施。
5	说课 PPT 和视频	PPT 文件和 avi 视频文件，可帮助教师理解如何教好 C# 这门课程。
6	教学单元设计	Word 文档，分任务给出课程教案，帮助教师完成一堂课的教学细节分析。
7	授课录像	AVI 视频文件，提供给学习者更加直观的学习，有助于学习知识。
8	电子课件	PPT 文件，提供 PowerPoint2003 版使用，也可供教师根据具体需要加以修改后使用。
9	实训任务单	Word 文档，为每个任务设计实训来加深课堂知识的学习，并给出了实训的详细完成步骤。
10	案例	Rar 文档，包括单元项目案例和综合案例，综合运用所学知识。
11	习题库、试卷库	Word 文档，习题包括理论习题和操作习题，试卷包括单元测试和课程测试。通过练习和测试，让学习者加深对知识的掌握程度。
12	示例源码、组件和控件示例	Rar 文档，包含 400 个示例代码，让学习者通过调试、修改示例代码，快速掌握相关知识点。
13	附书源码	Rar 文档，包含本书中所有例题和任务的源代码。

教师可发邮件至编辑邮箱 1548103297@qq.com 索取教学基本资源。

3. 使用范围

本书不仅可以作为高职院校软件技术专业以及计算机类相关专业的教材，也可以作为编程爱好者的参考用书。

五、致谢

在很多人的支持与帮助下，国家职业教育软件技术专业教学资源库配套规划教材之《C# 程序设计》才得以出版。

本书由重庆电子工程职业学院李林、项刚主编并负责教材总体设计、统稿，济源职业技术学院王东霞、安徽商贸职业技术学院杨克玉任副主编，重庆电子工程职业学院陈海珠、郑卉、周静参编。第一单元由李林编写，第二单元由陈海珠编写，第三单元由郑卉编写，第四单元由杨克玉编写，第五单元由王东霞编写，第六单元由项刚编写，第七单元由周静编写。此外还有其他许多教师为本教材的编写和出版给予了很多帮助，在此一并表示感谢！

由于作者的水平有限，错误和不足之处在所难免，恳请各位读者给予批评、指正。

编　者

2013 年 4 月

目 录

单元 1　C# 语言简介 ································· 1
学习目标 ··· 1
场景描述 ·· 2
任务 1.1　搭建 C# 开发环境 ··················· 2
知识储备 ·· 3
1.1.1　.NET Framework 概述 ··········· 3
1.1.2　C# 语言开发环境 ··················· 6
任务实施 ·· 8
项目实训 ··· 12
任务 1.2　创建 C# 应用程序 ··················· 12
知识储备 ··· 12
1.2.1　使用 Visual Studio 创建项目 ·· 12
1.2.2　Console 类 ··························· 19
1.2.3　C# 程序结构 ························· 21
1.2.4　使用命令行编译程序 ············· 23
任务实施 ··· 23
项目实训 ··· 24
单元小结 ·· 25

单元 2　C# 语言基础 ································ 27
学习目标 ·· 27
场景描述 ··· 28
任务 2.1　C# 数据类型、变量和常量、
###　　　　　运算符和表达式 ····················· 28
知识储备 ··· 28
2.1.1　数据类型、变量和常量 ·········· 28
2.1.2　运算符和表达式 ····················· 37
2.1.3　数据类型转换 ························ 41
任务实施 ··· 45
项目实训 ··· 46
任务 2.2　C# 程序的流程控制 ·················· 46
知识储备 ··· 46
2.2.1　分支语句 ······························· 47
2.2.2　循环语句 ······························· 51
2.2.3　转移语句 ······························· 56
任务实施 ··· 58

项目实训 ··· 60
单元小结 ·· 60

单元 3　面向对象的 C# ···························· 61
学习目标 ·· 61
场景描述 ··· 62
任务 3.1　类和对象 ································ 62
知识储备 ··· 62
3.1.1　类的定义和对象的创建 ·········· 62
3.1.2　方法及其参数 ························ 66
3.1.3　访问修饰符 ···························· 73
3.1.4　属性和索引器 ························ 74
3.1.5　静态成员和静态类 ·················· 77
3.1.6　命名空间 ······························· 80
任务实施 ··· 82
项目实训 ··· 83
任务 3.2　继承和多态 ····························· 84
知识储备 ··· 84
3.2.1　继承 ······································ 84
3.2.2　虚方法 ·································· 91
3.2.3　抽象类和抽象方法 ·················· 95
3.2.4　接口 ······································ 97
任务实施 ··· 100
项目实训 ··· 101
单元小结 ·· 102

单元 4　C# 进阶编程 ································ 103
学习目标 ·· 103
场景描述 ··· 104
任务 4.1　异常处理 ································ 104
知识储备 ··· 106
4.1.1　异常的基本概念 ····················· 106
4.1.2　结构化异常处理 ····················· 107
4.1.3　自定义异常 ···························· 110
任务实施 ··· 112
任务 4.2　枚举类型和结构类型 ················ 114
知识储备 ··· 114

4.2.1　枚举类型 ………………… 114
　　　4.2.2　结构类型 ………………… 115
　　任务实施 ……………………………… 117
　　项目实训 ……………………………… 119
　任务 4.3　委托和事件 ………………… 119
　　知识储备 ……………………………… 119
　　　4.3.1　委托 …………………………… 119
　　　4.3.2　事件 …………………………… 123
　　　4.3.3　程序集和反射 ………………… 125
　　任务实施 ……………………………… 126
　　项目实训 ……………………………… 128
　任务 4.4　字符串和正则表达式 ……… 128
　　知识储备 ……………………………… 128
　　　4.4.1　字符串 ………………………… 128
　　　4.4.2　DateTime 类 ………………… 133
　　　4.4.3　正则表达式和 Regex 类 …… 134
　　任务实施 ……………………………… 136
　　项目实训 ……………………………… 137
　任务 4.5　集合和泛型 ………………… 137
　　知识储备 ……………………………… 138
　　　4.5.1　集合 …………………………… 138
　　　4.5.2　泛型 …………………………… 143
　　任务实施 ……………………………… 146
　　项目实训 ……………………………… 146
　单元小结 ………………………………… 147
单元 5　Windows 窗体 ………………… 149
　学习目标 ………………………………… 149
　　场景描述 ……………………………… 150
　任务 5.1　创建 Windows 应用程序 … 150
　　知识储备 ……………………………… 151
　　　5.1.1　创建 Windows 窗体应用
　　　　　　程序 ………………………… 151
　　　5.1.2　Control 类和控件继承
　　　　　　层次 ………………………… 154
　　　5.1.3　窗体的常用属性、方法
　　　　　　和事件 ……………………… 160
　　　5.1.4　资源文件和配置文件 ……… 165
　　任务实施 ……………………………… 169
　　项目实训 ……………………………… 170
　任务 5.2　常用窗体控件 ……………… 171

　　知识储备 ……………………………… 171
　　　5.2.1　常用控件 Label、Button 和
　　　　　　TextBox …………………… 171
　　　5.2.2　LinkLabel 控件 ……………… 176
　　　5.2.3　RadioButton 控件和 CheckBox
　　　　　　控件 ………………………… 177
　　　5.2.4　RichTextBox 控件 …………… 179
　　　5.2.5　列表控件 ……………………… 181
　　　5.2.6　日期控件 ……………………… 186
　　　5.2.7　数字调节控件 ……………… 187
　　　5.2.8　容器控件 ……………………… 187
　　　5.2.9　视图控件 ……………………… 189
　　　5.2.10　其他控件和组件 …………… 193
　　　5.2.11　用户控件 …………………… 197
　　任务实施 ……………………………… 200
　　项目实训 ……………………………… 202
　任务 5.3　菜单、工具栏、状态栏、
　　　　　　对话框和消息框 ……… 203
　　知识储备 ……………………………… 203
　　　5.3.1　菜单 …………………………… 203
　　　5.3.2　工具栏和状态栏 …………… 205
　　　5.3.3　对话框 ………………………… 206
　　　5.3.4　消息框 ………………………… 211
　　　5.3.5　将窗体显示为对话框 ……… 213
　　任务实施 ……………………………… 215
　　项目实训 ……………………………… 226
　单元小结 ………………………………… 227
单元 6　数据访问 ………………………… 229
　学习目标 ………………………………… 229
　　场景描述 ……………………………… 230
　任务 6.1　访问文件 …………………… 231
　　知识储备 ……………………………… 231
　　　6.1.1　文件和流 ……………………… 231
　　　6.1.2　读写文本文件和二进制
　　　　　　文件 ………………………… 233
　　　6.1.3　读写内存流 …………………… 242
　　　6.1.4　读写缓存流 …………………… 243
　　任务实施 ……………………………… 244
　　项目实训 ……………………………… 249
　任务 6.2　管理文件和目录 …………… 250

知识储备 250
　　　6.2.1　File 类和 Directory 类 251
　　　6.2.2　FileInfo 类和
　　　　　　 DirectoryInfo 类 255
　　　6.2.3　Path 类 257
　　　6.2.4　DriveInfo 类 259
　　任务实施 260
　　项目实训 267
任务 6.3　访问数据库 268
　　知识储备 268
　　　6.3.1　在 Visual Studio 中使用
　　　　　　 数据库 268
　　　6.3.2　ADO.NET 模型 272
　　　6.3.3　数据提供程序 273
　　　6.3.4　数据集 282
　　　6.3.5　事务处理 288
　　任务实施 291

　　项目实训 297
　　单元小结 297
单元 7　综合应用 299
学习目标 299
任务 7.1　三层架构及实体类 300
　　7.1.1　概述 300
　　7.1.2　基于三层架构操作数据 306
任务 7.2　个人记账系统的实现 311
　　7.2.1　系统设计 311
　　7.2.2　登录 312
　　7.2.3　主界面 314
　　7.2.4　收入处理 316
　　7.2.5　支出处理 322
　　7.2.6　收支查询统计 329
单元小结 332
参考文献 333

单元 1
C# 语言简介

学习目标

【知识目标】

- 理解 .NET 的特点
- 掌握 C# 程序的结构和基本语法
- 掌握利用 Visual Studio .NET 开发应用程序的步骤

【能力目标】

- 能在 Visual Studio 中创建项目,知道如何调试应用程序
- 能识别 C# 程序的基本结构

场景描述

阿蔡是软件专业大二的学生，他的表哥小强是某软件公司的一名软件设计师。阿蔡在小强的影响下选择了软件专业，立志当一名软件设计师。阿蔡想在暑假的时候跟着表哥实践一下，积累一点经验。

阿蔡：我该学习哪种编程语言呢？

小强：当前主流的编程语言很多，选哪一种语言不是主要问题，关键是选好一门语言后要认真把它学好！微软公司在 .NET 平台上推出的 Visual C# 语言是一种设计优秀、语法优雅的面向对象的编程语言，可以用它来快速开发各种类型的应用程序，比如说窗口程序、网站程序、手机程序等。我推荐你学它吧！当你学好了 C# 语言以后，再去学其他的语言也就轻松了！

阿蔡：那我该怎样学习 C# 语言呢？

小强：学习编程，关键在于"编"字，就是要动手写代码，所以你首先要搭建好编程环境，学会怎样创建最基本的应用程序，然后再学习具体的内容。

阿蔡：好吧！我就按部就班地开始吧！

阿蔡在网上以"C#"和".NET"为关键字搜索了一下，发现关于 C# 和 .NET 的内容浩如烟海，让人望洋兴叹。千里之行始于足下，阿蔡决定先了解一下 C# 和 .NET，然后再构建开发环境，从写一个最简单的程序开始学习。

阿蔡分两个步骤来接触 C#：

第 1 步，了解 C# 和 .NET 的概况以及安装 C# 的开发环境。

第 2 步，编写一个简单程序，看看如何开发 C# 程序。

任务 1.1　搭建 C# 开发环境

学习程序设计，上机编写代码是必不可少的。对于 C 语言而言，可以将操作系统中的"记事本"软件用作最简单的代码编辑工具，然后使用编译程序和链接程序，将源代码编译链接成可执行的 exe 文件，然后运行这个 exe 文件就可以了。但对于 C# 而言，这一过程的实现要复杂一点，有必要在安装 C# 的开发工具 Visual Studio 之前来了解一下 .NET 的一些特征。

 知识储备

1.1.1 .NET Framework 概述

.NET（读作 Dot Net）是微软公司为开发应用程序并管理应用程序的执行过程而创建的一个富有革命性的新平台。它包含的内容非常丰富，可以用来开发各种形式的应用。

目前，.NET 平台主要包含的内容有 .NET Framework、.NET Core、XAMARIN，其中 .NET Framework 目前最稳定，也是应用最为广泛的，其结构如图 1-1 所示。.NET 平台的基础和核心是 .NET Framework，.NET 平台的各种优秀的特性都要依赖它来实现。

教学课件 1-1-1
.NET Framework
概述

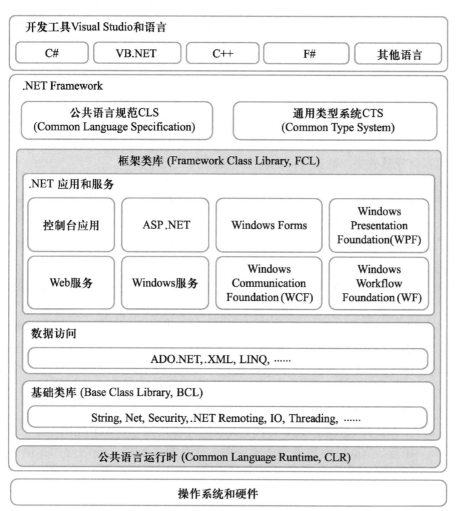

图 1-1 .NET 体系结构

.NET Framework 包括两部分内容，一个是框架类库集（Framework Class

Library，FCL），另一个是公共语言运行时（Common Language Runtime，CLR，也译做"公共语言运行库"）。

1. 框架类库

如果读者有 C 语言基础，那么一定对"stdio.h"十分熟悉，它是 C 语言库中标准输入/输出函数的头文件。将它包含到代码中，就可以调用在该文件中声明过的库函数了。C 语言提供了不少库函数，通过调用这些库函数可以获得许多现成的功能，比如调用 printf 函数可以将变量值打印在屏幕上。框架类库是 .NET 提供的一个规模庞大、功能丰富的类库，它相当于 .NET 平台的"库函数"。

和面向过程的 C 语言不同，.NET 的框架类库是一个综合性的面向对象的可重用类型集合，其中包含了类（Class）、接口（Interface）、结构（Struct）、枚举（Enum）等类型的定义。而函数必须被包装在"类"或结构体中，不能直接通过函数名称调用。这里的"类"是面向对象编程语言中的一种构造数据类型，简单地说，"类"就是把一些相关的数据和操作这些数据的函数包装在一起表示一类事物。比如，要表示"教室"这一类的事物，可以抽取教室编号、座位数、有无多媒体设备这 3 个数据来描述每一个教室，而"5 栋 301 室，50，有"这样的信息就是对某个具体的教室的描述。使用教室编号、座位数、有无多媒体设备这 3 个数据来表示教室，就是"教室"这种数据类型的定义。"5 栋 301 室，50，有"是符合"教室"类型描述的众多数据中的一个具体的实例，也叫"对象"。关于类和对象的具体介绍，请参见本书后续章节的内容。

.NET 提供了几千个类，若根据这些类的作用再进行进一步分类的话，大致可以分成基础类、数据访问类和应用支持类三大部分。

- 基础类。基础类提供了各种应用都需要的标准功能，如文件操作、字符串处理、正则表达式、集合、泛型、网络通信、安全管理、多线程等。它们是 .NET 程序的基石。
- 数据访问类。.NET 数据访问相关的类主要包括 ADO.NET、XML 以及 LINQ 技术的支持类。ADO.NET 是一系列数据访问类的集合，通过它们可以轻松访问各种常见的数据库。.NET 还实现了 W3C（万维网委员会）制定的 DOM（Document Object Model，文档对象模型）标准，可方便地实现对 XML（eXtensible Markup Language，可扩展标记语言）文档的处理。DOM 是访问 XML 的编程接口。LINQ（Language INtegrated Query，语言集成查询）是在 .NET Framework 3.5 版本中新增加的令人激动的数据访问技术。读者若对它有兴趣，可在掌握了 C# 的基本知识后再去了解。
- 应用支持类。在 .NET 平台上开发窗体应用程序、Web 应用程序、Web 服务、Windows 服务等各类应用十分方便，.NET 为高级应用提供了大量的类。比如在开发桌面窗口程序中要用到的按钮、文本框、菜单、状态栏等控件，在框架类库中就有相应的类来表示它们。在编程时，只需创建相应类的实例，就可以得到像按钮、文本框这样的窗口控件了。

通过上面的介绍，可以了解 .NET 类库的作用。要高效地开发功能强大的 .NET 程序，就必须了解这些类，善用这些类。"君子性非异也，善假于物也"。框架类库规模庞大，在学习中一定要注意总结规律，抓住重点，注意各类的继承层次关系，不要被类的数量吓倒。

2. 公共语言运行时

公共语言运行时（CLR）是 .NET 程序的执行环境，它是 .NET 框架真正的核心。.NET 的诸多优越性，比如跨语言集成、跨语言异常处理、增强的安全性、版本控制和部署支持、简化的组件交互模型、调试和分析服务等，这些都要依靠 CLR 来体现。CLR 的功能结构如图 1-2 所示。

图 1-2　CLR 的功能结构

3. .NET 程序的执行

如果要运行 .NET 程序，首先需要在操作系统里安装 .NET Framework。读者可在微软公司网站以 ".NET Framework" 为关键字进行搜索，在搜索结果里选择适当版本的 .NET Framework 安装程序下载并安装即可。安装了 .NET Framework 以后，不仅有了 CLR 和 FCL，还得到了 C# 的编译器（csc.exe）以及其他一些小工具。

现在，就可以开始用记事本来编写 C# 程序，并用 csc.exe 工具将源代码编译成扩展名为 exe 的文件了。相信大家都知道，高级语言的源代码必须转换成机器语言才能执行。C# 编译器产生的 exe 文件中所包含的并不是本机 CPU 能识别的机器语言指令。C# 编译器（以及其他以 CLR 为目标的语言编译器）不是把源代码编译为本机代码，而是编译为一种称为 MSIL（Microsoft Intermediate Language）的中间语言。在运行时，CLR 使用一个 JIT（Just In Time，即时）编译器把中间语言实时翻译成本机代码，然后在 CLR 的监管之下再来执行即时编译后的本机代码。这一点和 Java 语言相似，Java 代码编译时产生的是字节码（相当于 MSIL），执行时将字节码交给 Java 虚拟机（相当于 CLR）监管。

在 .NET 中，把这种先将源代码编译成中间代码，然后将中间代码交给 CLR 即时编译执行的方式称为"托管执行"，可以托管执行的代码称为"托管代码"。要享用 CLR 提供的各种好处，所编写的代码必须是可托管的。在使用 C# 编程时，只要不使用指针，那么代码就是可托管的。

4. 通用类型系统

前面提到了各种以 CLR 为目标的编译器，都可将 .NET 代码编译为 MSIL 代码。也就是说，C# 源代码和 VB.NET 的源代码在外观上虽然有很大不同，但编译成了 MSIL 后，就完全一致了。正因为这个原因，"跨语言集成"才成为可能。例如，C# 中的 int 类型和 VB.NET 中的 Integer 类型，都对应于 MSIL 中的 System.Int32 类型。只有数据类型统一了，才能实现语言之间的互操作性。.NET 为此提供了一个通用类型系统（Common Type System，CTS），其定义了所有 .NET 语言中的基本数据类型，以及复杂数据类型的格式与行为。虽然不是每种编译器都支持 CTS 的所有功能，但每种编译器必须都支持 CTS 的一个子集，称为公共语言规范（Common Language Specification，CLS）。这意味着，保证有一组公用的类型能够被每一种 .NET 语言识别，所以只要使用了这些类型，用一种语言编写的代码就可以从任何其他一种 .NET 语言中访问。

5. 程序集

程序集（Assembly）是 .NET 中一个非常重要的概念。程序集是 .NET Framework 的编译生成块，也就是对代码、对项目编译产生的结果。简单地说，程序集就是 .NET 代码编译后产生的扩展名为 .exe 或 .dll（Dynamic Link Library，动态链接库）的文件。程序集和一般的 .exe 或 .dll 不同，它们除了包含中间语言代码以外，还向 CLR 提供了解类型实现所需要的信息，这些信息称为"元数据"。每个程序集都包含两种元数据：程序集元数据和类型元数据。程序集元数据是关于程序集本身的描述（例如，程序集的版本和生成号码，也称为程序集的清单）。类型元数据包含在程序集中定义的类型和它们的公开成员的信息。程序集构成了部署、版本控制、重复使用、激活范围控制和安全权限的基本单元。

1.1.2 C# 语言开发环境

1. C# 语言的特点

C# 最早产生于 1998 年，其设计者 Anders Hejlsberg 同时也是 Delphi 语言的设计者，它是专门为 .NET 平台开发的，其设计目的是提供一种简单、现代、通用、面向对象的编程语言。C# 具有类似 Java 的语法，又借鉴了 C++ 和 C 的风格，同时拥有 VB 语言一样的快速开发特性。

C# 有以下的特点。

- 入门简单。学习过简单的 C 语法的初学者，就可以轻松入门。
- 语法简洁。在默认情况下，C# 代码是委托给 CLR 管理并执行的，不允许直接操作内存，隐藏了指针操作。如果读者学习过 C 或者 C++，一定对指针有着很深的印象吧，但在 C# 的托管代码里是没有指针操作的。
- 完全的面向对象设计。C# 是精心设计的面向对象的程序设计语言，具有面向对象语言所拥有的一切特性——封装、继承和多态，但舍弃了一些会引起混乱的东西，比如多重继承。简而言之，读者在学习面向对象程序设计时所学习到的一切，它都能实现。
- 支持纯文本书写格式。读者可以不用安装 C# 的开发工具，通过"记事本"即可完成代码编写。当然，这需要读者有十分深厚的 C# 功底。
- 与 Web 应用紧密结合。C# 不仅支持 Windows 桌面应用程序的开发，还支持网站等 Web 应用程序的开发。C# 支持绝大多数的 Web 标准，如 HTML、XML、SOAP 等。
- 强大的安全性机制。可以消除软件开发中常见错误，如使用未初始化的变量、访问不属于自己所管理的存储空间等。.NET 提供的垃圾回收器（垃圾回收不是 C# 的组成部分，而是 .NET 平台提供的）能够帮助开发者有效地管理内存资源。另外，.NET 的公共语言运行库提供了代码访问安全特性，它允许管理员和用户根据代码的 ID 来配置安全等级。
- 兼容性。C# 遵循 .NET 的公共语言规范（CLS），能够保证与其他语言开发的组件兼容。
- 灵活的版本控制。C# 具有灵活的版本处理技术，C# 在语言本身内置了版本控制功能，开发人员可以更加容易地开发和维护，这样人们就不会为了程序到底更新了几次而发愁了。C# 还提供了完善的错误和异常触发机制，使程序在交付应用时能够更加健壮。
- 快速开发。主要依靠强大的开发工具 Visual Studio，这是其他开发工具无法比拟的，智能提示、控件拖放等功能为快速开发应用程序奠定了基础。
- 局限性。必须依赖微软公司的 .NET 框架和 Windows 操作系统，从可移植性上来讲，局限了 C# 的发展。

2. C# 的开发环境

C# 的开发环境主要有以下两种。

（1）SDK 开发环境

可以从微软公司网站上免费获取 .NET 的软件开发工具包（SDK），包含编译、运行和测试 C# 的各种资源，但不包括 C# 代码编辑器。

微课 1-1
C# 语言开发环境

（2）Visual Studio

Visual Studio 是一个完整的、功能强大的集成开发环境（Integrated Development Environment，IDE），可用来开发桌面应用程序、ASP.NET Web 应用程序等多种类型的应用，而且支持 C#、Visual Basic、Visual C++ 等多种 .NET 编程语言。

Visual Studio 版本目前已经发展到了 Visual Studio 2019，在主版本下，根据所包含的功能多少又分成社区版、专业版、企业版等版本。不同的版本如表 1-1 所示。

表 1-1　Visual Studio、.NET Framework 和 C# 的版本

名称	内部版本	.NET Framework 版本	Visual C# 版本	C# 版本
Visual Studio .NET	7.0	1	Visual C# 2002	1.0
Visual Studio .NET 2003	7.1	1.1	Visual C# 2003	1.x
Visual Studio 2005	8.0	2	Visual C# 2005	2.0

续表

名称	内部版本	.NET Framework 版本	Visual C# 版本	C# 版本
Visual Studio 2008	9.0	2.0、3.0、3.5	Visual C# 2008	3.0
Visual Studio 2010	10.0	2.0、3.0、3.5、4.0	Visual C# 2010	4.0
Visual Studio 2012	11.0	2.0、3.0、3.5、4.0、4.5	Visual C# 2012	5.0
Visual Studio 2013	12.0	2.0、3.0、3.5、4.0、4.5、4.5.1、4.5.2	Visual C# 2013	5.0
Visual Studio 2015	14.0	2.0、3.0、3.5、4.0、4.5、4.5.1、4.5.2、4.5.5、4.6、4.6.1、4.6.2	Visual C# 2015	6.0
Visual Studio 2017	15.0	4.6、4.6.1、4.6.2、4.7、4.7.1、4.7.2、4.8	Visual C# 2017	
Visual Studio 2019	16.0	4.6、4.6.1、4.6.2、4.7、4.7.1、4.7.2、4.8	Visual C# 2019	

注：C# 版本指 C# 语言规范的版本；Visual C# 版本是开发工具的版本，它是 Visual Studio 的一个组件。

本书的代码是在 Visual Studio 2019 环境下调试的。对于本书所涉及的知识，使用 Visual Studio 2012 及以上的版本即可。可以从微软公司的官方网站上下载 Visual Studio 2019 的各个试用版本，在本书完成时它的下载的地址是 https://visualstudio.microsoft.com/zh-hans/downloads/。

 任务实施

这里以 Visual Studio 2019 为例，介绍 Visual Studio 的安装过程。首先，打开上述网址，选择需要下载的版本，如图 1-3 所示。

图 1-3　Visual Studio 2019 下载界面

这里选择"社区",然后单击"免费下载",打开下载页面,如图1-4所示。

图1-4 Visual Studio 2019下载界面

下载完毕后,得到一个Visual Studio Installer,双击运行它,然后单击"继续"按钮。效果如图1-5所示。

图1-5 Visual Studio Installer运行界面

在安装界面,根据需要,选择"工作负载",可以参考图1-6右部的"安装详细信息"进行选择,并对安装位置进行选择,再单击"安装"按钮。

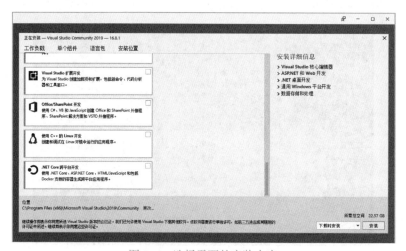

图1-6 选择需要的安装内容

此时，安装就开始了，可以看到下载和安装的进度，如图 1-7 所示。

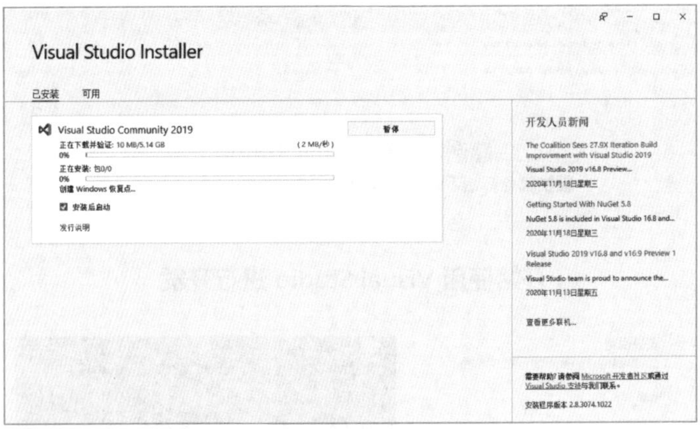

图 1-7　下载和安装进度

最后，根据提示，完成安装，如图 1-8 所示。

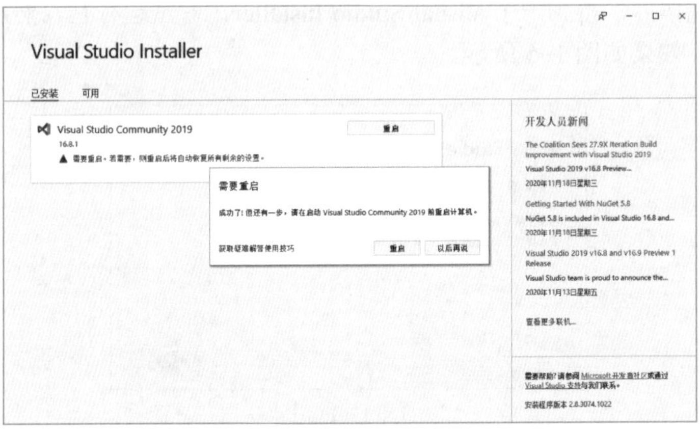

图 1-8　安装完成

整个安装过程要花费一些时间，请耐心等待。安装完成，通过"开始"→"所有应用"找到 Visual Studio 2019 的快捷方式，启动后如图 1-9 所示。

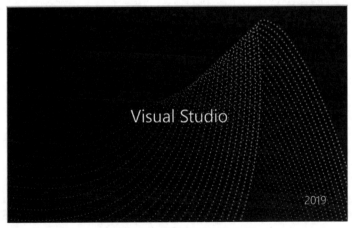

图 1-9　启动 Visual Studio 2019

首次启动后，会出现欢迎界面，询问是否用账户登录，读者可以根据个人需要，选择是否创建账户。这里，选择"以后再说"，如图 1-10 所示。

图 1-10　Visual Studio 2019 欢迎界面

此外，还可以进行颜色主题的选择，这里选择默认颜色，然后单击"启动 Visual Studio"。启动后的界面如图 1-11 所示。

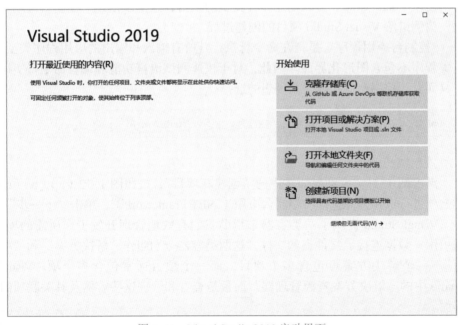

图 1-11　Visual Studio 2019 启动界面

项目实训

【实训题目】
安装 SQL Server Management Studio Express。
【实训目的】
1. 掌握 C# 开发环境所涉及的工具软件的安装。
2. 培养搜索资源的能力。
【实训内容】
1. 在因特网上搜索 SQL Server Management Studio Express 的安装文件并下载。
2. 安装 SQL Server Management Studio Express 软件到计算机中。

任务 1.2　创建 C# 应用程序

开发环境已经搭建好了，C# 体验之旅即将展开。这里先通过一个简单任务来了解 C# 的基本情况，任务内容如下。

根据计算机提示进行输入，输入姓名，计算机显示"×××，欢迎你进入 C# 世界！"。

教学课件 1-2-1
使用 Visual Studio
创建项目

 知识储备

1.2.1　使用 Visual Studio 创建项目

使用 Visual Studio 可以创建多种类型的项目，这里以创建"控制台应用程序"为例讲解 Visual Studio 项目的创建过程。

"控制台应用程序"是指在命令行执行其所有输入和输出的应用程序类型，这类程序不包含图形化界面。因此，对于快速测试语言功能和编写命令行实用工具而言，控制台应用程序是理想的选择。

微课 1-2
创建"控制台应用
程序"

【例 1.1】 使用 Visual Studio 2019 创建一个控制台应用程序，显示"Hello World"。

源代码例 1.1

（1）新建项目

点击图 1-11"启动界面"中的"创建新项目"，按照图 1-12（a）(b)(c) 的选项进行选择，并选择"控制台应用（.NET Framework）"，单击"下一步"。

Visual Studio 提供了两类容器来帮助我们有效地管理开发工作所需的项，如引用、数据连接、文件夹和文件，这两类容器分别叫作"解决方案"和"项目"。一个解决方案可包含多个项目，而一个项目通常包含多个项。Visual Studio 中的"解决方案资源管理器"面板是查看和管理这些容器及其关联项的界面。

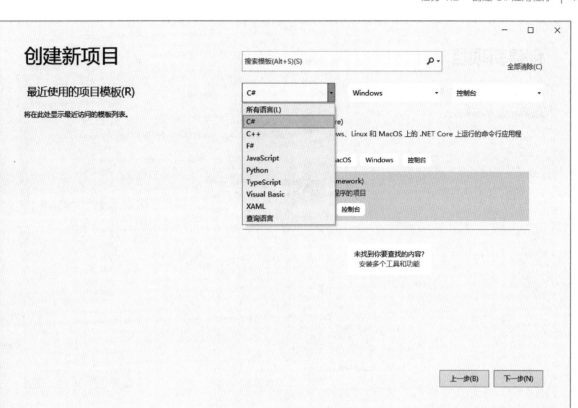

(a)

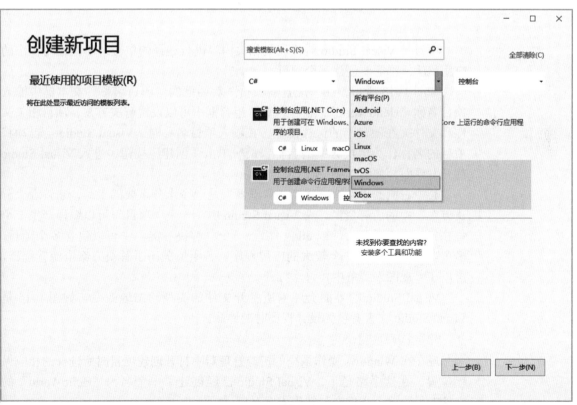

(b)

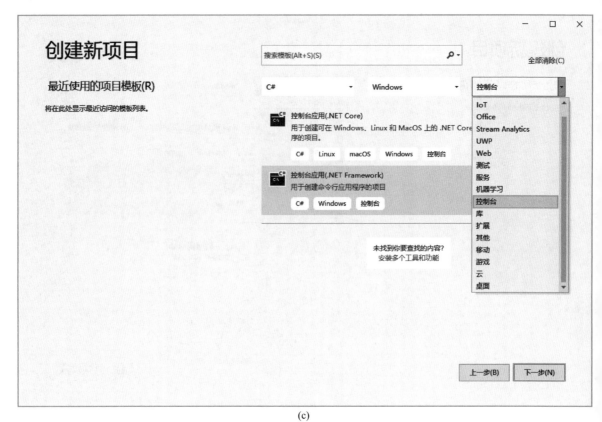

(c)

图 1-12 "创建新项目"对话框

项目是 Visual Studio 对代码及相关内容进行编译的单位。不论编写多小的应用程序，都需要创建一个项目。

如图 1-13 所示，在"配置新项目"对话框的"项目名称"文本框中输入项目名称"HelloWorld"，在"位置"组合框中可以设置解决方案、项目相关文件和文件夹在硬盘上的保存位置。在输入项目名称时，Visual Studio 会自动将项目的名称作为解决方案的名称。最后单击"创建"按钮，进入 Visual Studio 的开发界面，如图 1-14 所示。

其中右侧的"解决方案资源管理器"是一个十分重要的工具，它管理"解决方案"中的所有资源。在 Visual Studio 中，一个"项目"可以编译产生一个程序集（一个 exe 文件或 dll 文件），一个"解决方案"中可以包含多个项目，多个项目共同构成一个较大的应用程序。若不慎关闭了解决方案资源管理器，可以在"视图"菜单中，再次打开。

Visual Studio 的界面会随着所打开文件的类型动态地改变。如图 1-15 是 Visual Studio 在查看窗体设计视图时的界面。

（2）认识项目文件

现在在 Windows 操作系统的资源管理器中打开创建项目时所选择的相应保存位置，在这个路径下，Visual Studio 已经创建了一个名为"HelloWorld"的文件夹了，这个文件夹与解决方案对应。

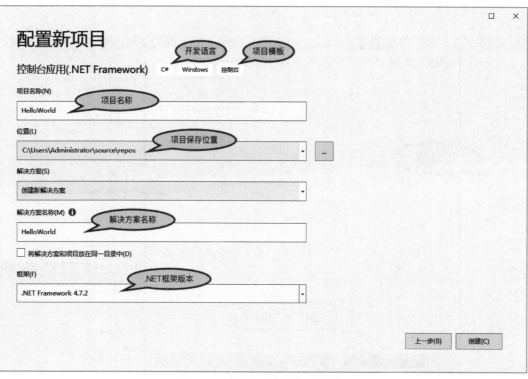

图 1-13 "配置新项目"对话框

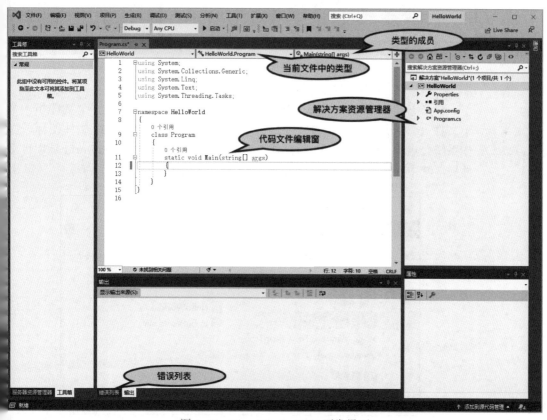

图 1-14 Visual Studio 2019 开发界面

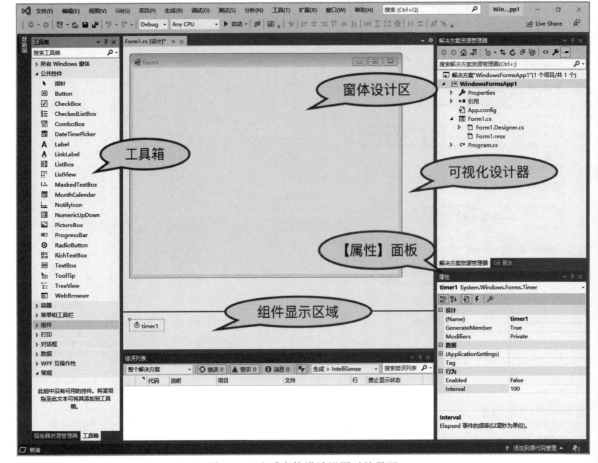

图 1-15　查看窗体设计视图时的界面

打开 HelloWorld 文件夹，如图 1-16 所示。该文件夹中有一个文件和一个子文件夹。扩展名为 sln 的文件是解决方案文件。直接双击 sln 文件图标，操作系统会启动 Visual Studio 并打开该解决方案。子文件夹 HelloWorld 是项目文件夹，其中存放了该项目的相关项，如图 1-17 所示。

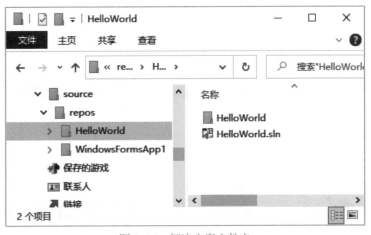

图 1-16　解决方案文件夹

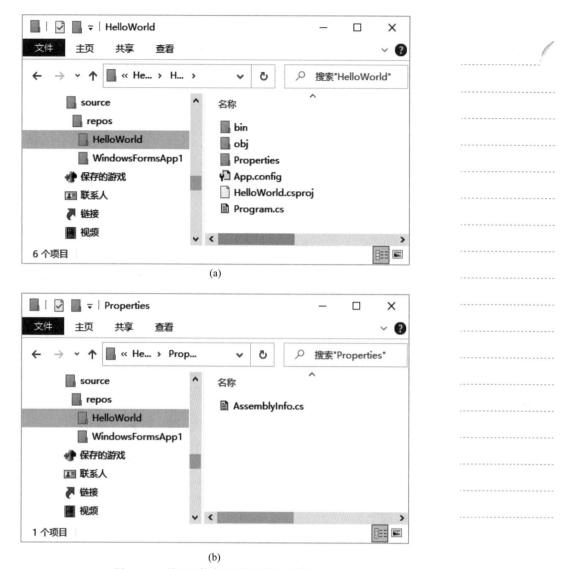

图 1-17　项目文件夹和项目属性文件夹

　　HelloWorld 子文件夹中扩展名为 csproj 的文件是项目文件，记载着关于项目的管理信息。双击该文件也会启动 Visual Studio 并打开该项目。扩展名为 cs 的文件是 C# 的源代码文件。子文件夹 bin 中存放项目编译后的输出。子文件夹 obj 存放编译时产生的中间文件。而子文件夹 Properties 中存放关于程序集的一些内容，主要包含一个名为 AssemblyInfo.cs 的文件。项目中用到的图片、字符串等资源或者用到的应用程序设置，也会在此文件夹中保存相关文件。AssemblyInfo.cs 文件描述程序集的特征。资源文件可集中管理项目中用到的图片、图标、字符串和文本文件等资源。

（3）开始编写 C# 代码

　　在 Visual Studio 的"解决方案资源管理器"面板中，双击 Program.cs 节点，打开 Program.cs 文件，可以看见 Visual Studio 已经生成了程序的框架。这里，在 Main() 方法下面的大括号中编写两行代码即可，如图 1-18 所示。

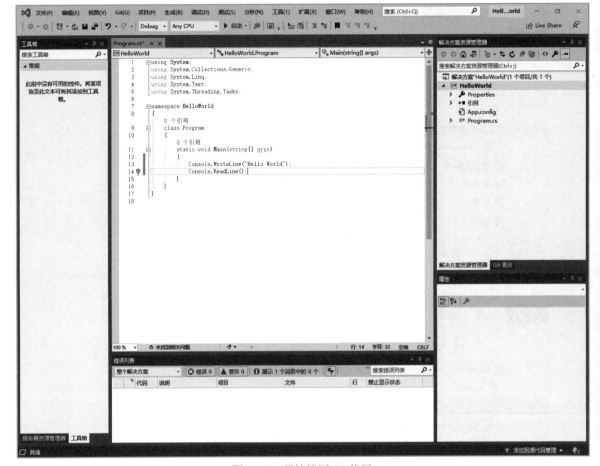

图 1-18　开始编写 C# 代码

代码如下：

Console.WriteLine("Hello World");
Console.ReadLine();

这样，一个 C# 项目就编写好了，接下来需要编译并运行。

（4）编译、调试项目

在打开如图 1-19 所示的"调试"菜单的情况下，直接按键盘上的 F5 键，或选择"调试"→"启动调试"菜单命令，可启动调试过程。在该菜单下还有"逐语句"和"逐过程"菜单命令，它们可让 Visual Studio 一句一句地或一个函数一个函数地执行代码，这两个菜单命令在调试过程中是十分有用的。

按 F5 键后，可弹出如图 1-20 所示的窗口。该窗口中的内容就是程序的运行结果，这样，一个 C# 项目就完成了。

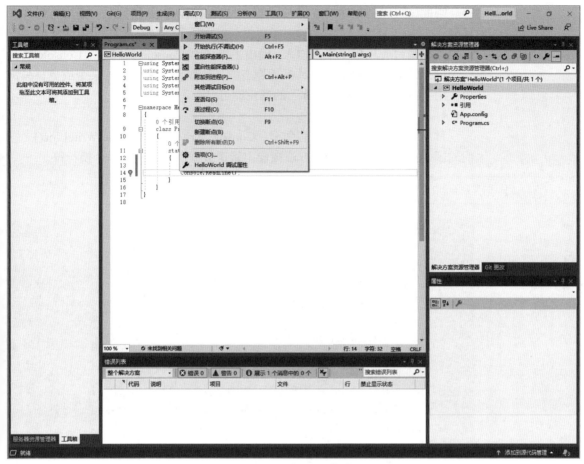

图 1-19 "调试"菜单

图 1-20 【例 1.1】运行结果

1.2.2 Console 类

前面开发了第一个控制台应用程序，并写了如下两句代码：

```
Console.WriteLine("Hello World");
Console.ReadLine();
```

这里先介绍一下 Console 类，以便完成最基本的读入和显示数据。Console 类表示控制台，即命令行窗口，本书的前几单元都需要和它打交道。

计算机设计程序的目的就是为了处理数据。要让程序处理数据，先要将数据提交给程序。程序要处理的数据可能来自键盘输入、鼠标动作，可能来自存储器的文件，也可能是联机设备的反馈信号，还可能来自其他软件系统的输出。程序按照既定规则对数据处理加工后要对运行结果进行输出。程序输出的形式也是多样的，可能显示在控制台，可能显示在窗体的控件上，可能保存在磁盘文件中，可能通过打印机打印出来，也可能通过网络输出给其他系

教学课件 1-2-2
Console 类

微课 1-3
Console 类

统。因此，可以把程序的工作过程理解成接收输入、处理数据、输出结果 3 个部分。

在控制台应用程序中，输入/输出主要依靠 Console 类完成。Console 类是一个静态的类，它的所有成员都是静态的，所以，要使用它的某个成员，只需要使用"Console.类成员名称"的形式即可。

1. 控制台输出

常用的控制台输出方法有两个：Console.Write() 和 Console.WriteLine()。它们的区别在于，WriteLine() 方法在输出指定数据后还多输出一个换行符。

【例 1.2】 向控制台输出数据。

源代码例 1.2

```csharp
using System;

class Program
{
    static void Main(string[] args)
    {
        Console.Write(" 输出后不换行 ");// 输出字符串后不换行
        Console.WriteLine(" 输出后换行 ");// 输出后换一行
        Console.WriteLine(1234);// 参数是整数，输出该整数的字符串表示
        // 参数是 DateTime 结构类型的数据，输出该结构体变量的字符串表示
        Console.WriteLine(DateTime.Now);
        Console.ReadKey();
    }
}
```

该段代码运行结果如图 1-21 所示。

```
输出后不换行输出后换行
1234
2020/11/24 12:37:08
```

图 1-21 【例 1.2】运行结果

2. 控制台输入

源代码例 1.3

Console 类包含 Read()、ReadKey() 和 ReadLine()3 个用来读取控制台输入的方法。常用的是 Console.ReadLine()，该方法可以读取一行数据，并以字符串形式返回。

【例 1.3】 从控制台读取数据。

```csharp
using System;

class Program
{
    static void Main(string[] args)
    {
```

```csharp
        double height;
        int age;
        Console.Write(" 请输入你的身高（单位：米）: ");
        height = double.Parse(Console.ReadLine());

        Console.WriteLine(" 请输入你的年龄：");
        age = int.Parse(Console.ReadLine());

        Console.WriteLine(" 你的身高是 {0} 米，年龄是 {1} 岁。", height, age);
        Console.Read();
    }
}
```

以上代码的运行结果如图 1-22 所示。

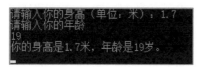

图 1-22 【例 1.3】运行结果

1.2.3 C# 程序结构

1. C# 程序的组成要素

（1）关键字

关键字在 Visual Studio 环境的代码视图中默认以蓝色显示。

关键字是对编译器具有特殊意义的预定义保留标识符。它们不能在程序中用作标识符，除非有 @ 前缀。例如，@if 是有效的标识符，但 if 不是，因为 if 是关键字。

表 1-2 所列出的关键字在 C# 程序的任何部分都是保留标识符。表 1-3 列出的是 C# 中的上下文关键字。

上下文关键字仅在受限制的程序上下文中具有特殊含义，并且可在该上下文外部用做标识符。通常，在将新关键字添加到 C# 语言的同时，也会将它们添加为上下文关键字，以避免破坏用该语言的早期版本编写的程序。

教学课件 1-2-3
C# 程序结构

微课 1-4
C# 程序结构

表 1-2 C# 关键字

abstract	event	new	struct
as	explicit	null	switch
base	extern	object	this
bool	false	operator	throw
break	finally	out	true
byte	fixed	override	try
case	float	params	typeof

续表

abstract	event	new	struct
catch	for	private	uint
char	foreach	protected	ulong
checked	goto	public	unchecked
class	if	readonly	unsafe
const	implicit	ref	ushort
continue	in	return	using
decimal	int	sbyte	virtual
default	interface	sealed	volatile
delegate	internal	short	void
do	is	sizeof	while
double	lock	stackalloc	
else	long	static	
enum	namespace	string	

表 1-3 上下文关键字

from	get	group
into	join	let
orderby	partial（类型）	partial（方法）
select	set	value
where（泛型类型约束）	where（查询子句）	yield

（2）命名空间

命名空间既是 Visual Studio 提供系统资源的分层组织方式，也是分层组织程序的方式。因此，命名空间有两种，一种是系统命名空间，一种是用户自定义命名空间。

系统命名空间使用 using 关键字导入，System 是 Visual Studio .NET 中最基本的命名空间。在创建项目时，Visual Studio 平台都会自动生成导入该命名空间，并且放在程序代码的起始处。

（3）类和方法

在 C# 中，必须用类来组织程序的变量与方法。

C# 要求每个程序必须且只能有一个 Main 方法。

（4）语句

语句就是 C# 应用程序中执行操作的指令。C# 中的语句必须用分号";"结束。可以在一行中书写多条语句，也可以将一条语句书写在多行上。

（5）大括号

在 C# 中，括号"{"和"}"是一种范围标志，是组织代码的一种方式，用于标识应用程序中逻辑上有紧密联系的一段代码的开始与结束。

大括号可以嵌套，以表示应用程序中的不同层次。

2. C# 程序的格式

（1）空格

空格有两种作用，一种是语法要求，必须遵守；另一种是为使语句不至于太拥挤。

（2）字母大小写

C# 中的字母可以大小写混合，但是必须注意的是，C# 把同一字母的大小写当作两个不同的字符对待。

（3）注释

C# 中的注释主要有两种，一种是单行注释，另一种是多行注释。单行注释以双斜线"//"开始，不能换行。多行注释以"/*"开始，以"*/"结束，可以换行。

1.2.4 使用命令行编译程序

除了使用 Visual C# 集成开发环境外，也可以使用 C# 的编译器（csc.exe）在命令行下编译代码。当然，前提是计算机中已经安装了 .NET Framework。C# 编译器位于"C:\Windows\Microsoft.NET\Framework\.NET 框架的版本号\"目录下。

打开"记事本"程序，输入以下代码：

```
using System;
class HelloWorld
{
    static void Main()
    {
        Console.WriteLine("Hello World");
        Console.ReadLine();
    }
}
```

保存该文档，并保存文件名为 HelloWorld.cs。

运行 C# 编译器，并输入命令行命令

```
csc   HelloWorld.cs
```

便可得到运行结果。

 任务实施

本任务涉及控制台的输入和输出。从控制台读取了姓名以后，还要和已有字符串拼接起来，形成一个新的字符串再输出。这里主要用到 Console 类的

微课任务解决 1.2 控制台的输入和输出

ReadLine() 方法和 WriteLine() 方法。

1. 创建项目

启动 Visual Studio，创建 "控制台应用程序"，项目名称设置为 "任务 1.2"，解决方案名称设置为 "任务 1.2"。

2. 编写代码

在 Program.cs 文件中的 Main 方法的大括号内部编写代码：

> 源代码任务 1.2
> 控制台的输入和输出

```csharp
using System;

namespace 任务 1.2
{
    class Program
    {
        static void Main(string[] args)
        {
            string name; //定义字符串变量 name
            //输出提示文字
            Console.WriteLine(" 请输入你的名字：");
            // 读取一行输入，并保存在字符串类型的变量 name 中
            name = Console.ReadLine();
            //输出结果
            Console.WriteLine("{0}，欢迎你进入 C# 世界！ ", name);
            //让屏幕暂停
            Console.Read();
        }
    }
}
```

3. 调试运行代码

按 F5 键启动调试过程，然后将输入法切换到中文输入状态，输入 "Ada" 并按 Enter 键，查看程序运行结果，如图 1-23 所示。

图 1-23　任务 1.2 运行结果

在 Visual Studio 中调试程序时，可以按 Shift+F5 组合键终止调试。除了按 F5 键启动调试过程以外，也可以试试按下 F11 键或 F10 键以逐语句或逐过程的方式来调试程序。

项目实训

【实训题目】

计算圆的面积和周长。

【实现目的】
1. 掌握使用 Visual Studio 编写、调试、运行程序的方法。
2. 掌握控制台的基本输入/输出方法。

【实训内容】
内容：编制控制台类型应用程序。输入圆的半径，计算圆的面积和周长并输出到控制台中。

步骤：

① 启动 Visual Studio 2019，创建控制台项目，项目名称设为 Circle。

② 在 Program.cs 文件中的 Program 类的 Main() 方法中，定义恰当类型的变量半径 r、面积 S 和周长 L。

③ 使用 Console.Write() 方法将提示信息"请输入圆的半径："输出到控制台。

④ 使用 Console.ReadLine() 方法读取从控制台输入的半径数据并进行数据类型转换，将转换后的值保存到变量 r 中。具体代码如下：

```
int r = Convert.ToInt32(Console.ReadLine( ));
```

⑤ 根据圆的面积公式和周长公式计算圆的面积和周长，并保存到变量 S 和 L 中。圆周率使用 Math.PI 字段，不要用 3.14 这样的数字，即 S=Math.PI* R*R。

⑥ 使用 Console.WriteLine() 方法输出"圆的半径=×××，面积=×××，周长=×××"这样格式的结果。

⑦ 按 F5 键或 F10 键或 F11 键，调试运行程序，确保程序完成了正确的功能。

单元小结

C# 是微软公司为 .NET 开发平台设计的一种简单、现代、通用、面向对象的编程语言。C# 语法优雅简单，Visual Studio 开发工具强大高效。可以使用它们快速地开发从单机的窗体程序到网站的动态网页、从 PC 到移动平台的多种形式的应用程序。

本单元介绍了 .NET 平台、C# 的特点、C# 开发环境的搭建，以及在 Visual Studio 中如何创建 C# 项目等内容，这是进一步学习的基础。在学习过程中，一定要做到"学而时习之"，只有一边看书、一边实践，才能学好编程语言。

单元 2

C# 语言基础

学习目标

【知识目标】

- 掌握标识符的命名规则
- 掌握变量、常量的定义
- 掌握 C# 基本数据类型
- 理解值类型和引用类型
- 掌握数据类型转换方法
- 掌握 C# 流程控制语句

【能力目标】

- 能用适当的类型表示实际问题中的数据
- 能区分值类型和引用类型
- 能正确使用数组来批量处理类型相同的数据
- 能编写顺序结构、分支结构和循环结构的代码
- 能阅读基本的 C# 程序

文本
单元 2 电子教案

场景描述

阿蔡费了一番功夫，终于将 .NET Framework 和 Visual Studio 安装好了，也创建了一个简单的程序。小强告诉阿蔡，要想通过编写程序来解决各种问题，还必须掌握 C# 程序设计的基础知识，也就是 C# 数据类型、变量和常量的定义、数据类型之间的转换、运算符和表达式，以及 C# 程序的流程控制语句。为练好 C# 编程基本功，阿蔡静下心来，开始学习 C# 编程基础知识。为此，阿蔡将学习内容分成了以下两步。

第 1 步，学习 C# 数据类型、变量和常量的定义、数据类型之间的转换、运算符和表达式。

第 2 步，学习 C# 的流程控制语句。

任务 2.1　C# 数据类型、变量和常量、运算符和表达式

给定银行存款年利率，输入存款数额和存款年限，计算存款到期后的本息合计金额。

教学课件 2-1-1
数据类型、变量和常量

知识储备

2.1.1　数据类型、变量和常量

1. 数据在计算机中的存储

计算机以极高的速度对信息进行处理和加工，而且有极大的信息存储能力。这些信息又称为数据，数据在计算机中以实物器件的物理状态来表示。人们知

道，找到具有两种稳定状态的元件（如晶体管的导通和截止、继电器的接通和断开、脉冲电平的高和低等）并非难事，而要找到具有 10 种稳定状态的元件来对应十进制的 10 个数（即 0～9）就很困难了。计算机采用二进制，所有数据，包括数值数据和非数值数据（如字符或符号）都要用二进制编码来表示。在计算机中，不论是存储还是运算，数据都变成了由"1"或"0"组成的二进制串。存储时，由磁盘上磁性介质的状态来表示"1"或"0"；运算时，由内存中电子开关的打开或闭合来表示"1"或"0"。使用这样的数据表示方式具有以下优点：

① 技术实现简单。计算机由逻辑电路组成，逻辑电路通常只有两个状态，即开关的接通和断开，这两个状态正好可以用"1"和"0"表示。此外，在具体实践中，用二进制表示数据具有抗干扰能力强、可靠性高等优点。因为每位数据只有高和低两个状态，即使逻辑电路受到一定程度的干扰，仍能可靠地分辨出状态是高还是低。

② 简化运算规则。运算规则简单，有利于简化计算机内部结构，提高运算速度。例如，两个二进制位的求和只需要处理 3 种情况即可，即 0+0、1+0（或 0+1）、1+1。

③ 适合逻辑运算。逻辑代数是逻辑运算的理论依据，二进制只有两个数码，正好与逻辑代数中的真和假相吻合。

④ 易于进行转换。二进制数与十进制数易于互相转换。例如，十进制数 123 的对应二进制数为 1111011。

为了方便描述和存取数据，引入了字节的概念，一个字节（byte，B）包含 8 个二进制位（bit，b），即 1B=8b。

2. C# 基本数据类型

现实世界中的数据具有多种表现形式，并具有内在的联系和差别。为便于处理，编程语言通常将各种数据划分成多种数据类型，如整数类型、实数类型、字符类型等。这些数据类型都以符合人类世界和自然世界逻辑的形式而出现，使得人们容易理解数据在计算机内的处理过程，可以说，它们是连通人类思维与计算机的桥梁。

尽管在计算机内部处理的都是由"1"或"0"构成的二进制串，但不同类型的数据在计算机中所占的存储空间和处理方式是不同的。只有了解编程语言中的各种数据类型，才能为程序选择合适的数据类型，达到通过编写代码来有效解决问题的目的。

整数类型、实数类型、字符类型等是一门编程语言中的基本数据类型，其他复杂的数据类型则由基本数据类型构成。所以，下面先学习 C# 中的基本数据类型。

（1）整数类型

每种数据类型都要占据一定的系统内存空间。例如，C# 中的一个整数（int）类型数据占 4 个字节，也就是 32 位，最高位用来作为符号位（正数最高位为 0，负数最高位为 1），所以一个 int 类型数据的最大值是 $2^{31}-1$，而最小值是 -2^{31}。uint 类型则是一种无符号数据类型，它同样占 32 位，最高位也用来作为数据位，所以一个 uint 类型数据的最大值是 $2^{32}-1$，而最小值是 0。各种整数类型及说明见表 2-1。

表 2-1　C# 整数类型及说明

C# 整数类型	说明
sbyte	8 位有符号整数（$-2^7 \sim 2^7-1$）
short	16 位有符号整数（$-2^{15} \sim 2^{15}-1$）
int	32 位有符号整数（$-2^{31} \sim 2^{31}-1$）
long	64 位有符号整数（$-2^{63} \sim 2^{63}-1$）
byte	8 位无符号整数（$0 \sim 2^8-1$）
ushort	16 位无符号整数（$0 \sim 2^{16}-1$）
uint	32 位无符号整数（$0 \sim 2^{32}-1$）
ulong	64 位无符号整数（$0 \sim 2^{64}-1$）

（2）实数类型

实数类型有 float（单精度浮点型）、double（双精度浮点型）和 decimal（十进制型）3 种，见表 2-2。

表 2-2　C# 实数类型及说明

C# 实数类型	说明
float	单精度浮点数，占 4 字节，$\pm 1.5 \times 10^{-45} \sim \pm 3.4 \times 10^{38}$，7 位有效数字
double	双精度浮点数，占 8 字节，$\pm 5.0 \times 10^{-324} \sim \pm 1.7 \times 10^{308}$，15～16 位有效数字
decimal	占 12 字节，$\pm 1.0 \times 10^{-28} \sim \pm 7.9 \times 10^{28}$，28～29 位有效数字

float 类型需要在实数后面加类型说明后缀 f 或 F，double 类型要在实数后面加 d 或 D，decimal 类型则在实数后面加 M 或 m，例如：

```
float i=1.53f;              //声明 float 类型变量 i 并对 i 初始化
double a=2E-03, b=3.5d;     //声明 double 类型变量 a 和 b，并初始化
decimal j=3.562m;           //声明 decimal 类型变量 j 并对 j 初始化
```

由于可保留较多的有效位数，因此 decimal 类型通常用于处理财务和货币计算。不带任何后缀的实数默认为 double 类型，在将实数常量赋值给 float 或 decimal 类型变量时，必须在实数常量后面加上类型说明后缀。例如：

```
float i=1.53;  //编译错误，1.53 为 double 类型，不能将 double 型值赋给 float 型变量
```

（3）字符类型

字符（char）类型表示 Unicode 字符，是无符号 16 位整数，数据范围是 0～65 535 之间的 Unicode 字符集中的单个字符。char 值可以写成以下形式：

```
'A'          //一个简单字符
'\u0041'     //Unicode 字符值
```

```
'\n'              //转义字符
(char)65          //带有数据类型强制转换符的整数类型
```

转义字符是以反斜杠（\）为首的特殊字符标记，表示特定的含义，常见的转义字符见表 2-3。

表 2-3 常见的转义字符及说明

字符	功能	说明	Unicode 值
\0	空格	常放在字符串末尾	0
\a	警铃	产生"嘀"的一声蜂鸣	7
\b	退格	光标向前移动一个位置	8
\t	水平制表	跳到下一个 Tab 位置	9
\n	换行	把当前行移动到下一行开头	10
\v	垂直制表	把当前行移动到下一个垂直 Tab 位置	11
\f	换页	把当前行移动到下一页开头	12
\r	回车	将当前位置移到本行开头	13
\"	双引号	输出双引号（"）	34
\'	单引号	输出单引号（'）	39
\\	反斜杠	输出反斜杠（\）	92

（4）字符串类型

字符串（string）类型是任意长度的 Unicode 字符序列，占用的字节数根据其所包含的字符个数而定。string 类型允许只包含一个字符，甚至可以是不包含任何字符的空字符串，例如：

```
""          //空字符串
"A"         //包含一个字符的字符串
"1A"        //包含两个字符的字符串
```

（5）布尔类型

布尔（bool）类型数据的值只有两个：true（真）和 false（假）。在很多应用中，bool 类型用来表示条件是否成立或者表示表达式的真假。例如：

```
//定义 bool 型变量 flag、text, 初值分别为 false 和 true
bool flag=false,text=true;

//定义一个 bool 型变量 real, 判读 3 是否等于 5,结果为 real=false
bool real=(3= =5);
```

C# 的 bool 类型对应着 .NET 框架的 System.Boolean 类型，虽然表示 true 或 false 时一位就够了，但 .NET 框架还是为 bool 类型分配了一个字节，这主要是为了处理器能更高效率地工作而考虑。与 C 和 C++ 相比，在 C# 中，true 值不再为任何非零值。

3. 变量与常量

程序的核心是处理数据，不同的代码处理不同的数据。如何标识这些数据呢？在编程语言中，通过给数据命名的方式来解决这一问题。数据要先存放在内存中，才能被 CPU 处理。根据数据在内存中的可变性，将数据分为变量和常量两种。变量和常量都属于某一种数据类型。

微课 2-1
变量、常量

在 C# 中，不论是变量、常量，还是方法、类、对象，它们的名称统称为标识符，标识符的命名须遵守以下规则：

① 标识符由字母、汉字、下画线、数字组成。
② 标识符的第一个字符必须是字母、汉字或下画线。
③ 标识符不能是系统关键字。

在 C# 中，关键字是具有特殊意义的标识符，在 Visual Studio 开发环境代码视图中默认以蓝色显示，如代码中的 using、int、class、void、main 等都是 C# 的关键字。

例如，"学号""intA""PI""_123"等都是合法的标识符，而"int"（关键字）、"2hour"（第一个字符为数字）、"One of+Number"（空格和 + 都是规定之外的字符）等都是非法标识符。

> 注意：C# 是严格区分大小写的，也就是说，myVar、MyVar、myvar 是 3 个不同的标识符。

（1）变量

变量在程序运行过程中可以改变其自身的值。变量总是和变量名联系在一起，两者是一一对应的关系，要使用变量，必须为变量命名。在 C# 中，变量必须先声明后使用，所谓的声明即为变量命名并指定数据类型。声明变量的格式如下：

```
数据类型    变量名列表;
```

例如：

```
int number;                    //声明一个整型变量 number
float radius,perimeter;        //声明两个单精度浮点型变量 radius 和 perimeter
string str;                    //声明一个字符串类型变量 str
```

声明变量就是把变量所属的数据类型告诉程序，以便于为该变量分配内存空间。声明变量后，可以使用赋值运算符 "=" 给变量赋值。

例如：

```
int n;
n = 10;
```

当执行 int n 这条语句时，系统就会在内存中分配连续 4 个字节的空间给变量 n，如图 2-1（a）所示。然后执行 n=10，把变量 n 的值设置为 10，也就是 n 所对应的内存空间被写入整数 10，如图 2-1（b）所示。若 n 为某个类中定义的字段，则 n 的默认值为 0；若 n 为某个方法中定义的变量，则必须给 n 赋值后才能使用。

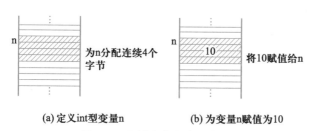

图 2-1 变量在内存中的表示

当有多个变量需要同时声明时，以下的几种形式都是允许的。

```
int a = 1, b = 2;          // 该句和下面 3 句的作用完全相同
int a, b;
a = 1;
b = 2;
```

（2）常量

在编写程序代码时，可能会反复用到同一个数据，如圆周率。此时，使用常量可以大大提高程序的易读性和可维护性。常量有直接常量和符号常量两种。

① 直接常量：直接常量即数据本身，包含数值常量、字符常量、字符串常量、布尔常量。

例如：

数值常量：12、-123、1.23E+10。

字符常量：'A'、'优'。

字符串常量："123" " 学习 "。

布尔常量：true、false。

② 符号常量：符号常量由用户自定义符号代表一个常量。例如，在计算税率时，可将起征点和税率定义成符号常量，当数据发生变化时，只修改常量定义就可以了。常量声明的格式如下：

```
const    类型    常量名 = 常量表达式；
```

例如：

```
const double PI = 3.1415926;   // 将圆周率声明为双精度常量 PI
double area, vol, r;           // 声明双精度变量 area、vol、r,分别表示面积、
                               // 体积和半径
r = 15;                        // 对变量 r 赋值
area = PI*r*r;                 // 计算圆面积
vol = 4.0/3*PI*r*r*r;          // 计算球体积
```

常量和变量的命名都遵循标识符的命名规则，常量表达式由数值常量、字符串常量等直接常量和运算符组成，可以包含已经定义过的符号常量，但不能使用变量和函数。

4. 值类型和引用类型

C# 也是强类型语言，其每个变量和对象都必须具有被预先声明的类型。但是由于 C# 是专门为 .NET 设计的语言，所以它的类型体系与 C++ 有很大的不同，而与 .NET 框架一致。C# 中的数据类型可以划分为值类型和引用类型两大类。

- 值类型。基本数据类型（字符串类型除外）、结构类型、枚举类型。
- 引用类型。字符串类型、object、数组、类、接口、委托。

值类型还是引用类型决定了数据是存储在内存中的栈区还是堆区。

如图 2-2 所示，值类型只需要一段单独的内存来存储实际的数据即可；而引用类型需要两段内存：第 1 段存储实际数据，它总是位于堆中，第 2 段是一个引用，指向数据在堆中的存放位置。

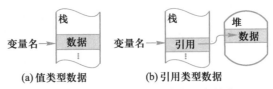

图 2-2　不同类型变量在内存中的存储位置

微课 2-2
值类型和引用类型

（1）值类型

该类型存储数据本身。对值类型的变量进行赋值时，会复制变量所包含的值。前面介绍的整数、实数、字符、布尔 4 种基本数据类型都属于值类型，而枚举和结构属于用户自定义的数据类型，即它们是用户根据需要在基本数据类型基础上定义的数据类型。

（2）引用类型

该类型的变量（也称为对象）存储对实际数据的引用。对引用类型的变量进行赋值时，只复制对象的引用（指针 / 句柄），而不会复制对象本身。一般来说，当若干个引用类型的变量引用同一个对象时，无论通过哪一种引用变量改变其引用对象的值，其他引用变量引用的对象的属性也会随之改变。

通过下面的代码和图 2-3 可理解值类型与引用类型数据的区别。

```
int x=12, y;
TextBox tB1 = new TextBox();
TextBox tB2;
y = x;
tB1.Text = "ab";
tB1.Width = 100;
```

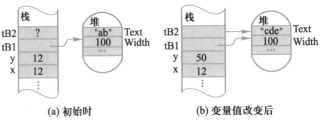

图 2-3　值类型与引用类型数据在内存中的存储情况

以上代码对变量 x、y、tB1、tB2 进行定义和赋值，在内存中的情况如图 2-3（a）所示。现增加以下代码，则在内存中的情况如图 2-3（b）所示。

```
y=50;
tB2=tB1;
tB2.Text="cde";
```

由图 2-3 可知，当执行语句 y=x 时，是将变量 x 的值 12 进行了复制并给了变量 y，而执行语句 tB2=tB1 却是把 tB1 对堆中数据的引用进行了复制并给了 tB2，所以执行语句 tB2.Text="cde" 后，tB1.Text="cde"。

前述的字符串类型属于引用类型，在此不再赘述，而类、接口、委托等类型将在 C# 面向对象程序设计单元进行详细介绍，因此下面介绍 object 和数组类型。

① object：object 类型是所有值类型和引用类型的基类，几乎所有的数据类型都是直接或间接地从 object 类型继承而来的。定义一个 object 类型变量的语法格式如下：

```
object 变量名；
```

下列代码定义了一个 object 类型的变量 a，并分别将整数类型和实数类型的值赋值给它。

```
object a;
a=10;
a=12.3;
Console.Write(a);    // 输出当前 a 的值 12.3
```

定义为 object 类型的变量可以接收任何类型的数值。

② 数组：数组可用于处理一组相同类型的数据。前面学习的变量都属于单一变量，即一次只能存储一个属于某类型的数据。但在实际应用中，往往需要批量处理数据，例如 100 个学生的英语考试成绩，如果用 100 个实数变量来存放，那就得定义 100 个变量并赋值，很麻烦，容易出错，也不利于处理这些数据（如统计平均分）。如果可以定义具有相同名称、不同下标的一组变量来表示这一组类型相同的数据，那就可以很清楚地描述它们的关系，同时也能大大简化数据的处理。

数组是一些具有相同类型的数据按照一定顺序组成的变量序列，数组中的每个元素可以通过数组名以及唯一的索引号（即下标）来确定。数组适用于存储和表示既与取值相关又与位置相关的数据。

C# 中的数组属于引用类型，也就是说，在数组变量中存放的是对数组的引用，真正的数组元素数据连续地存放在另一块内存区域中。数组中的数据可以是任何数据类型，数组元素本身也可以是另一个数组。如果数组的数据类型确定了，则数组中的每个元素均为此数据类型。如果试图将一个类型不相符的数据赋值给数组元素，则 C# 会将其转换为与数组一致的数据类型，如果转换失败则引发异常。

数组也必须先定义后使用。定义数组后就可以对数组进行访问，访问数组一般都转换为对数组中某个元素或全部元素的访问。

首先介绍一维数组。

声明一维数组的格式如下：

类型名称 [] 数组名；

数组在声明后必须实例化才可以使用，实例化数组的格式如下：

数组名 =new 类型名 [无符号整型表达式]；

例如：

int[] array;   // 声明一个 int 类型的数组 array
array=new int[10];   // 实例化 array,array 中含有 10 个 int 类型的数据

上面两条语句可以合为一条语句：

int[] array=new int[10];

数组一旦实例化，不仅为数组元素分配了所需的内存空间，数据元素也被初始化为相应的默认值。数组元素被常用基本数据类型初始化的默认值见表 2-4。

表 2-4　数组元素被常用基本数据类型初始化的默认值

类型	默认值	类型	默认值
数值类型（int、float、double 等）	0	字符串类型（string）	null（空值）
字符类型（char）	'\0'	布尔类型（bool）	false

数组在实例化时，可以为元素指定初始值，例如：

int[] a=new int[5] {31, 22, 4, 10, 5};

一旦为数组指定初始值，就必须为数组所有元素指定初始值，指定值的个数既不能多于数组的元素个数，也不能少于数组的元素个数，例如：

int[] a=new int[4] {31, 22, 4, 10, 5};   // 错误，指定个数大于数组长度
int[] a=new int[5] {31, 22, 4, 10, 5};   // 正确，指定个数等于数组长度
int[] a=new int[6] {31, 22, 4, 10, 5};   // 错误，指定个数少于数组长度

C# 允许以简化形式声明并初始化数组，例如：

int[] a=new int[5] {31, 22, 4, 10, 5};
int[] a=new int[] {31, 22, 4, 10, 5};
int[] a= {31, 22, 4, 10, 5};

以上 3 条语句等效，它们都实现了对数组 a 的声明和初始化。

数组定义后即可进行访问，对数组中元素的访问与对单一变量的访问方式相同。例如：

微课 2-3
数组

```
int[] a={31, 22, 4, 10, 5};
int b=a[2];              //将数组 a 中下标为 2 的元素赋值给 b, 则赋值后 b 的值为 4
int c=a.Length;          //将数组 a 的长度赋值给 c, 赋值后 c 的值为 5
```

C# 中，数组元素的下标从 0 开始，其后元素的下标依次递增。为与下标统一，本书中将 a[0] 称为 a 的第 0 个元素，将 a[1] 称为 a 的第 1 个元素，以此类推。一维数组元素的个数称为一维数组的长度，可以通过"数组名 .Length"获得。

下面介绍二维数组。

数组元素下标超过两个的数组可以称为多维数组，二维数组是其中最简单也是最常用的一种。多维数组主要应用于平面或立体排列的数据处理，最常见的是矩阵与二维表格中的数据处理。声明二维数组的格式如下：

类型名称 [,] 数组名；

声明并实例化二维数组的格式如下：

类型名 [,] 数组名 =new 类型名 [行数 , 列数]；

在声明并实例化二维数组时，也可以指定数组中各元素的初始值，例如：

```
int[,] a=new int[2, 3];       //声明一个 2 行 3 列的二维数组
int[,] a = {{1,2,3},{4,5,6}};  //定义一个 2 行 3 列的二维数组并赋值
a[1, 2]=15;                   //对第 1 行第 2 列的元素赋值（将数据写入数组元素）
int b=a[1, 1];                //用第 1 行第 1 列元素的值为变量 b 赋值（从数组元素读取数据）
```

与一维数组类似，二维数组的行号和列号都从 0 开始。对于 int[,] a=new int[2, 3] 所定义的二维数组 a, a.Length 的值为 6（表示数组 a 共有 6 个元素）；a.getLength(0) 的值为 2（表示数组 a 有 2 行）；类似的，a.getLength(1) 的值为 3（表示数组 a 有 3 列）。

2.1.2 运算符和表达式

程序中变量的值不断变化，最终产生人们想要的处理结果，变量值的变化通过运算符和表达式来实现。描述各种不同运算的符号称为运算符，而参与运算的数据称为操作数。表达式用来表示某个求值规则，它由运算符、操作数和配对的圆括号组合而成，即将常量、变量等操作数以合理的形式进行组合。

表达式的类型由运算符的类型来决定。在 C# 中，常用的运算符和表达式有算术运算符与算术表达式、字符串运算符与字符串表达式、关系运算符与关系表达式、逻辑运算符与逻辑表达式、条件运算符与条件表达式、赋值运算符与赋值表达式。

根据操作数的多少，运算符可以分为一元运算符、二元运算符、三元运算符。

1. 算术运算符与算术表达式

算术运算符与操作数构成的表达式称为算术表达式，算术运算符及说明见表 2-5。

教学课件 2-1-2
运算符和表达式

微课 2-4
运算符和表达式

表 2-5 算术运算符及说明

类别	运算符	说明	例子
二元运算符	+、-	加法、减法运算	a+b、a-b
二元运算符	*、/	乘法、除法运算	a*b、a/b
二元运算符	%	求余运算，获取操作数相除后的余数	a%b
一元运算符	++	自加运算，将操作数加 1	a++ 或 ++a
一元运算符	--	自减运算，将操作数减 1	a-- 或 --a
一元运算符	-	求反运算，求操作数的相反数	-a

求余运算也称为求模运算，如 5%2=1。C 语言要求该运算符两边的操作数均为整数，而在 C# 中，求余运算的操作数可以是实数，例如，6%3.5=2.5。

自加运算和自减运算只能用于变量，不能用于常量，其运算符放在操作数的左边还是右边在执行顺序上是有差别的，例如：

```
int x=1, y;
++x;        // 等价于 x=x+1, 执行完此语句后 x=2
y=x++;      // 先将 x 的值作为表达式 x++ 的值，并将该值赋给 y, 即 y=2, 然后 x 再自
            // 加, 即 x=3
y=++x;      // 先执行 x 自加, 即 x=4, 然后将 x 的新值作为表达式 ++x 的值，并将该值
            // 赋给 y, 即 y=2
--y;        // 等价于 y=y-1, 执行完此语句后 y=1
```

使用算术表达式时，要注意数据类型，例如 7/2=3，而 7.0/2=3.5。

2. 字符串运算符与字符串表达式

一个字符串表达式由字符串常量、字符串变量和字符串运算符组成。字符串运算符只有一个，即"+"，表示将两个字符串连接起来，例如：

```
"hello "+" 中国 "    // 运算后的结果为 "hello  中国 "
"1"+23              // 运算后的结果为 "123",23 被系统自动转换为字符串 "23"
```

3. 关系运算符与关系表达式

关系运算用于比较两个操作数之间的关系，若关系成立，则返回一个逻辑真（true），否则返回逻辑假（false）。关系运算符及说明见表 2-6。

表 2-6 关系运算符及说明

类别	运算符	说明	例子
二元运算符	<、>	小于、大于	a<b、a>b
二元运算符	<=、>=	小于等于、大于等于	a<=b、a>=b
二元运算符	==	等于	a==b
二元运算符	!=	不等于	a!=b

使用关系运算符时应注意以下规则：
① 如果两个操作数是数值型，则按大小比较。
② 如果两个操作数同为字符型，则按照字符的 Unicode 值进行比较。
③ 比较字符串是否相等可用"＝＝"，比较字符串大小则用 CompareTo() 方法，该方法返回 int 类型的结果。

例如：

```
5>=2                // 结果为 true
'a'>'b'             // 结果为 false
"abcd"= ="abcc"     // 结果为 false
```

4. 逻辑运算符与逻辑表达式

逻辑运算符又称为布尔运算符，其作用是对操作数（表达式或数值）进行逻辑运算，得到 bool 类型的结果。C# 中，最常用的逻辑运算符及说明见表 2-7。

表 2-7 逻辑运算符及说明

类别	运算符	说明	例子
二元运算符	&&	与，当操作数都为 true 时结果为 true	a>b&&a<c
二元运算符	||	或，当其中一个操作数为 true 时结果为 true	a>b||a<c
一元运算符	!	非，当操作数为 true 时结果为 false；操作数为 false 时结果为 true	!a

当熟练掌握关系运算符和逻辑运算符以后，就可以使用逻辑表达式来表示各种复杂的条件。例如，判断一个年份是否是闰年，根据"四年一闰，百年不闰，四百年再闰"的原则，闰年的判断可以用逻辑表达式 (year%4= =0&&year%100!=0)||year%400= =0 来描述，当此表达式为 true 时，year 为闰年，否则为平年。

有时候，不需要执行所有运算就可以确定逻辑表达式的值。例如，a>b&&a<c，当 a>b 为 true 时才会去判断 a<c；若 a>b 为 false，则整个逻辑表达式的值为 false，不需要判断 a<c。同理，对于 a>b||a<c，若 a>b 为 true，则整个逻辑表达式的值为 true，不需要判断 a<c；若 a>b 为 false，则需要进一步判断 a<c 后才能确定整个逻辑表达式的值。

5. 条件运算符与条件表达式

条件运算符是唯一的一个三元运算符，其具体格式如下：

条件表达式？表达式 1：表达式 2

该操作符首先求出条件表达式的值，如果值为 true，则以表达式 1 的值作为整个条件表达式的值；如果条件表达式的值为 false，则以表达式 2 的值作为整个条件表达式的值。

【例 2.1】 输入一个符号，若为英文字母，则实现大小写字母之间的相互转换，否则保持不变。

源代码例 2.1

```
static void Main(string[] args)
{
    char a, b;
    Console.WriteLine(" 请输入一个字母： ");
    a = Convert.ToChar(Console.ReadLine());
    b = (a>= 'A' && a <= 'Z')? Convert.ToChar(a + 32) : ((a >= 'a' && a <= 'z') ?
        Convert.ToChar(a − 32) : a);
    Console.WriteLine(" 字母经过大小写转换后为： " + b);
}
```

运行结果如图 2-4 所示。

图 2-4 【例 2.1】运行结果

6. 赋值运算符与赋值表达式

赋值就是给一个变量一个值。赋值运算符分为两种：一种是简单又常用的"="运算符；另一种是复合的赋值运算符，即"="与其他运算符的组合，如 +=、−=、*=、/=、%=。例如：

```
int a=1, b=2;
a+=b;            // 等价于 a=a+b, 赋值后 a=3
```

7. 运算符的优先级与结合性

当表达式中有多个运算符时，需要考虑这些运算符的计算顺序，即运算符的优先级与结合性。优先级指当一个表达式中出现不同的运算符时先进行何种运算。结合性指一个表达式中出现两个以上优先级相同的运算符时是从左向右运算还是从右向左运算。

（1）优先级

前述的各种运算符的优先级由高到低排列，见表 2-8。从表中可以看出：

① 一元运算符的优先级最高。

② 若以符号">"来表示"优先级高于"这样的关系，则有算术运算符 > 关系运算符 > 逻辑运算符 > 条件运算符 > 赋值运算符。

③ 同类运算符的优先级也有高低之分。在算术运算符中，乘、除、求余的优先级高于加、减；在关系运算符中，小于、大于、小于等于、大于等于的优先级高于等于和不等于；在逻辑运算符中，逻辑非高于逻辑与，逻辑与又高于逻辑或。

表 2-8 运算符的优先级

类别	运算符
一元运算符	+(取正)、−(取负)、!、++、−−
乘除求余运算符	*、/、%
加减运算符	+、−

续表

类别	运算符
关系运算符	<、>、<=、>=
关系运算符	==、!=
逻辑与运算符	&&
逻辑或运算符	||
条件运算符	?:
赋值运算符	=、+=、-=、*=、/=、%=

根据运算符的优先级可知，前述的判断闰年的逻辑表达式 (year%4= =0&&year%100!=0)\|\| year%400= =0 等价于 year%4= =0&&year%100!=0\|\|year%400= =0。当 year=1900 时，代入此表达式得到 1900%4= =0&&1900% 100!=0\|\|1900%400= =0。由表 2-8 可知，先计算 %，接着计算 = =，然后计算 &&，最后计算 \|\|。最后整个表达式的结果为 false，即 1900 年不是闰年。

（2）圆括号

为改变表达式中运算符的运算顺序以实现编程目的，同时为提高表达式的可读性，可以使用圆括号明确运算顺序。例如，a+b*c 和 (a+b)*c 的运算顺序是不同的。

（3）结合性

结合性是从运算方向上控制运算顺序，用来确定相同优先关系运算符之间的运算顺序。赋值运算符与条件运算符是从右到左结合的，除赋值运算符以外的二元运算符是从左到右结合的。例如：

```
a+b+c          // 等价于 (a+b)+c
a=b=c          // 等价于 a=(b=c)，先将 c 的值赋值给 b 后，再将 b 的值赋值给 a
a>b?a:b>c?b:c  // 等价于 a>b?a:(b>c?b:c)
```

2.1.3 数据类型转换

类型转换是指将数据从一种数据类型改变为另一种类型。例如，通过 Console.ReadLine() 输入的数据是 string 类型，可以通过类型转换将其变为 int 类型，由此就可以进行算术运算。数据类型转换有隐式转换和显式转换两种。

1. 隐式转换

隐式转换是系统自动执行的数据类型转换。隐式转换的基本原则是：允许数值范围小的类型向数值范围大的类型转换；允许无符号整数类型向有符号整数类型转换，表 2-9 列出了可隐式转换的数据类型。

教学课件 2-1-3
数据类型转换

微课 2-5
数据类型转换

表 2-9 可隐式转换的数据类型

转换前的类型	转换后的类型
sbyte	short、int、long、float、double、decimal
byte	short、ushort、int、uint、long、ulong、float、double、decimal

续表

转换前的类型	转换后的类型
short	int、long、float、double、decimal
ushort	int、uint、long、ulong、float、double、decimal
int	long、float、double、decimal
uint	long、ulong、float、double、decimal
long、ulong	float、double、decimal
float	double
char	ushort、int、uint、long、ulong、float、double、decimal

例如：

```
float a, b;
double c=1.5;
decimal d=2.7m;
a=1;            // 正确，数值范围小的类型可以向数值范围大的类型转换
b=c;            // 错误，double 类型的数据范围比 float 的大，且有效位数比 float 类型多
c=a;            // 正确，数值范围小的类型可以向数值范围大的类型转换
c=d;            // 错误，decimal 的有效位数比 double 类型的多，不能隐式转换
string str="a"+c;   //str="a1.5"，自动将 1.5 转换为 "1.5" 后执行字符串连接操作
```

2. 显式转换

显式转换也叫强制转换，是在代码中明确指示将某一类型的数据转换为另一种类型。显式转换的一般格式如下：

(数据类型名称) 数据

例如：

```
int x=100;
short z=(short)x;
float b;
double c=1.5;
b=(float)c;
```

显式转换时可能导致数据的丢失，例如：

```
decimal d=123.45M;
int x=(int) d;    //x=123
```

3. 使用方法进行数据类型转换

① Parse() 方法。Parse() 方法可以将特定格式的字符串转换为数值，使用格式如下：

数值类型名称.Parse(字符串型表达式)

例如：

```
int x=int.Parse("123");    //x=123
```

② ToString() 方法。ToString() 方法可以将其他数据类型的变量值转换为字符串类型，使用格式如下：

变量名称.ToString()

例如：

```
int x=123;
string s=x.ToString();    //s="123"
```

③ Convert 类。Convert 类提供了常用的字符串与其他数据类型相互转化的方法，见表 2-10。

表 2-10 Convert 类的常用转换方法

方法与参数	说明	实例	实例结果
ToBoolean（数值）	将数值转换为 bool 类型	Convert.ToBoolean(12.3)	True
ToBoolean（字符串）	将 "true" 或 "false"（各字母大小写任意）转换为 bool 类型	Convert.ToBoolean("TRue")	True
ToByte（数字字符串）	将数字字符串（不包含小数点）转换为 byte 类型数值	Convert.ToByte("123") Convert.ToByte("012")	123 12
ToChar（数值）	转换 ASCII 码值为对应字符	Convert.ToChar(65)	A
ToDateTime（日期字符串）	将字符串转换为日期时间类型	Convert.ToDateTime("2020-12-12 18:30")	2020-12-12 18:30:00
ToDecimal（数字字符串）	将数字字符串转换为 decimal 类型数值	Convert.ToDecimal("1.2") Convert.ToDecimal("1.2")	1.2 1.2
ToDouble（数字字符串）	将数字字符串转换为 double 类型数值	Convert.ToDouble("1.2") Convert.ToDouble("01.2")	1.2 1.2
ToInt16（数字字符串）	将数字字符串（不包含小数点）转换为 short 类型数值	Convert.ToInt16("123") Convert.ToInt16("012")	123 12
ToInt32（数字字符串）	将数字字符串（不包含小数点）转换为 int 类型数值	Convert.ToInt32("123") Convert.ToInt32("012")	123 12
ToInt64（数字字符串）	将数字字符串（不包含小数点）转换为 long 类型数值	Convert.ToInt64("123") Convert.ToInt64("012")	123 12
ToSByte（数字字符串）	将数字字符串（不包含小数点）转换为 sbyte 类型数值	Convert.ToSByte("-123") Convert.ToSByte("-012")	-123 -12
ToString（各种类型数据）	将其他类型数据转换为 string 类型数据	Convert.ToString(12.3) Convert.ToString(DateTime.Now)	"12.3" "2020-20-12 18:30:00"

4. 装箱和拆箱

以上介绍了各种值类型数据之间的转换，实际上，值类型和引用类型数据之间也可转换，这可通过装箱和拆箱操作来实现。值类型可以通过装箱

（boxing）转换成引用类型，然后再经过拆箱（unboxing）转换回值类型，但是无法将原始的引用类型转换为值类型。

object 类型在 .NET Framework 中是 System.Object 的别名。在 C# 统一类型系统中，所有类型（包括预定义类型、用户定义类型、引用类型和值类型）都是直接或间接从 System.Object 继承的。所以，可以称 object 类型是 .NET 数据类型的祖先。因此，可以把任何类型的值赋给 object 类型的对象，这个过程称为装箱。例如：

```
int val=100;
object obj=val;    // 也可以写为 object obj = (object)val
Console.WriteLine("对象的值 ={0}", obj);
```

被装过箱的对象才能被拆箱，即将值类型转换为引用类型，再由引用类型转换为值类型。例如：

```
int val=100;
object obj=val;
int num=(int)obj;
Console.WriteLine("num: {0}", num);
```

为何要将值类型转换为引用类型？ object 类型的对象可以接受任意数据类型的值，当所传递或所赋值的类型不是一个特定的数据类型时，object 类就提供了一种传递参数和赋值的通用方法。当需要将一个值类型（如 int 类型数据）传入时，执行装箱操作即可。以下是另一个装箱和拆箱的例子：

```
class Sample
{ public int i ; }
class MainClass
{
    static void Test(object o)
    {
        if (o.GetType()= =typeof(double))
            Console.WriteLine("{0} 是一个实数，与 100 相加后得到：{1}", o, ((double)o+100));// 拆箱
        if (o.GetType()= = typeof(Sample))
        {
            Sample new_b = (Sample)o;// 拆箱
            Console.WriteLine(" 这是一个 Sample 类型的对象，该对象的属性 i 的值是：" + new_b.i);
        }
        if (o.GetType()= = typeof(int))
            Console.WriteLine("{0} 是一个整数，与 3 相乘后得到：{1}",o, ((int)o*3));// 拆箱
    }
    static void Main()
    {
        double a = 1.23;
        Test(a);            //double 类型的实参传递给 object 类型的形参，装箱
```

```
        Sample b = new Sample();
        b.i = 20;
        Test(b);                    //Sample 类型的实参传递给 object 类型的形参，装箱
        object c = 100;             //int 类型值赋值给 object 类型的变量，装箱
        Test(c);
    }
}
```

输出结果如下：

1.23 是一个实数，与 100 相加后得到：101.23
这是一个 Sample 类型的对象，该对象的属性 i 的值是：20
100 是一个整数，与 3 相乘后得到：300

 任务实施

给定银行存款年利率，输入存款数额和存款年限，计算存款到期后的本息合计金额。

分析：银行存款年利率和存款数额可定义为 decimal 类型，存款期限为 int 类型。输入的存款数额和存款年限需要进行类型转换才能进行正确的计算。根据利率计算公式即可求出存款到期后的本息合计金额。

在 Program.cs 文件中的 Main 方法的大括号内部写代码：

```
static void Main(string[] args)
{
    const decimal interest = 0.0035m;
    decimal money, principal;
    int t;
    Console.WriteLine(" 输入存款金额 ");
    principal = Convert.ToDecimal(Console.ReadLine());
    Console.WriteLine(" 输入存款期限 ( 以月为单位 ):");
    t = Convert.ToInt16(Console.ReadLine());
    money = principal + principal * interest * t * 1 / 12;
    Console.WriteLine("{0} 元存 {1} 个月，本息合计金额为： {2:f} 元 ", principal, t, money);
    Console.ReadKey();
}
```

微课任务解决 2.1
输入存款数额和存款年限，计算存款到期后的本息合计金额

源代码任务 2.1
输入存款数额和存款年限，计算存款到期后的本息合计金额

运行结果如图 2-5 所示。

图 2-5　任务 2.1 运行结果

项目实训

【实训题目】

用键盘输入学生姓名及其5门课成绩（语文、数学、英语、物理、化学），输出5门课的总成绩及平均分。

【实训目的】

1. 掌握使用 Visual Studio 编写、调试、运行程序的方法。
2. 掌握变量及其数据类型的定义。
3. 掌握运算符和表达式的使用。

【实训内容】

编制控制台类型应用程序：输入学生姓名及其5门课成绩（语文、数学、英语、物理、化学），输出5门课的总成绩及平均分。

步骤：

① 启动 Visual Studio，创建控制台项目，项目名称设为"项目实训2_1"。
② 在 Program.cs 文件中 Program 类的 Main() 方法中，定义恰当类型的变量。
③ 使用 Console.Write() 方法将提示信息"请输入学生姓名："输出到控制台。
④ 使用 Console.ReadLine() 方法读取从控制台输入的数据并进行数据类型转换，将转换后的值保存到相应的变量中。
⑤ 按 F5 键或 F10 键或 F11 键，调试运行程序，确保程序完成了正确的功能。

任务 2.2　C# 程序的流程控制

实现一个简易计算器，该计算器能实现基本的加、减、乘、除四则运算，要求输入数据和运算符，输出计算结果，并可以继续进行下一次运算，按 Q 键退出计算。

 知识储备

语句是构成程序的最基本单位，程序运行的过程就是执行程序语句的过程。面向对象程序设计与结构化程序设计在编程思想、程序结构上各不相同，但是在程序局部，如方法内，语句的编写、执行与结构化程序是类似的，主要由顺序结构、选择结构、循环结构组成。其中，顺序结构是最简单、最常用的基本结构。在该结构中，各语句按照书写顺序逐条被执行。顺序结构是其他结构的基础，在选择结构和循环结构中，总是以顺序结构作为它们的基本子结构。

【例 2.2】 输入两个整数,并将其分别赋值给两个变量,交换它们的值后输出。

源代码例 2.2

```
static void Main(string[] args)
{
    int a, b, temp;
    Console.WriteLine(" 请输入两个整数 ");
    Console.Write("a=");
    a = Convert.ToInt16(Console.ReadLine());
    Console.Write("b=");
    b = Convert.ToInt16(Console.ReadLine());
    temp = a;
    a = b;
    b = temp;
    Console.WriteLine(" 两数互换后的结果为 ");
    Console.WriteLine("a={0}, b={1}", a, b);
}
```

微课 2-6
顺序语句

动画 2.1
红墨水与蓝墨水交换瓶子

运行后的结果如图 2-6 所示。

若仅用顺序结构,程序能实现的功能非常有限。使用选择结构和循环结构,可以使语句的执行具有多样性。C# 中的流程控制语句有以下几类,其中转移语句用于改变程序的执行流程。

分支语句:if…else、switch…case。
循环语句:for、while、do…while、foreach。
转移语句:goto、break、continue、return。

图 2-6 【例 2.2】运行结果

2.2.1 分支语句

选择结构主要由分支语句来实现,故分支语句又称为选择语句。C# 提供了两种分支语句,即双分支的 if…else 语句和多分支的 switch…case 语句。

1. if…else 语句

if…else 语句的语法格式如下:

```
if( 条件表达式 )
{
    语句块 1
}
else
{
    语句块 2
}
```

教学课件 2-2-1
分支语句

微课 2-7
if-else 语句

其中,条件表达式用来选择程序的流程走向。程序在实际执行过程中,如果条件表达式的取值为 true,则执行语句块 1,否则执行语句块 2,如图 2-7 所示。在编写程序时也可以不编写 else 分支,此时,若条件表达式的取值为 false,则绕过 if 分支直接执行 if 语句后面的其他语句,如图 2-8 所示。当语句块只有一条语句时,大括号可以省略。

if…else 语句也可以嵌套，但嵌套时一定要注意配对情况，else 总是与距离它最近的 if 配对。通常利用代码缩进来表示配对情况。

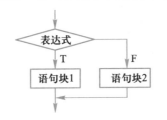
图 2-7　if…else 语句的控制流程

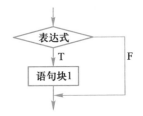
图 2-8　if 单分支语句的控制流程

【例 2.3】　输入 3 个整数，求出它们中的最大数。

源代码例 2.3

```
static void Main(string[] args)
{
    int a, b, c, max;
    Console.WriteLine(" 请输入三个整数 ");
    a = Convert.ToInt16(Console.ReadLine());
    b = Convert.ToInt16(Console.ReadLine());
    c = Convert.ToInt16(Console.ReadLine());
    if (a > b)
        max = a;
    else
        max = b;
    if (c > max)
        max = c;
    Console.WriteLine(" 这三个数中 {0} 最大 ", max);
}
```

运行结果如图 2-9 所示。

图 2-9　【例 2.3】运行结果

【例 2.4】　输入 x 的值，根据以下分段函数求 y 的值。

$$y = \begin{cases} x-1 & x<1 \\ x & 1\leqslant x \leqslant 3 \\ 2x & x>3 \end{cases}$$

源代码例 2.4

```
static void Main(string[] args)
{
    double x, y;
    Console.Write(" 请输入 x：");
```

```
        x = Convert.ToDouble(Console.ReadLine());
        if (x < 1)
            y = x - 1;
        else if(x <= 3)
            y = x;
        else
            y = 2 * x;
        Console.WriteLine("y 的值是：{0}", y);
    }
```

运行结果如图 2-10 所示。

　　(a) -2<1　　　(b) 1≤2.5≤3　　(c) 5.7>3

图 2-10 【例 2.4】运行结果

2. switch…case 语句

【例 2.5】 编写程序将百分制成绩转换为五级制成绩。

```
static void Main(string[] args)
{
    double score;char rank;
    Console.Write("\n    请输入分数：");
    score = Convert.ToDouble(Console.ReadLine());
    if (score >= 90)
        rank = 'A';
    else if(score >= 80)
        rank = 'B';
    else if (score >= 70)
        rank = 'C';
    else if (score >= 60)
        rank = 'D';
    else
        rank = 'E';
    Console.WriteLine("{0} 对应的等级是：{1}", score, rank);
}
```

源代码例 2.5

微课 2-8
switch-case 语句

在【例 2.5】中使用了多层嵌套的 if…else 语句。当程序设计中出现分支情况很多时，虽然 if…else 语句的多层嵌套可以实现，但会使程序变得冗长且不直观。为改善这个情况，可以用 switch…case 语句来处理多分支的选择问题，其语法格式如下：

```
switch( 控制表达式 )
{
        case 常量表达式 1:     // 常量表达式 1…常量表达式 n 的值各不相同
```

```
            语句块 1
            break;                  // 跳出 switch 语句
        case 常量表达式 2:
            语句块 2
            break;
        …
        default:
            语句块 n
            break;
    }
```

控制表达式允许的类型为整数类型、字符类型、字符串类型、枚举类型；各个 case 后的常量表达式的数据类型与控制表达式的类型相同或者兼容（即能够隐式转换为控制表达式的类型）。

switch…case 语句的执行过程如下：

① 求控制表达式的值。

② 如果 case 标签后的常量表达式的值等于控制表达式的值，则执行该 case 标签后的语句块。

③ 如果没有常量表达式的值等于控制表达式的值，则执行 default 后的语句块；如果没有 default 分支，则直接跳出整个 switch 语句。

case 标签后面可以没有语句块，若有语句块，则其后面必须有 break 语句，以跳出本层次的 switch 语句；default 语句块之后也必须有 break 语句，否则会出现编译错误。

【例 2.6】 用 switch…case 语句编写程序，将百分制成绩转换为五级制成绩。

源代码例 2.6

```
static void Main(string[] args)
{
    double score;char rank;
    Console.Write("\n    请输入分数：");
    score = Convert.ToDouble(Console.ReadLine());
    switch ((int)score / 10)
    {
        case 10:
        case 9: rank = 'A'; break;
        case 8: rank = 'B'; break;
        case 7: rank = 'C'; break;
        case 6: rank = 'D'; break;
        default: rank = 'E'; break;
    }
    Console.WriteLine("{0} 对应的等级是：{1}", score, rank);
}
```

【例 2.7】 某商场根据消费额度进行打折活动，编写程序计算打折后的消费金额。

消费额在 2 000 元以上，八五折（含 2 000 元）；
消费额在 1 000 元至 2 000 元之间，九折（含 1 000 元）；
消费额在 1 000 元以下，不打折；
若消费者持有教师证或老年证，则在原有折扣的基础上再打九五折。

源代码例 2.7

```
static void Main(string[] args)
{
    double money;
    double pay;
    Console.Write(" 请输入花费金额： ");
    money = Convert.ToDouble(Console.ReadLine());
    switch ((int)money / 1000)
    {
        case 0: pay = money;
            break;
        case 1: pay = 0.9 * money;
            Console.WriteLine(" 有教师证或老年证吗 (y/n)");
            if (Convert.ToChar(Console.ReadLine())= = 'y')
                pay *= 0.95;
            break;
        default: pay = 0.85 * money;
            Console.WriteLine(" 有教师证或老年证吗 (y/n)");
            if (Convert.ToChar(Console.ReadLine())= = 'y')
                pay *= 0.95;
            break;
    }
    Console.WriteLine(" 消费了 {0} 元，实际需要支付的费用是： {1:0.00}", money, pay);
}
```

运行结果如图 2-11 所示。

图 2-11 【例 2.7】运行结果

2.2.2 循环语句

循环结构由循环语句实现。该类语句的特点是，在给定条件成立时，反复执行某段程序，直到条件不成立为止。给定的条件称为循环条件，被反复执行的程序段称为循环体。C# 提供了 4 种循环语句：for、while、do…while 和 foreach。前 3 种循环语句的共同特点是根据循环条件来判断是否执行循环体，一般情况下，它们是可以相互替换的；而 foreach 语句专用于列举数组和集合

教学课件 2-2-2
循环语句

微课 2-9
循环语句 –for

中的所有元素。

1. for 循环

for 循环是使用最广泛的一种循环语句,并且灵活多变,其语法格式如下:

```
for( 表达式 1; 表达式 2; 表达式 3)
{
        循环体
}
```

其控制流程如图 2-12 所示。

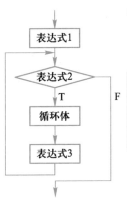

图 2-12 for 循环语句的控制流程

for 循环的执行过程如下:

① 执行表达式 1,设置循环变量的初始值。

② 判断表达式 2,若为 true 则转步骤③,否则循环结束,执行 for 循环后面的语句。

③ 执行循环体。

④ 执行表达式 3,转步骤②。

【例 2.8】 用 for 循环求 $n!$,其中 n 的值由键盘输入。

```
static void Main(string[] args)
{
    int n;
    int i, m = 1;
    Console.Write(" 请输入 n 的值:");
    n = Convert.ToInt16(Console.ReadLine());
    for (i = 1; i <= n; i++)
        m *= i;
    Console.WriteLine("{0}!  是: {1}", n, m);
}
```

运行结果如图 2-13 所示。

图 2-13 【例 2.8】运行结果

【例 2.9】 已知有 10 个整数存放在数组 a 中,用冒泡排序法对这 10 个数由小到大进行排序并输出。

分析:所谓冒泡排序法,是指在从第 0 个元素开始依次将相邻的两个元素做比较,即第 0 个元素与第 1 个元素比较,然后第 1 个元素与第 2 个元素比较,依次类推,直到第 8 个元素和第 9 个元素比较。对于每一次比较,如果第 i 个元素比第 $i+1$ 个大,则两元素互换,保证大数放在小数的后面。第一轮比较完后,10 个数中最大者就被放到了 $a[9]$ 中;第二轮比较完后,10 个数中第二大者就被放到了 $a[8]$ 中……第九轮比较完后,10 个数中最小者和第二小者就被分别放到了 $a[0]$ 和 $a[1]$ 中。为实现此排序过程,需要用两个嵌套的 for 循环。

动画 2.2
冒泡法的排序过程

```
static void Main(string[] args)
{
    int[] a = { 12, 36, 3, 0, 45, 12, 56, 17, 31, 9 };
    int i, j;
    int temp;
    Console.WriteLine(" 未排序前的数组元素为 ");
    for (i = 0; i < a.Length; i++)
        Console.Write("{0}    ", a[i]);
    Console.WriteLine();
    for (i = 1; i <= a.Length – 1; i++)
        for (j = 0; j < a.Length – i; j++)
        {
            if (a[j] > a[j + 1])
            { temp = a[j]; a[j] = a[j + 1]; a[j + 1] = temp; }
        }
    Console.WriteLine(" 排序后的数组元素为 ");
    for (i = 0; i < a.Length; i++)
        Console.Write("{0}    ", a[i]);
}
```

运行结果如图 2-14 所示。

图 2-14 【例 2.9】运行结果

微课 2-10
循环语句 –while

2. while 循环

while 循环又称为"当"型循环，首先判断条件表达式，当条件成立，就执行循环体，否则结束循环。其语法格式如下：

```
while（条件表达式）
{
    循环体
}
```

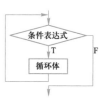

图 2-15 while 循环语句的控制流程

其控制流程如图 2-15 所示。

while 循环的执行过程如下：

① 判断条件表达式，为 true 则转步骤②，否则循环结束，执行 while 循环后面的语句。

② 执行循环体，转步骤①。

【例 2.10】用 while 循环求 $n!$，其中 n 的值由键盘输入。

源代码例 2.10

```
static void Main(string[] args)
{
    int n;
```

```
        int i=1, m = 1;
        Console.Write(" 请输入 n 的值："); 
        n = Convert.ToInt16(Console.ReadLine());
        while (i <= n)
        {
            m *= i;
            i++;
        }
        Console.WriteLine("{0}!  是：{1}", n, m);
    }
```

【例 2.11】 已知圆周率（PI）的计算公式是 $\frac{PI}{4}=1-\frac{1}{3}+\frac{1}{5}-\frac{1}{7}+\cdots$，编程求出 PI 的近似值，精确到 $\frac{1}{n}<0.000\ 001$。

源代码例 2.11

```
static void Main(string[] args)
{
    int i = 1;
    double sum = 0, item = 1;
    double pi;
    while (1.0 / item >= 0.00000001)
    {
        if (i % 2 != 0)
            sum += 1.0 / item;
        else
            sum -= 1.0 / item;
        i++;
        item = 2 * i - 1;
    }
    pi = 4 * sum;
    Console.WriteLine("PI 的近似值是：" + pi);
}
```

运行结果如图 2-16 所示。

PI的近似值是：3.14159265358979

图 2-16 【例 2.11】运行结果

3. do…while 循环

do…while 循环又称"直到"型循环，首先执行循环体，然后判断条件表达式，为 true 则继续循环，为 false 则结束循环，其语法格式如下：

微课 2-11
循环语句 –do…while

```
do
{
    循环体
```

}while(条件表达式);

其执行流程如图 2-17 所示。

do…while 循环的执行过程如下：

① 执行循环体。

② 判断条件表达式，若为 true 则转步骤①，否则循环结束，执行 do…while 后面的语句。

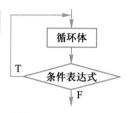

图 2-17　do…while 循环语句的控制流程

【例 2.12】　用 do…while 循环求整数 m 和 n 的最大公约数和最小公倍数。

源代码例 2.12

```
static void Main(string[] args)
{
    int n, m, comdiv, commul, max, min;
    Console.WriteLine(" 输入两个数 ");
    n = Convert.ToInt16(Console.ReadLine());
    m = Convert.ToInt16(Console.ReadLine());
    if (n < m)
    {
        min = n;
        max = m;
    }
    else
    {
        min = m;
        max = n;
    }
    comdiv = min;
    do
    {
        if (max % min = = 0)
            break;
        if (max % comdiv = = 0 && min % comdiv = = 0)
            break;
        comdiv--;
    } while (comdiv > 1);
    commul = max-1;
    do
    {
        if (max % min = = 0) break;
        commul++;
    } while (commul % max != 0 || commul % min != 0);
    Console.WriteLine(" 最大公约数为： " + comdiv);
    Console.WriteLine(" 最小公倍数为： " + commul);
}
```

书写 do…while 循环语句时，while（条件表达式）后的分号一定不要遗漏，否则会出现语法错误。do…while 循环和 while 循环除了循环控制条件所处的位置有差异外，其功能基本相同。唯一的差别在于，若循环控制条件在循环初始时不成立，则两种语句的执行结果截然不同：前者至少执行一次，后者一次也不执行。

4. foreach 循环

C# 专门提供了一种用于访问集合和数组所有元素的 foreach 循环，foreach 循环与前面介绍的 for 循环类似，都可重复执行指定的一组语句，但 foreach 循环专门用于读取集合或数组中每个元素的值。foreach 循环的格式如下：

```
foreach( 类型名称 变量名称 in 数组名称或集合名称 )
{
    循环体
}
```

说明：

① "变量名称"用于循环读取数组中的每个元素值，其数据类型必须与"数组名称"的数据类型一致或能够进行类型的隐式转换。

② 若"变量名称"在之前已经声明，则不需要用"类型名称"对"变量名称"再次声明，否则必须在此处用"类型名称"对"变量名称"进行声明。

在 foreach 循环中，通过"变量名称"依次读取集合或数组中各个元素的值，其循环次数即为元素个数，因此不会出现下标越界的问题。但其功能有局限性，只能访问元素的值，不能通过 foreach 循环来对元素进行赋值。例如：

```
static void Main(string[] args)
{
    int[] a = { 12, 45, 6, 35, 7, 8 };
    foreach (int i in a)
        Console.WriteLine(i);
}
```

2.2.3 转移语句

前面介绍的顺序结构、选择结构、循环结构是程序设计常用的三大结构。人们可以改变由它们控制的程序执行流程，实现程序设计的灵活性。C# 提供了 4 种转移语句，它们可以和分支语句或循环语句配合使用，在特定情况下可改变程序的执行流程。

1. goto 语句

当执行到 goto 语句时，直接跳转到其指定位置的语句执行，其语法格式如下：

```
goto 语句标号;
```

其中，语句标号表示语句的位置，由标号名和冒号两部分组成，写在语句的前面。标号的命名规则要符合标识符的命名规则。当程序执行到 goto 语句时，程序执行流程不再按顺序执行，而是直接跳转到标号位置的语句开始执行。

【例 2.13】 求 1+2+…+n 的值，其中 n 由用户从键盘输入。

源代码例 2.13

```
static void Main(string[] args)
{
    int n, i = 1, sum = 0;
    Console.Write(" 请输入 n 的值 ");
    n = Convert.ToInt16(Console.ReadLine());
    loop: sum += i;
    i++;
    if (i <= n)
        goto loop;
    Console.WriteLine("1+2+…+{0} 的和为 {1}", n, sum);
}
```

goto 语句一般与 if 语句配合使用，表示在满足某种条件时进行跳转，而不是随意跳转。过多使用 goto 语句会造成程序流程的任意跳转，程序可读性会变差。

2. break 语句

在 switch…case 语句中，在每个分支（包括 default）中都必须使用 break 语句，以实现在多分支情况下只选择其中一个。break 语句也可以用在各种循环语句中，其功能是终止循环语句的执行，然后顺序执行后续语句。

微课 2-12
break 语句

【例 2.14】 已知数组 a 中存放了 10 个整数，用户从键盘输入一个整数，判断该整数是否存在于数组 a 中。

源代码例 2.14

```
static void Main(string[] args)
{
    int i = 0, num;
    int[] a = { 12, 33, 0, 45, 6, 19, 28, 37, 46, 11 };
    Console.Write(" 请输入需要查找的整数：");
    num = Convert.ToInt16(Console.ReadLine());
    while (i < a.Length)
    {
        if (num == a[i])
        {
            Console.WriteLine("{0} 在数组中第 {1} 个位置！ ", num, i);
            break;
        }
        i++;
    }
    if (i == a.Length)
        Console.WriteLine(" 在数组中没有找到 {0}！ ", num);
}
```

运行结果如图 2-18 所示。

(a) 找到的情形　　(b) 没有找到的情形

图 2-18 【例 2.14】运行结果

在【例 2.14】中，当在数组 a 中找到与 num 相同的数时，就不需要继续找下去了，所以用 break 语句跳出当前层循环。

3. continue 语句

continue 语句只能用在各种循环语句中。当执行到 continue 语句后，不再执行其后的语句，即中断循环的本次执行，然后开始进入下一轮循环。

【例 2.15】 求 1 到 n 之间的偶数之和，其中 n 由用户从键盘输入。

```csharp
static void Main(string[] args)
{
    int i, n;
    int sum = 0;
    Console.Write(" 请输入 n 的值：");
    n = Convert.ToInt16(Console.ReadLine());
    for (i = 1; i <= n; i++)
    {
        if (i % 2 != 0)
            continue;
        sum += i;
    }
    Console.WriteLine("1 到 {0} 之间的偶数之和为 {1}", n, sum);
}
```

微课 2-13
continue 语句

运行结果如图 2-19 所示。

```
请输入n的值：100
1到100之间的偶数之和为2550
```

图 2-19 【例 2.15】运行结果

在【例 2.15】中，当遇到奇数时通过执行 continue 语句跳过，而当遇到偶数时进行累加求和。要注意 break 语句和 continue 语句的区别，前者是终止循环，执行循环后面的语句，即使循环不再执行；而后者是中断循环的本次执行，然后开始下一轮循环，即循环仍会继续执行。

4. return 语句

return 语句一般用在方法中，其功能是终止执行其所在的方法，并将控制权返回给调用方法。它还可以返回一个值。如果方法为 void 类型，则可以省略 return 语句。方法将在单元 3 进行介绍，此处不对 return 进行详细介绍。

微课任务解决 2.2
实现简易计算器

 任务实施

实现一个简易计算器，该计算器能实现基本的加、减、乘、除四则运算，要求输入数据和运算符，输出计算结果，并可以继续进行下一次运算，按 Q 键退出计算。

源代码任务 2.2
实现简易计算器

分析：根据输入的加、减、乘、除运算符，使用 switch…case 语句执行相应的计算。计算可以多次反复执行，故使用循环语句来实现，这里使用 do…

while 循环比较合适。

在 Program.cs 文件中的 Main 方法的大括号内部编写代码：

```csharp
static void Main(string[] args)
{
    double num1, num2, answer = 0;
    char opt, quit;
    do
    {
        Console.WriteLine(" 请输入算式 ");
        num1 = Convert.ToDouble(Console.ReadLine());
        opt = Convert.ToChar(Console.ReadLine());
        num2 = Convert.ToDouble(Console.ReadLine());
        switch (opt)
        {
            case '+': answer = num1 + num2; break;
            case '-': answer = num1 - num2; break;
            case '*': answer = num1 * num2; break;
            case '/': if (num2 == 0)
                          Console.WriteLine(" 除数不能为 0,请重新输入算式！ ");
                      else
                          answer = num1 / num2;
                      break;
            default: Console.WriteLine(" 输入错误！ "); break;
        }
        Console.WriteLine("{0}{1}{2}={3}", num1, opt, num2, answer);
        Console.WriteLine(" 是否还需要继续计算，按任意键继续，按 Q 键结束！ ");
        quit = Convert.ToChar(Console.ReadLine());
    } while (quit != 'Q' && quit != 'q');
    Console.WriteLine(" 计算完毕，再见！ ");
}
```

运行结果如图 2-20 所示。

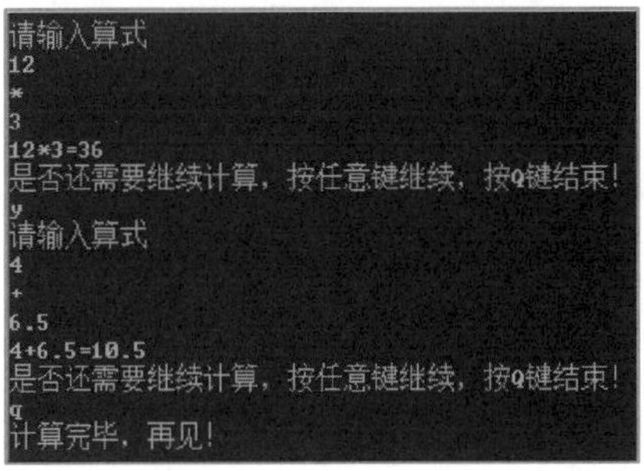

图 2-20　任务 2.2 运行结果

项目实训

【实训题目】

输入10个整数，找到这10个整数中的最大值和最小值并输出。

【实训目的】

1. 掌握使用 Visual Studio 编写、调试、运行程序的方法。
2. 掌握控制台的基本输入/输出语句。
3. 掌握数组的使用方法。
4. 了解 Visual Studio 项目的文件结构。

【实训内容】

编制控制台类型应用程序：输入10个整数，找到这10个整数中的最大值和最小值并输出。

步骤：

① 启动 Visual Studio，创建控制台项目，项目名称设为"项目实训2_2"。

② 在 Program.cs 文件中 Program 类的 Main() 方法中，定义整数类型数组 a。

③ 定义整数变量 min 和 max，令它们的初值分别为 int.MaxValue 和 int.MinValue。

④ 使用 for 循环，每循环一次，由 Console.ReadLine() 方法读取从控制台输入的数据并进行数据类型转换，转换后得到的整数保存在 a[i] 中，然后将 a[i] 分别与 min 和 max 比较。如果 a[i]> max，则令 max=a[i]；如果 a[i]< min，则令 min=a[i]。

⑤ for 循环结束，将 min 和 max 的值输出到控制台中。

⑥ 按 F5 键或 F10 键或 F11 键，调试运行程序，确保程序完成了正确的功能。

单元小结

数据类型及各类型间的转换、变量和常量、运算符和表达式、流程控制语句是各种编程语言的基础，使用任何一门编程语言，都是从学习这些基础知识开始的。本单元讲解了 C# 语言的基础知识，并介绍了数组的定义和使用方法，掌握这些内容是学习 C# 面向对象程序设计的前提。

单元 3
面向对象的 C#

学习目标

【知识目标】
- 理解面向对象程序设计的封装性、继承性和多态性
- 掌握类的定义
- 掌握类的继承语法
- 理解抽象方法
- 掌握接口的声明和实现的语法

【能力目标】
- 能将常见的事物抽象成恰当的类
- 能正确定义类和类的成员，使用访问修饰符控制封装程度
- 能以继承表示实际问题中的分类
- 能理解并使用接口约定不同类型对象的行为
- 能理解接口和抽象类的差别

文本
单元 3 电子教案

 场景描述

阿蔡跟着小强亲手编制一些小程序，基本掌握了 C# 的基本语法知识，但还是有很多疑问，这天阿蔡又找到小强。

阿蔡：通过前面编写的这些小程序，我已经知道了 C# 的基本语法，但是我觉得和大一时学习的 C 语言差别不大，比如都有顺序、选择和循环 3 种结构，在解决很多问题上也差不了多少，比如猜数字游戏，我用 C 语言一样可以写，那么我为什么要学习 C# 语言呢？

小强：阿蔡，不错啊！你不仅学会了编写程序，还开始思考不同程序语言间的差别了。

阿蔡：哎呀，别再卖关子了，到底还有什么 C# 的好东西你没告诉我？

小强：我前面已经说过了，C# 是面向对象的程序设计语言，而你之前学习的 C 语言是面向过程的，这是它们之间最大的区别。到底什么是面向对象呢？我分成以下两个步骤告诉你。

第 1 步，定义类，使用对象。

第 2 步，类的继承和多态。

任务 3.1　类和对象

描述一个矩形类，使用该类定义正方形和长方形对象，并可求出正方形、长方形对象的面积。

教学课件 3-1-1
类的定义和对象的创建

 知识储备

3.1.1　类的定义和对象的创建

要进行面向对象的程序设计，首先要从类和对象说起。类是事物经过一定抽象得到的，同一类事物总是有一定的共同性。例如，让不同的人在纸上画正方形，然后回答下面几个问题：它们一样吗（如大小、颜色等）？在画这些正方形的时候所使用的方法一样吗？是一笔画好的，还是多笔？无论答案如何，有一些一定是一样的，比如，一定有 4 条边且边长相同，边与边之间成直角。这是为什么呢？因为大家都有正方形的概念。虽然对画正方形没有详细的要求，但是画出来的图形一定符合正方形的定义。在这里，正方形就是要讨论的类，而画出来的、具体的正方形就是对象，是实际存在的东西。

由此引申，在人们生活的现实世界里，万事万物分别属于不同的类，人类、猫类、电脑类、电影类等。对于一个个具体的人，将他们的特征、行为进行抽象概括，就得到了人类的概念；反之，将人的概念具体化到某个具体的人，这个具体的人，就是属于人类这个类别的一个对象。现实世界万事万物属于不同类别，同一类别的事物具有相同的特征和行为，面向对象的程序设计方法正是基于这样的认识而提出的。

对于具有结构化程序设计经验的读者，例如学习过 C 语言的读者，可能会有这样的感受，事物的发展不一定按照既定步骤进行。比如，在一个窗体里设计 3 个按钮，不同用户单击这 3 个按钮的顺序往往不同。如果用结构化的程序设计方法处理起来会复杂很多，会用到很多的条件判断，但如果能够从不同对象做不同事情的角度去思考，处理起来就简单多了。如果能用这样的方法来编写程序，无疑是很符合人类的认知规律的。而这种方法就是面向对象的程序设计方法。

面向对象的程序设计方法用数据来表示现实事物的特征，用方法来表示现实事物的行为，方法总是与特定的数据密切相关。方法含有对数据的访问，特定的方法只适用于处理特定的数据。因此，方法与数据在编程中应该是一个密不可分的整体，可以通过定义数据和操作数据的动作，以抽象描述具有相似特征的事物，这样的定义就是类。C# 通过类、对象、继承、多态等机制形成了一个完善的面向对象的编程体系。

类是 C# 程序设计的基本单位。

类也是一种数据类型，这种数据类型将数据和对数据的操作作为一个统一的整体来定义。类的这种特点叫封装性，封装性在后面再详细讨论。

类的成员分为两类：存储数据的成员与操作数据的成员。存储数据的成员叫字段；操作数据的成员又有很多种，如属性、方法、构造方法和事件等。

① 字段是类定义中的数据，也叫类的变量。

② 属性用于读取和写入字段的值。属性提供了一种灵活的机制来读取、写入或计算私有字段的值。

③ 方法实质上就是函数，通常用于对字段进行计算和操作，即对类中的数据进行处理以实现特定的功能。在面向对象的编程中，方法是对象接收到消息时执行的处理。

④ 构造方法是一种特殊的方法，在用类声明对象时，可完成对象字段的初始化工作。程序员可用其设置字段的默认值、限制实例化和编写灵活且易读的代码。

⑤ 事件是一个操作或情况，通常由用户生成，程序可能会对其作出响应（例如键被按下、鼠标被单击或移动）。

动画 3.1
小猫的诞生

在 C# 中，必须用类来组织程序的变量与方法。所有的变量以及方法都需要放在类中定义，不存在独立于类的方法和变量。

1. 声明类

在类（Class）的定义中需要使用关键字 class，其简单的定义格式如下：

```
[修饰符] class 类名 [: 基类]
{
    //类体
}
```

其中，"[]"表示其中的内容为可选项。"类名"是一个合法的 C# 标识符，表示数据类型（类类型）的名称；"类体"以一对大括号开始和结束，在一对大括号后面可以跟一个分号，也可以省略分号。

例如，定义一个汽车类：

```
class Car
{
    //类体
}
```

"类体"中主要有两大部分，存储数据部分和操作数据部分。存储数据部分较为简单，数据存储在字段中。字段（Field）相当于变量，其定义格式为：

```
[修饰符]   字段类型 字段名
```

例如，在上面定义的汽车类中，定义两个字段：轮子的个数和汽车的重量。

```
class Car
{
    public int wheels;          //轮子的个数
    public float weight;        //汽车的重量
}
```

这里定义的轮子的个数为整型，汽车的重量为单精度浮点型，并且访问修饰符为 public。访问修饰符在后面再详细介绍。

2. 创建和使用对象

以用模具制作饼干的例子来打比方，类就如同模具，而对象如同制作完成的饼干。又例如，猫类是现实世界各种猫的抽象描述，而人们所看到的每一只猫就是属于猫类的多个对象。类就是对象的模板，而一个对象就是类的一个实例。前面已经介绍了类及其字段的定义，那么如何使用类来定义对象呢？

定义类后，就可以用它来声明对象了。声明对象的格式与声明基本数据类型的格式相同，其语法格式如下：

```
类名 对象名;
```

对象声明后，需要实例化，这样才能在内存中开辟一块空间来存储对象的有关内容。实例化对象的语法格式如下：

微课 3-1
类和对象

```
对象名 = new   类名 ( );
```

例如，声明一个汽车对象 c 并初始化：

```
Car c;                    //声明对象
c=new Car();              //实例化对象
```

可以在同一条语句中完成对象的声明和实例化，例如：

```
Car c = new Car ();
```

也可以使用对象变量为另一对象变量整体赋值，例如：

```
Car c1;                   c1=c;
```

或

```
Car c1 = c;
```

访问对象实质是访问对象的成员，使用"."运算符来实现访问。例如，为对象中的某一成员赋值：

```
s1.name="Lily";
```

【例 3.1】 实例化汽车对象，设置汽车对象的相关信息。

源代码例 3.1

```
class Car
{
    public string type;       //类型
    public float weight;      //重量
}
class Program
{
    static void Main(string[] args)
    {
        Car c1 = new Car();
        c1.type = " 大众 Golf";
        c1.weight = 1.295f;
        Car c2= new Car();
        c2.type = " 福特 Focus";
        c2.weight = 1.308f;
        Console.WriteLine(" 我是 {0}, 重量为 {1} 吨 ", c1.type,c1.weight);
        Console.WriteLine(" 我是 {0}, 重量为 {1} 吨 ", c2.type, c2. weight);
    }
}
```

说明：在【例 3.1】中定义了两个类，即 Car 和 Program。在 Program 类中，Main( ) 方法是程序的入口（即程序从该方法开始执行），任何程序均需要有这样的一个方法。

程序运行结果如图 3-1 所示。

图 3-1 【例 3.1】运行结果

3.1.2 方法及其参数

字段描述了现实世界中事物的属性（即静态方面），对应于类定义中的数据成员；操作数据的成员则描述了现实世界中事物的行为（即动态方面），操作数据的成员包含方法、属性、构造方法、事件等。C# 中的方法相当于其他编程语言（如 VB.NET）中的通用过程（Sub 过程）或函数过程（Function 过程）。在 C# 中，方法必须放在类定义中声明，也就是说，方法必须是某一个类的方法。

方法是包含一系列语句的代码块。方法有一个形式参数列表（可能为空）、一个返回值（或 void），并且可以是静态的也可以是非静态的。静态方法要通过类来访问；非静态方法也称为实例方法，可通过类的实例（即对象）来访问。

方法必须在声明之后才能被调用。

1. 声明方法

声明方法最常用的语法格式如下：

```
[ 修饰符 ] 返回类型 方法名 ([ 形式参数列表 ])
{
    //方法体
}
```

下面声明的 magnify() 方法可将当前的长方形扩大 factor 倍：

```
public void magnify(int factor)
{
    length = length * factor;
    width = width * factor;
}
```

声明方法时，需要注意以下几个问题：

- 方法的访问修饰符通常是 public，以保证在类定义之外能够调用该方法。
- 方法的返回类型用于指定该方法计算和返回的值的类型，可以是任何值类型或引用类型的数据，如 int、string 及前面定义的 Car 类。如果方法不返回一个值，则它的返回类型为 void。
- 方法名必须是一个合法的 C# 标识符。
- 形式参数列表放在一对圆括号中，指定调用该方法时需要传递的参数个数、各参数的数据类型、各参数的名称，参数之间以逗号分隔。
- 实现特定功能的语句块放在一对大括号中，叫方法体，"{"表示方法体的开始，"}"表示方法体的结束。
- 如果方法有返回值，则方法体中必须包含一个 return 语句，以指定返回值，其类型必须和方法的返回类型相同。如果方法无返回值，在方法体中可以不包含 return 语句，或包含一个不指定任何值的 return 语句。

下面再来看一个示例。该示例定义了一个 Student 类，并在类中定义了一个计算成绩总分的方法。

```
class Student
{
    public string sno;
    public string sname;
    public double sum(double ccj1, double ccj2)
    {
        return ccj1 + ccj2;
    }
}
```

在这个示例中，sum 是声明的方法名，该方法有两个参数，分别是 ccj1 和 ccj2，返回类型为 double。

2. 调用方法

声明方法后就可以调用了。可以在声明方法的类中调用该方法，也可以在此类的外部（即在其他类中）调用该方法。在声明方法时，如果使用 static 关键字，则该方法为静态方法，否则为非静态方法。静态方法的定义和调用将在后面详细介绍。对于非静态方法，无论在其所属类中或其他类的内部，调用该方法的语法格式如下：

微课 3-2
方法的调用

对象名 . 方法名 (参数列表)

在【例 3.1】Car 类的定义中添加非静态的 ShowInfo() 方法，可以得到：

```
class Car
{
    public string type;          //类型
    public float weight;         //重量
    public void ShowInfo()
    {
        Console.WriteLine(" 我是 {0}, 重量为 {1} 吨 ", type, weight);
    }
}
class Program
{
    static void Main(string[] args)
    {
        Car c1 = new Car();
        c1.type = " 大众 Golf";
        c1.weight = 1.295f;
        Car c2= new Car();
        c2.type = " 福特 Focus";
        c2.weight = 1.308f;
        c1.ShowInfo();
        c2.ShowInfo();
    }
}
```

说明：在该示例中，ShowInfo 是方法名，而 c1、c2 是属于 Car 类的两个对象，通过这两个对象调用了方法 ShowInfo()。该示例的运行结果与【例 3.1】的一致。

3. 参数传递

在方法的声明与调用中，经常涉及参数，在方法声明中使用的参数叫形式参数（简称形参），在调用方法中使用的参数叫实际参数（简称实参）。在调用方法时，参数传递就是将实参传递给形参的过程。

例如，在 Max 类的定义中声明方法时的形参如下：

public int IntMax(int a, int b) { }

则声明对象 max 后调用方法时的实参如下：

max.IntMax(x,y); // 调用该方法后，将实参 x 的值赋给形参 a、实参 y 的值赋给形参 b

（1）按值传递

参数按值的方式传递是指，当把实参传递给形参时，是把实参的值复制给形参，实参和形参使用的是两个大小相同、保存在不同内存中的值。这种参数传递方式的特点是，形参的值发生改变时，不会影响实参的值，从而保证了实参数据的安全。

【例 3.2】按值传递，调用方法实现两数交换。

源代码例 3.2

```
class Program
{
    public void Swap(int a, int b)
    {
        Console.WriteLine(" 方法内 , 交换前 ,a={0},b={1}", a, b);
        int c = a;
        a = b;
        b = c;
        Console.WriteLine(" 方法内 , 交换后 ,a={0},b={1}", a, b);
    }
    static void Main(string[] args)
    {
        int x = 3, y = 5;
        Program p = new Program();
        Console.WriteLine(" 调用方法 Swap() 之前 ,x={0},y={1}", x, y);
        p.Swap(x,y);
        Console.WriteLine(" 调用方法 Swap() 之后 ,x={0},y={1}", x, y);
    }
}
```

运行结果如图 3-2 所示。

调用 Swap(x，y) 后，交换的是形参 a 和 b 的值，而实参 x 和 y 的值并没有交换。

图 3-2 【例 3.2】运行结果

（2）按引用传递

按引用传递是指，当实参传递给形参时，复制的不是数据本身，复制的是数据的引用（即数据在内存中的地址）。这样一来，实参和形参指向同一个内存中的数据。这种参数传递方式的特点是，改变形参的值时，实参的值自然也发生改变。

属于基本数据类型的参数按引用传递时，实参与形参前均须使用关键字 ref。

【例 3.3】 按引用传递，调用方法实现两数交换。

```csharp
class Program
{
    public void Swap(ref int a, ref int b)
    {
        Console.WriteLine(" 方法内 , 交换前 ,a={0},b={1}", a, b);
        int c = a;
        a = b;
        b = c;
        Console.WriteLine(" 方法内 , 交换后 ,a={0},b={1}", a, b);
    }
    static void Main(string[] args)
    {
        int x = 3, y = 5;
        Program p = new Program();
        Console.WriteLine(" 调用方法 Swap() 之前 ,x={0},y={1}", x, y);
        p.Swap(ref x,ref y);
        Console.WriteLine(" 调用方法 Swap() 之后 ,x={0},y={1}", x, y);
    }
}
```

运行结果如图 3-3 所示。

图 3-3 【例 3.3】运行结果

该方法完成了两个数的交换，调用时使用 ref 关键字，实参就发生交换了。

注意：类对象参数总是按引用传递的，所以类对象参数传递不需要使用 ref 关键字。

4. 构造方法

如前所述，用类对对象进行声明后，需要实例化，这样才能在内存中开辟一块空间来存储对象的有关内容。例如，声明一个汽车对象 c 并初始化：Car c = new Car ()，这里的 Car () 即为类 Car 的构造方法。

构造方法（Constructor）是一种特殊的方法成员，其主要作用是在创建对

微课 3-3
构造方法

象（声明对象）时初始化对象。构造方法的默认行为是，将类的新实例的数据成员初始化为其所属数据类型的默认值：引用类型的数据成员被初始化为 null；值类型的数据成员被初始化为与 0 对应的值，如整数类型初始化为 0，浮点型初始化为 0.0。也可以在构造方法的方法体中编写代码，将对象的数据成员初始化为指定的值。

一个类定义必须且至少有一个构造方法。如果定义类时没有声明构造方法，系统会提供一个默认的构造方法。在【例 3.1】中没有定义 Car 类的构造方法，在实例化对象 c1 和 c2 时，通过 new 调用了系统为 Car 类提供的默认构造方法。【例 3.2】【例 3.3】亦类似。如果声明了构造方法，则系统将不再提供默认构造方法。声明构造方法的格式如下：

```
[修饰符] 类名 ([形式参数列表])
{
    //方法体
}
```

与普通方法相比，在定义时，构造方法不允许有返回类型（包括 void 类型），且构造方法的名称必须与类名相同。在调用时，构造方法只能在实例化对象时使用 new 关键字进行调用。

类的默认构造方法也可以显式声明。例如，Rectangle 类的默认构造方法如下：

```
class Rectangle
{
    //显式声明默认构造方法
    public Rectangle () { }
}
```

注意：这个构造方法是空参数、空方法体的，形式如下：

```
public 类名 (){}
```

【例 3.4】在 Car 类中添加构造方法，并实例化汽车对象，设置汽车对象的相关信息。

源代码例 3.4

```
class Car
{
    public string type;
    public float weight;
    public Car(string type, float weight) //自定义的构造方法
    {
        this.type = type;//等号右边的 type 为形参 type,this.type 中的 type 为字段
        this.weight = weight;
    }
    public void ShowInfo()
    {
        Console.WriteLine(" 我是 {0}, 重量为 {1} 吨 ",type, weight);//type 和 weight 为字段
```

```
        }
    }
    class Program
    {
        static void Main(string[] args)
        {
            string t;
            float w;
            Car c1 = new Car(" 大众 Golf",1.295f);
            Console.Write(" 输入汽车型号：");
            t= Console.ReadLine();
            Console.Write(" 输入汽车重量（吨）：");
            w= float.Parse(Console.ReadLine());
            Car c2= new Car(t, w);
            c1.ShowInfo();
            c2.ShowInfo();
        }
    }
```

说明：

① 示例代码中的自定义构造方法里出现了关键字 this，它指代调用构造方法实例化对象时的那个对象。当执行 Car c1 = new Car(" 大众 Golf"，1.295f) 时，调用并执行构造方法，this 即指对象 c1，此时构造方法将对象 c1 的字段 type 设置为 " 大众 Golf"，将字段 weight 的值设置为 1.295f。当执行 Car c2= new Car(t, w) 时，同样调用并执行构造方法，此时 this 指对象 c2。

② 由于声明了上述带参数的构造函数，所以系统不再提供默认构造函数，这样在创建对象时，必须按照声明的构造函数的参数要求给出实际参数，否则将产生编译错误。在实例化对象时，若使用如下语句，就会出现编译错误：Car c3 = new Car()。

运行结果如图 3-4 所示。

与构造方法对应，析构方法（Destructor）是在类销毁时自动执行的操作。它在垃圾收集时自动被调用。

图 3-4 【例 3.4】运行结果

在声明析构方法时，它的标识符必须为声明析构方法的类的名称。如果指定了任何其他名称，将发生错误。

析构方法的语法格式如下：

~ 类名 () { 销毁实例的语法 }

注意：一个类只能有一个析构方法。析构方法既没有修饰符，也没有参数。例如，如果一个类的类名为 **Myclass**，那么它的析构方法的名称是 ~Myclass()。

5. 方法的重载

【例 3.5】 在 Car 类中，再添加系统默认的构造方法。

微课 3-4
方法的重载

源代码例 3.5

```
class Car
{
    public string type;
    public float weight;
    public Car() {}// 显式声明默认构造方法
    public Car(string type, float weight)
    {
        this.type = type;
        this.weight = weight;
    }
    public void ShowInfo()
    {
        Console.WriteLine(" 我是 {0}, 重量为 {1} 吨 ", type, weight);
    }
}
class Program
{
    static void Main(string[] args)
    {
        Car c1 = new Car(" 大众 Golf",1.295f);
        Car c2= new Car();
        c2.type = " 福特 Focus";
        c2.weight = 1.308f;
        c1.ShowInfo();
        c2.ShowInfo();
    }
}
```

通过比较可以发现，示例中的两个构造方法除了参数列表不同外，在定义上没有其他的区别，这就是方法的重载。

所谓方法的重载，是指在一个类中定义多个方法名相同、方法间参数个数和参数类型不同的方法（对于参数个数不同或者参数类型不同的情况称之为参数列表不同）。当重载方法被调用时，编译器将根据参数的个数和类型来确定实际调用的重载方法是哪个版本。

【例 3.6】 各种类型数据相加方法的重载。

源代码例 3.6

```
class Program
{
    public int Add(int x, int y)
    {
        return x+y;
    }
    public int Add(int x, int y, int z)             // 参数个数不同
    {
        return x + y + z;
```

```
        }
        public float Add(float x, float y)          // 参数类型不同
        {
            return x + y;
        }
        public double Add(double x, double y)       // 参数类型不同
        {
            return x + y;
        }
        static void Main(string[] args)
        {
            Program p = new Program();
            Console.WriteLine(" 两个整数相加 "+ p.Add(3, 5));
            Console.WriteLine(" 三个整数相加 " + p.Add(3, 5, 7));
            Console.WriteLine(" 两个单精度小数相加 "+ p.Add(3.2f, 5.4f));
            // 调用第 3 个 Add() 方法
            Console.WriteLine(" 两个双精度小数相加 " + p.Add(3.2, 5.4));
            // 调用第 4 个 Add() 方法
        }
    }
```

3.1.3 访问修饰符

不管是在定义数据成员还是在定义操作数据的成员时,在前面都要加上一些修饰符(Modifier),如 public、internal、protected 和 private(修饰符 private 可以省去)。这些修饰符的作用是控制被修饰成员的可访问性。

- public 访问不受限制。
- internal 访问范围限于此程序。
- protected 访问范围限定于它所属的类或从该类派生的子类。
- private 访问范围限定于它所属的类。类成员访问修饰符的默认值为 private。

如果声明成员没有使用任何访问修饰符,则该成员被认为是私有的(private)。如果成员被声明为 private 或 protected,则不允许在类定义外使用点运算符访问。

成员的可访问性不会大于包含它的类的可访问性。例如,在 internal 类中声明的 public 方法只有 internal 可访问性。

1. 使用 public

public 是一个用于类和类成员的访问修饰符。public 访问权限是最宽容的。在访问 public 成员时,没有任何限制,可以被任何其他类访问。

示例:

教学课件 3-1-3
访问修饰符

微课 3-5
访问修饰符

```
public class Sample
{
    public int x;
}
```

```
public class MainClass
{
    public static void Main()
    {
        Sample s = new Sample();
        s.x = 15;
    }
}
```

2. 使用 private

以 private 作为访问修饰符，成员只能被属于同一个类的其他成员访问。private 访问权限是最不宽容的。

示例：

```
public class Sample
{
    private int x;
}
public class MainClass
{
    public static void Main()
    {
        Sample s = new Sample();
        s.x = 15;// 由于受 private 修饰，字段 x 拒绝访问，此句不能通过编译
    }
}
```

3.1.4 属性和索引器

1. 属性

属性（Property）向外界提供了一种更加灵活和安全地访问对象或类的内部数据的方式。在语法上可以像使用 public 修饰字段一样对属性进行读写，但属性本质上是读写数据的特殊方法。

属性是类定义中的字段读写器。在类定义中声明属性的语法格式如下：

```
[ 修饰符 ] 返回类型    属性名
{
    get{// 语句集合 };
    set{// 语句集合 };
}
```

在属性声明中，get 与 set 称为属性访问器。get 完成对字段值的读取，return 用于返回读取的值；set 完成对字段值的设置修改，使用 value 关键字来定义由 set 分配的值。未实现 set 方法的属性是只读的，而未实现 get 方法的属性是只写的。例如：

```
public int Wheels
```

```
{
    get { return wheels; }
    set { wheels = value; }
}
```

只读的情况:

```
public int Wheels
{
    get { return wheels; }
}
```

小窍门：在 Visual Studio 里选中要生成属性的字段，按 Ctrl+R+E 组合键能快速生成属性。

联合使用访问修饰符和属性可以实现数据的封装：对某字段使用 private 修饰符；为该字段生成属性，在读写器中编写代码，由此实现对字段的读写控制。通过属性，类可以隐藏功能的实现或数据验证的细节，同时提供用于获取和设置数据值的公开方法。

【例 3.7】 为 Car 类设计属性。

```
public class Car
{
    private float type;
    public float Type
    {
        get { return type; }
        set {type = value; }
    }
    private float weight;
    public float Weight
    {
        get { return weight; }
        set
        {
            if (value> 0)
                weight = value;
        }
    }
    public void ShowInfo()
    {
        Console.WriteLine(" 我是 {0}, 重量为 {1} 吨 ", type, weight);
    }
}
public class Program
{
    static void Main(string[] args)
    {
```

源代码例 3.7

```
            Car c1 = new Car(" 大众 Golf", 1.295f);
            Car c2 = new Car();
            c2.Type = " 福特 Focus";
            c2.Weight = 1.308f;
            c1.ShowInfo();
            c2.ShowInfo();
            Console.WriteLine(" 修改 "+c1.Type+" 的重量 , 请输入新的重量 ");
            c1.Weight = float.Parse(Console.ReadLine());
            Console.WriteLine(c1.Type + " 的新重量为 {0}", c1.Weight);
            Console.WriteLine(" 修改 " + c2.Type + " 的重量 , 请输入新的重量 ");
            c1.Weight = float.Parse(Console.ReadLine());
            Console.WriteLine(c2.Type + " 的新重量为 {0}", c2.Weight);
        }
    }
```

运行结果如图 3-5 所示。

2. 索引器

索引器（Indexer）是属性的一种。本质上，索引器和属性都是方法。索引器通过索引参数来访问对象内部数组或集合中的元素。和属性不同的是，首先索引器没有单独的名称，只能通过对象名称来使用，其次在定义索引器时需要声明索引的类型。

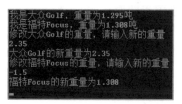

图 3-5 【例 3.7】运行结果

索引器的语法格式如下：

```
[ 修饰符 ] 返回类型 this[ 数据类型   标识符 ]
{
    get{// 语句集合 };
    set{// 语句集合 };
}
```

【例 3.8】 为 Cinema 类添加一个索引器，用来存放当前播放的电影片名。

源代码例 3.8

```
class Cinema
{
    private string[] names = new string[5];
    public string this[int n]
    {
        get { return names[n]; }
        set { names[n] = value; }
    }
}
class Program
{
    static void Main(string[] args)
    {
        Cinema f = new Cinema();
        f[0] = " 画皮 2";
```

```
            f[1] =" 致青春 ";
            int i=0;
            while (f[i] != null)
            {
                Console.WriteLine(f[i]);
                i++;
            }
            Console.WriteLine(f[0]);
        }
    }
```

3.1.5 静态成员和静态类

1. 静态成员

类可以具有静态（Static）成员，如静态字段、静态方法等。静态成员与非静态成员的不同在于，静态成员属于类，而非静态成员则总是与特定的实例（对象）相联系。

声明静态成员需要使用 static 修饰符。

（1）静态数据成员

静态数据成员不属于任何一个特定的对象，而是属于类，或者说属于全体对象，是被全体对象共享的数据。而非静态数据成员总是属于某个特定的对象，其值总是表示某个对象的值。

（2）静态方法

静态方法同样使用修饰符 static 来声明，静态方法属于类，只能使用类调用，不能使用对象调用。

教学课件 3-1-5
静态成员和静态类

微课 3-7
静态成员

【例 3.9】 定义一个类，求两个整数的和。

```
class Program
{
    static void Main(string[] args)
    {
        int a = 1, b = 1;
        Console.WriteLine(Add(a, b));
        Console.ReadKey();
    }
    public static int Add(int a, int b)
    {
        return a + b;
    }
}
```

源代码例 3.9

在【例 3.9】中，Add( ) 方法为静态方法，与 Main( ) 方法属于同一个类。由此，在 Main( ) 方法中可以直接调用 Add( ) 方法，而不需要实例化一个对象后通过该对象来调用。

【例 3.10】 创建 Car 类对象，并统计 Car 类对象的数量。

源代码例 3.10

```
public class Car
{
    public static int count;
    public string id;
    public string type;
    public Car(string id,string type)
    {
        this.id = id;
        this.type = type;
        count++;
    }
    public static void Show()
    {
        Console.WriteLine(" 当前有车 {0} 辆 ", count);
        //Console.WriteLine(" 汽车类型 "+type);
        // 错误，静态方法不能访问非静态字段
    }
    public void Speak()
    {
        Console.WriteLine(" 当前有车 {0} 辆 ", count);
    }
}
public class Program
{
    static void Main(string[] args)
    {
        Car c1 = new Car(" 渝 AVC023", " 大众 Golf");
        Console.Write(" 访问静态字段来显示车辆数据 :");
        Console.WriteLine(" 当前有车 {0} 辆 ", Car.count);
        Car c2 = new Car(" 桂 CWS075", " 福特 Focus");
        Console.Write( " 调用 Car 类的静态方法来显示车辆数据 ");
        Car.Show();
        Console.Write( " 调用 Car 类的非静态方法来显示车辆数据 ");
        c1.Speak();
    }
}
```

运行结果如图 3-6 所示。

图 3-6 【例 3.10】运行结果

2. 静态类

静态类是指所有成员都是静态成员的类，所有成员都通过类名访问。由于没有实例成员，因此静态类不需要也不能实例化，也就是说，不能使用 new 关键字创建静态类类型的对象。例如，如果名为 StaticClass 的静态类有一个名为 MethodA 的公共方法，则可按下面的示例调用该方法：

StaticClass.MethodA();

　　静态类是不能实例化的，可直接使用它的属性与方法。静态类最大的特点就是共享。静态类中的所有成员都必须是静态的。和成员全部为非静态成员的非静态类相比，静态类并无太多的特殊之处。.NET 使用 static 关键字来修饰 class，主要是向编译器强调该类的成员必须全部是静态的。

　　静态类也可以包含静态构造函数。静态构造函数无访问修饰符、无参数，只有一个 static 标志。类加载器在加载静态类时调用静态构造函数来初始化静态字段的值。

　　通常使用静态类来包含不与特定对象关联的方法。例如，创建一组不操作实例数据并且不与代码中的特定对象关联的方法是很常见的要求。这时，可以使用静态类来包含这些方法。

【例 3.11】 实现摄氏温度和华氏温度之间的转换。

源代码例 3.11

```
using System;
using System.Collections.Generic;
using System.Linq;
using System.Text;

namespace "例 3._11"
{
    public static class TemperatureConverter
    {
        public static double CelsiusToFahrenheit(string temp)
        {
            double celsius = Double.Parse(temp);

            //摄氏度到华氏度的转换
            double fahrenheit = (celsius * 9/5) + 32;

            return fahrenheit;
        }

        public static double FahrenheitToCelsius(string temperatureFahrenheit)
        {
            double fahrenheit = Double.Parse(temperatureFahrenheit);

            //华氏度到摄氏度的转换
            double celsius = (fahrenheit-32) * 5/9;

            return celsius;
```

```csharp
        }
    }

    class Test
    {
        static void Main()
        {
            Console.WriteLine(" 请选择转换的方式 ");
            Console.WriteLine("1. 摄氏度转换为华氏度 .");
            Console.WriteLine("2. 华氏度转换为摄氏度 .");
            Console.Write(":");

            string selection = Console.ReadLine();
            double F, C = 0;

            switch (selection)
            {
                case 1:
                    Console.Write(" 请输入摄氏温度 : ");
                    F = TemperatureConverter.CelsiusToFahrenheit(Console.ReadLine());
                    Console.WriteLine(" 对应的华氏度为 : {0}", F);
                    break;

                case 2:
                    Console.Write(" 请输入华氏温度 ");
                    C = TemperatureConverter.FahrenheitToCelsius(Console.ReadLine());
                    Console.WriteLine(" 对应的摄氏度为 : {0}", C);
                    break;

                default:
                    Console.WriteLine(" 请选择一种转换方式 .");
                    break;
            }
            Console.WriteLine(" 按任意键退出 .");
            Console.ReadKey();
        }
    }
}
```

3.1.6 命名空间

教学课件 3-1-6
命名空间

1. 命名空间的声明

在使用框架类库时，会引用相应的命名空间。类库中包含 170 多个命名空间，将框架类库的内容组织成一个树状结构。每个命名空间可以包含许多类型和其他命名空间。

命名空间既是 Visual Studio 提供系统资源的分层组织方式，也是分层组织程序的方式。因此，命名空间有两种：一种是系统命名空间，另一种是用户自定义命名空间。如图 3-7 所示是 .NET 4.7.2 命名空间结构图。

类库中主要包括以下命名空间：System（根空间）、System.Web（包含用于创建 Web 应用程序的类型，并有下级命名空间）、System.Data（构成 ADO.NET 的主体）、System.Windows.Forms（此命名空间中的类型组成 Windows 窗体，用于构建 Windows GUI）、System.XML（提供对创建和使用由 XML 定义的数据的支持）。

例如，前面经常用到的"Console.WriteLine("SampleMethod inside Sample Namespace")"，其中，Console 类实际属于 System 命名空间。

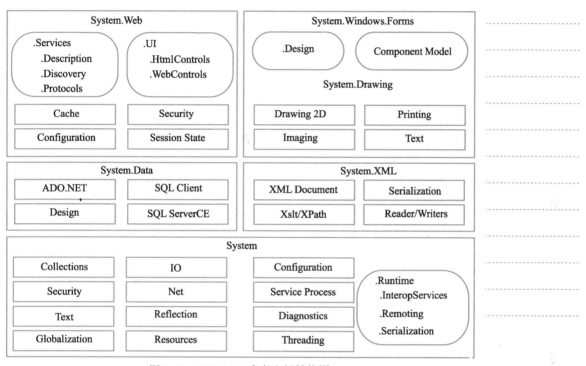

图 3-7 .NET 4.7.2 命名空间结构图

命名空间有利于组织大型项目的代码，并按照不同的层次用"."运算符将它们分隔。

2. 使用命名空间组织代码

框架类库中的类是通过命名空间来组织的，当需要引用类时，就通过 using 关键字引入命名空间。C# 中的命名空间起到了合理组织类的作用。命名空间只是一个逻辑上的文件组织结构，它允许所组织的类文件的物理位置与逻辑结构不一致。定义命名空间使用 namespace 关键字声明。

定义方法示例如下：

```
namespace Model
{
    class Class1
    {
```

```
        }
        class Class2
        {
        }
}
```

该示例中,命名空间的名字为 Model,该命名空间中包含了 2 个类: Class1 和 Class2。

还可以定义包含层次的命名空间,例如,

```
namespace Model.Class1
{
        class Class1
        {
        }
}
```

在同一个命名空间不允许定义两个同名的类。要解决这个问题,可以将这两个同名类定义在两个不同的命名空间。例如,在上面两个示例中,在两个命名空间中定义了同名的类 Class1。

系统命名空间使用 using 关键字导入。System 是 Visual Studio .NET 中最基本的命名空间,在创建项目时,Visual Studio 平台会自动引入该命名空间,并且放在程序代码的起始处。引入一个命名空间意味着引入了命名空间中的所有内容。

虽然命名空间的导入和声明不是必需的,但是在实际的程序开发过程中,一个程序往往由许多模块组成,使用命名空间有利于组织和管理程序代码。

微课任务解决 3.1
描述矩形类

任务实施

描述一个矩形类,使用该类定义正方形和长方形对象,并可求出正方形、长方形对象的面积。

创建控制台应用程序,创建 Rectangle 类,声明构造方法,根据传递的参数可创建长方形对象或正方形对象。

源代码任务 3.1
描述矩形类

```
class Rectangle
{
        double length;
        double width;
        public Rectangle(double length)
        {
                this.length = length;
        }
        public Rectangle(double length, double width)
        {
                this.length = length;
                this.width = width;
```

```
        }
        public double Area()
        {
            if (width > 0)
                return length * width;
            else
                return length * length;
        }
    }
    class Program
    {
        static void Main(string[] args)
        {
            Console.WriteLine(" 请输入正方形的边长：");
            double l = double.Parse(Console.ReadLine());
            Rectangle r1 = new Rectangle(l);
            Console.WriteLine(" 正方形面积为："+r1.Area());
            Console.WriteLine(" 请输入长方形的长：");
            l = double.Parse(Console.ReadLine());
            Console.WriteLine(" 请输入长方形的宽：");
            double w = double.Parse(Console.ReadLine());
            Rectangle r2 = new Rectangle(l, w);
            Console.WriteLine(" 长方形面积为："+r2.Area());
        }
    }
```

项目实训

【实训题目】

定义学生类，并创建一个对象数组，存放 10 个学生对象，求这 10 个学生的平均年龄。

【实训目的】

1. 掌握构造方法的重载。
2. 掌握对象数组的定义和使用。

【实训内容】

编制控制台类型应用程序。根据前面定义的学生类，定义两个构造方法：一个构造方法不传值，为其各属性赋默认值；另一个构造方法传 4 个值，分别为姓名、年龄、班级和学号，并将传入的实参赋值给对应的字段。利用循环生成 10 个学生对象，并求所有学生的平均年龄。

步骤：

① 启动 Visual Studio，创建控制台项目，项目名称设为"项目实训 3_1"。

② 在 Program.cs 文件中定义 Student 类，该类包含 4 个字段：姓名、年龄、班级和学号，再根据要求定义两个构造方法。

③ 在 Program 类的 Main() 方法中，用 Student 类定义一个长度为 10 的数组 a，利

用 for 循环语句为数组 a 生成 10 个 Student 类型的对象。每循环一次，通过键盘输入该对象的姓名、年龄、班级和学号，通过 new 调用 Student 类的构造方法来实例化一个对象并分别赋值给对应的字段。

④ 使用 for 循环，将数组 a 中的每个 Student 对象的年龄字段的值进行累加，求出平均年龄后输出。

⑤ 按 F5 键或 F10 键或 F11 键，调试运行程序，确保程序完成了正确的功能。

任务 3.2　继承和多态

描述一个几何图形类，派生出长方形类、正方形类、圆形类，并为每个图形对象计算面积。

知识储备

3.2.1　继承

1. 类的继承

（1）继承的概念

C# 是一种面向对象的编程语言，它同样具有面向对象编程的一些特点。前面已经详细介绍了类、对象、属性和方法等，它们是面向对象的基础知识。面向对象编程的重要特性还包括继承性、多态性等。

继承是从现有的类中派生出新类的功能，通过继承可以创建类的层次结构，在面向对象编程中达到代码复用的目的。现实世界中存在着各种继承关系。对于图 3-8 所示的各个类，在图 3-9 中用连线来表示它们之间的层次关系。

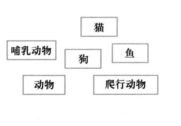
图 3-8　单独的类

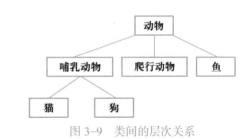
图 3-9　类间的层次关系

继承是面向对象程序设计中一个很重要的特性，它是关于一个类如何从另一个类中共享属性和行为的术语。

在 C# 中，继承的类称为派生类或子类，被继承的类称为基类或父类。如果一个派生类继承一个基类，那么这个派生类会从其基类中继承得到所有的操作、属性、特性、事件以及其实现方法。值得注意的是，基类中的构造方法和析构方法不会被继承。

（2）定义派生类

继承是类的一个特性，也就是说，类可以继承自其他类。在声明类时，在

类名后加上一个冒号,并在冒号后标示要继承的类(基类)。派生类的一般格式如下:

```
[类型修饰符] class 类名:基类名
{
    //派生类成员;
}
```

示例:

```
public class A
{
    public A() { }
    public void doA() { }
}

public class B : A
{
    public B() { }
    public void doB() { }
}
```

派生类将包含基类的所有非私有数据和行为,以及派生类为其自身定义的任何其他数据或行为。这样,派生类有两种有效类型:派生类的类型和其基类的类型。

示例:

```
public class Tester
{
    Public void Main()
    {
        A a = new A();
        B b = new B();
        b.doB();
        b.doA();
        a.doA();
        a.doB();// 非法继承
    }
}
```

从示例中可以看出,B 类是从 A 类派生的,因此 B 类对象可以调用 A 类的方法 doA(),但 A 类并不是从 B 类派生的,因此 A 类对象无法调用 doB()。继承关系是不可逆的。

在上面的示例中,B 类的有效类型为 B 和 A,可以使用强制转换操作将 B 类对象转换为 A 类对象,强制转换不会更改 B 类对象。也可以直接将 B 类对象赋值给 A 类对象。

示例:

```
B b = new B();
A a1 = (A)b;  // 对象 b 可以强制转化为 A 类型，因为 B 继承自 A
A a2 = b;
```

【例 3.12】定义一个 Animal 类，包含 Type 属性、toString() 方法和 sound() 方法，并派生出 Dog 类、Cat 类，派生类拥有另外一个属性 Name。

源代码例 3.12

```
class Animal
{
    private string type;
    public string Type
    {
        get { return type; }
        set { type = value; }
    }
    public string toString()
    {
        return " 这是一个动物类 ";
    }
    public void sound()
    {
        Console.WriteLine(" 动物声音 ");
    }
}
class Cat : Animal
{
    private string name;
    public string Name
    {
        get { return name; }
        set { name = value; }
    }
    public string toString()
    {
        return " 猫猫的名字是 " + name + ", 属于 " + Type + ", 它会 ";
    }
    public void sound()
    {
        Console.WriteLine(" 喵喵叫 ");
    }
}
class Dog : Animal
{
    private string name;
    public string Name
    {
```

```
            get { return name; }
            set { name = value; }
        }
        public new string toString()
        {
            return" 狗狗的名字是 " + name + ", 属于 " +   Type+", 它会 ";
        }
        public new void sound()
        {
            Console.WriteLine(" 汪汪叫 ");
        }
    }
    class Program
    {
        static void Main(string[] args)
        {
            Dog d = new Dog();
            d.Type = " 哺乳类 ";
            d.Name = "Tom";
            Console.Write(d.toString());
            d.sound();
            Cat c = new Cat();
            c.Type = " 哺乳类 ";
            c.Name = "Ketty";
            Console.Write(c.toString());
            c.sound();
            Animal d1 = new Dog();
            //d1.Name = "Jack";// 对象 d1 不具有 Name 属性，此句不能通过编译
        }
    }
```

（3）继承隐私保护

继承可以实现不同范围的隐私保护，这可以通过访问修饰符 public、protected、private 来实现。访问修饰符的访问范围见表 3-1。

表 3-1　访问修饰符的访问范围

修饰符	类内部	子类	其他类
public	可以	可以	可以
protected	可以	可以	不可以
private	可以	不可以	不可以

说明：如果基类中的成员只允许基类独有，不允许派生类或其他类访问，则使用访问修饰符 private 修饰该成员。如果基类中的成员只允许基类和其派生

类访问，不允许其他类访问，则在基类中用 protected 修饰该成员。

2. 继承时的构造方法调用

微课 3-9
继承时的构造方法
调用

一旦创建对象，便会自动调用构造方法为对象分配内存并初始化对象的数据。创建派生类对象时，会多次调用构造方法：系统先调用基类的构造方法，完成基类部分字段的初始化；然后调用派生类的构造方法，完成自身字段的初始化。

如果派生类的基类本身是另一个类的派生类，则按由高到低的顺序依次调用各个类的构造方法。例如，A 类是 B 类的基类，B 类是 C 类的基类，则创建 C 类对象时，调用构造方法的顺序为：先调用 A 类的构造方法，再调用 B 类的构造方法，最后调用 C 类的构造方法。

示例：

```
class Program
{
    static void Main(string[] args)
    {
        C c = new C();
    }
}
public class A
{
    public A()
    {
        Console.WriteLine("A 的构造方法 ");
    }
}
public class B : A
{
    public B()
    {
        Console.WriteLine("B 的构造方法 ");
    }
}
public class C : B
{
    public C()
    {
        Console.WriteLine("C 的构造方法 ");
    }
}
```

运行结果如图 3-10 所示。

图 3-10　多层调用的运行结果

如果派生类显式声明默认构造方法，则基类也必须显式声明默认构造方法。如果基类中声明了带参数的构造方法，那么创建派生类对象时调用基类构造方法，就必须向基类构造方法传递参数。向基类构造方法传递参数，必须通过派生类的构造方法实现，格式如下：

public 派生类构造方法名 (形参列表):base(向基类构造方法传递的实参列表){}

base 是 C# 关键字，表示当前类的基类。

【例 3.13】 由长方形类派生出正方形类，正方形类的构造方法调用其基类的构造方法。

源代码例 3.13

```
class Program
{
    static void Main(string[] args)
    {
        Console.WriteLine(" 请输入正方形的长： ");
        Square s = new Square(double.Parse(Console.ReadLine()));
        Console.WriteLine(" 正方形的面积为： {0}", s.Area());
    }
}
class Rectangle
{
    protected double length;
    private double width;
    public Rectangle(double l, double w)
    {
        length = l;
        width = w;
    }
}
class Square : Rectangle
{
    public Square(double l) : base(l, 0) { }
    public double Area()
    {
        return length * length;
    }
}
```

3. 成员的隐藏

当派生类中有与基类同名的成员（如字段或者方法）时，该成员的派生版本将替换基类版本。虽然可以在不使用 new 修饰符的情况下隐藏成员，但会产生警告。如果基类定义了方法、字段或属性，则 new 关键字将用于在派生类中创建该方法、字段或属性的新定义。new 关键字放置在要替换的成员的返回类型之前。

在派生类中声明与基类同名的方法，也叫方法的重写。在派生类重写基类方法后，如果想调用基类的同名方法，应该使用 base 关键字。

示例：

```csharp
public class BaseC
{
    public static int x = 55;
    public static int y = 22;
    public void DoWork()
    {
        Console.WriteLine(" 基类的方法 ");
    }
}
public class DerivedC : BaseC
{
    new public static int x = 100;
    public new void DoWork()
    {
        Console.WriteLine(" 派生类的方法 ");
    }
    public void NewWork()
    {
        base.DoWork();              // 调用基类的方法
    }
    static void Main()
    {
        DerivedC d=new DerivedC();
        Console.WriteLine(x);       // 显示新的 x 的值
        Console.WriteLine(BaseC.x); // 显示隐藏的 x 的值
        Console.WriteLine(y);       // 显示未隐藏的 y 的值
        d.DoWork();                 // 调用派生类的方法
        d.NewWork();
    }
}
```

方法的隐藏和重载区别如下：

- 隐藏发生在基类与派生类之间，是指在派生类中重新定义基类的方法，发生隐藏的方法在派生类和基类中是一样的，方法名和参数列表完全相同。
- 重载在同一个作用域内发生（例如，在一个类中），定义一系列同名方法，但是方法的参数列表不同。这样才能通过传递不同的参数来决定到底调用哪一个，而返回值类型的不同不能构成重载。

使用 new 关键字时，将调用新的类成员，而不是已被替换的基类成员。这些基类成员称为隐藏成员。但如果派生类的实例被强制转换为基类的实例，则仍可以调用隐藏的类成员。

例如：

```csharp
DerivedC B = new DerivedC();
B.DoWork(); // 调用派生类的方法
```

```
BaseC A = (BaseC)B;
A.DoWork(); // 调用基类的方法
```

4. 继承的特性

继承大大扩充了类与类之间的层次关系，同时也实现了代码的重用，减轻了程序员编写代码的负担，使得程序的结构更加清晰，使类与类之间关系层次结构化，更易于维护。合理地使用继承，会对程序编写带来很大的帮助。同时，继承也具有一些特点。

（1）传递性

C# 的继承具有传递性，例如，B 类继承自 A 类，C 类继承自 B 类，则 C 类同时继承了 A 类和 B 类的属性和方法。

（2）单根性

C# 的继承有一个很重要的特性，即继承是单继承，不支持多重继承，也就是说一个派生类只能有一个基类。

（3）密封性

在 .NET 类库中，绝大多数类可以以基类产生派生类。因为从面向对象编程的角度来看，类具有开放性，即一个类为了具有很好的扩展性，是不能密封的。因为类一旦密封，则该类不再具有可扩展的空间。但当确定一个类不能再被继承后，可以使用 sealed 关键字修饰，这种类也称为密封类。

密封类定义的格式如下：

[访问修饰符] sealed class 类名称 {}

示例：

```
sealed class A
{
    public void DoWork()
    {
        Console.WriteLine("A 类的方法 ");
    }
}
class B : A {   }// 出现编译错误：错误    "B" 无法从密封类型 "A" 派生
```

除密封类外，C# 还允许在一个非密封类中定义一个密封方法。一旦方法被声明为密封方法，则派生类中不能重写该方法。

3.2.2 虚方法

1. 定义虚方法

多态性是面向对象程序设计中的又一个重要的概念，多态性是指通过基类引用，依靠执行多个派生类的方法，使程序执行动态操作。C# 中每种类型都是多态的。

多态可以理解为同一个方法被不同的对象调用时，能产生不同的行为。不同类的对象对同一消息作出不同的响应，就比如上课铃响了，上体育课的学生

教学课件 3-2-2
虚方法

跑到操场上排队，而上语文课的学生在教室里坐好。

简单地说，多态就是"相同的表达式，不同的操作"，也可以说成"相同的命令，不同的操作"。多态的意义在于，它实现了接口重用（相同的表达式），接口重用带来的好处是程序更易于扩展，代码重用更加方便，更具有灵活性，也就更能真实地反映现实世界。

可以使用虚方法来实现多态。要实现继承的多态性，即让程序正确地识别对象的类型，在类定义方面，必须分别用 virtual 关键字和 override 关键字在基类与派生类中声明同名的方法。

要使派生类的实例完全从基类接收某个类成员，则基类必须将该成员声明为 virtual。然后，派生类将使用 override 关键字（而不是 new）将基类实现替换为派生类自己的实现。

示例：

```
public class BaseC
{
    public int WorkField;
    public virtual void DoWork() { }
}
public class DerivedC : BaseC
{
    public int WorkField;
    public override void DoWork() { }
}
```

> 注意：virtual 不能修饰字段，只能修饰方法、属性、事件和索引器。

派生类重写虚拟成员，即使该类的实例被作为基类的实例访问，也会调用派生类成员。

```
DerivedC B = new DerivedC();
B.DoWork(); // 调用派生类的方法
BaseC A = (BaseC)B;
A.DoWork(); // 同样调用派生类的方法
```

虚拟成员保持为虚拟的。如果 A 类声明了一个虚拟成员，B 类派生自 A，而 C 类派生自 B，则 C 类将继承该虚拟成员并可以选择重写它，而不管 B 类是否为该成员声明了 override。

示例：

```
public class A
{
    public virtual void DoWork() { }
}
public class B : A   { }
public class C : B
```

```
        public override void DoWork() { }
    }
```

C# 还允许在一个非密封类中定义一个密封方法，该密封方法必须对基类的同名虚方法进行重写。一旦方法被声明为密封方法，则派生类中不能重写该方法。

示例：

```
class A
{
    public virtual void DoWork()
    {
        Console.WriteLine("A 类的方法 ");
    }
}
class B:A
{
    public sealed override void DoWork()
    {
        Console.WriteLine("B 类的方法 ");
    }
}
class C: B
{
    public override void DoWork()
    {
        Console.WriteLine("C 类的方法 ");// 编译错误
    }
}
```

此示例中，B 类中的 DoWork() 方法被定义为密封方法，它对基类 A 类中的同名方法进行重写。当 C 类对 B 类继承后，C 类不能再重写 DoWork() 方法。否则，出现编译错误："C.DoWork(): 继承成员 B.DoWork() 是 sealed，无法进行重写"。

微课 3–10
用虚方法实现多态

2. 用虚方法实现多态

用虚方法实现多态，可以在基类与派生类定义之外的其他类定义中再声明一个含基类对象形参的方法。即在第三方类中定义一个方法，该方法的形参是基类类型的参数，其方法体中通过基类对象调用被重写的方法。由此，程序在运行前根本就不知道将是什么类型的对象。因为基类对象不但能接受本类型的对象实参，也可以接受其派生类类型的对象实参，并且可以根据形参接受的对象类型调用相应类定义中的方法，从而实现多态。

【例 3.14】 定义几何图形类，派生出长方形类、正方形类、圆形类，并为每个图形对象计算面积，用虚方法实现。

源代码例 3.14

```csharp
public class Dimensions
{
    public const double PI = Math.PI;
    public double x, y;
    public Dimensions(double x, double y)
    {
        this.x = x;
        this.y = y;
    }
    public virtual double Area()
    {
        return 0;
    }
}
public class Rectangle :Dimensions
{
    public Rectangle(double l, double w):base(l, w){ }
    public override double Area()
    {
        return x * y;
    }
}
public class Circle : Dimensions
{
    public Circle(double r) : base(r, 0){ }
    public override double Area()
    {
        return PI * x * x;
    }
}
public class Square : Dimensions
{
    public Square(double l) : base(l, 0) { }
    public override double Area()
    {
        return x * x;
    }
}
class Program
{
    public static double FromArea(Dimensions re)
    {
        return re.Area();
    }
    static void Main()
    {
```

```
            double r = 3.0, h = 5.0;
            Rectangle rec = new Rectangle(r, h);
            Circle c = new Circle(r);
            Square s = new Square(r);
            Console.WriteLine("边长为 {0} 和 {1} 的矩形面积为：{2}", rec.x, rec.y, FromArea(rec));
            Console.WriteLine("半径为 {0} 的圆形面积为：{1:0.00}", c.x,FromArea(c));
            Console.WriteLine("边长为 {0} 的正方形面积为：{1}", s.x,FromArea(s));
        }
    }
```

3.2.3 抽象类和抽象方法

教学课件 3-2-3
抽象类和抽象方法

1. 抽象类和抽象方法的定义

包含一个抽象方法的类称为抽象类。抽象类一般用于描述现实世界中的抽象概念，如食物、水果、交通工具等，人们看不到它们的实例，只能看到它们的子类对象，如面包、苹果、飞机等子类的实例。

抽象类的作用是提供可供多个派生类共享的基类的公用定义。抽象类提供了方法声明与方法实现相分离的机制，使其各个派生类表现出共同的行为模式。通过对抽象类的继承可以实现代码的复用，规范派生类的行为。

声明抽象类的格式与声明类的格式相同，但要用 abstract 修饰符指明它是一个抽象类。例如，在游戏中，可能会存在许多表示不同人物的类。这些类有共同的代码和方法，但它们还会以不同的方式执行类似的方法。下面创建一个名为 Character 的类来分解出相似因素，代码如下：

```
public abstract class Character
{
    public abstract void DoWork(int i);
}
```

抽象方法是只声明而未实现的方法，所有的抽象方法必须使用 abstract 关键字声明。定义抽象方法的语法格式与普通的方法有些不同：

```
abstract 返回类型  方法名 ([ 参数列表 ]);
```

可以看出，抽象方法没有方法体，也就是没有任何实现语句，因此方法定义后面是分号，这和空方法体是两个不同的概念。

同静态类一样，抽象类不能实例化。如果想使用抽象类，则必须依靠派生类，抽象类必须被派生类继承，抽象方法必须在派生类中被实现，而且派生类需要实现抽象类中的所有抽象方法。

使用抽象类和抽象方法对应注意以下几点：
- 抽象类不能实例化。
- 要想使用抽象类，必须继承这个类，生成派生类。
- 抽象方法没有方法体。
- 要想使用抽象方法，必须对它进行重写。

❏ 抽象方法所在的类必然是抽象类。

【例3.15】 动物都有吃这个行为，但是猫吃鱼，狗啃骨头，编写程序来表示。

源代码例 3.15

动画 3.2
动物都有吃的行为

```csharp
abstract class Animal
{
    protected string name;
    protected int age;
    public Animal(string name, int age)
    {
        this.name = name;
        this.age = age;
    }
    public abstract void eat();
}
class Cat : Animal
{
    public Cat(string name, int age) : base(name, age) { }
    public override void eat()
    {
        Console.WriteLine(" 小猫 " + this.name + " 正在吃小鱼 ");
    }
}
class Dog : Animal
{
    public Dog(string name, int age) : base(name, age) { }
    public override void eat()
    {
        Console.WriteLine(" 小狗 " + this.name + " 正在啃骨头 ");
    }
}
class Program
{
    static void Main()
    {
        Cat cat = new Cat("Tom", 3);
        Dog dog = new Dog("Jack", 4);
        cat.eat();
        dog.eat();
    }
}
```

微课 3-11
用抽象方法实现多态

2. 用抽象方法实现多态

除了使用虚方法实现多态外，使用抽象类和抽象方法也可以实现多态。

【例3.16】 定义几何图形类，派生出长方形类、正方形类、圆形类，并为每个图形对象计算面积，用抽象方法实现。

```
public abstract class Dimensions
{
    public const double PI = Math.PI;
    public double x, y;
    public Dimensions(double x, double y)
    {
        this.x = x;
        this.y = y;
    }
    public abstract double Area();
}
public class Rectangle : Dimensions
{
    //Rectangle 类的定义与例 3.14 相同，此处省略
}
public class Circle : Dimensions
{
    //Circle 类的定义与例 3.14 相同，此处省略
}
public class Square : Dimensions
{
    //Square 类的定义与例 3.14 相同，此处省略
}
class Program
{
    //Program 类的定义与例 3.14 相同，此处省略
}
```

源代码例 3.16

3.2.4 接口

教学课件 3-2-4
接口

1. 接口的定义

在前面介绍继承时，曾介绍了 C# 的继承具有单根性，即一个派生类只能有一个基类，这样做是为了避免出现继承的一些问题，但有些情况下，人们希望能同时继承两个类或多个类的特性，出现这样的情况该如何解决呢？使用接口便可以解决这样的问题。

在现实世界中，接口就是一套规范，只要满足这个规范的设备就可以将它们组装在一起，实现设备的功能。例如，计算机上的 USB 接口可以用来传输数据，设备只要符合接口规范就可以使用，而不用计算机做任何设置。

接口类似于抽象基类，表 3-2 列出了抽象类与接口的对比。可以把接口视为更加抽象的抽象类，所以接口无法直接实例化。接口可以描述属于任何类的一组相关行为。它仅仅是一种标准和规范，可以约束类的行为，使不同的类能遵循统一的规范。

微课 3-12
接口的基本概念

表 3-2 抽象类与接口对比表

抽象类	接口
方法可以具有实现代码,也可以被定义为抽象方法	方法是完全抽象的
派生类继承抽象类中受 public 或 protected 修饰的方法和字段,派生类必须实现抽象类中的抽象方法	用于表示一组抽象行为,这些行为可以由不相关的类实现
可以包含字段	不能包含字段

类和结构可以按照类继承基类或结构的类似方式继承接口,但有两点需要注意:

- 类或结构可继承多个接口。
- 类或结构继承接口时,仅继承方法名称和签名,因为接口本身不包含实现。

接口是使用 interface 关键字定义的,语法如下:

```
[ 修饰符 ] interface 接口名称:继承的接口列表
{
    //接口内容
}
```

示例:

```
interface IComparable
{
    int CompareTo(object obj);
}
```

接口可以包含事件、索引器、方法和属性,但不能包含字段。同样,接口不能包含方法的实现。接口的成员自动成为公共的,且不能显式地说明访问权限,接口的名称习惯以字母"I"开头。

示例:任意一个点拥有整数属性 x 和 y。

```
interface IPoint
{
    Int x {   get;set;   }
    Int y {   get;set;   }
}
```

2. 接口的实现

定义好接口后,类就可以实现接口,实现接口的语法如下:

```
class 类名:接口名
```

若一个类要继承一个基类,且实现多个接口,用","分隔,如下:

```
class 子类名:父类名,接口名
```

一个类可以从多个接口继承。当类继承接口时,它只继承方法名称和签名,因为接口本身不包含任何实现;接口本身也可以从多个接口继承,但继承接口的任何非抽象类型必须实现接口的所有成员。

【例 3.17】 实现 IPoint 接口。在测试类中完成对继承自接口 IPoint 的 Point 的使用。

源代码例 3.17

```
interface IPoint
{
    int X    {   get; set;   }
    int Y    {   get; set;   }
}
class Point : IPoint
{
    private int x, y;
    public Point(int x, int y)
    {
        this.x = x;
        this.y = y;
    }
    public int X
    {
        get    {   return x;   }
        set    {   x = value;   }
    }
    public int Y
    {
        get{   return y;   }
        set{   y = value;   }
    }
}
class MainClass
{
    static void PrintPoint(IPoint p)
    {
        Console.WriteLine("x={0}, y={1}", p.X, p.Y);
    }
    static void Main()
    {
        Point p = new Point(2, 3);
        Console.Write("My Point: ");
        PrintPoint(p);
    }
}
```

接口和接口成员均是抽象的,它们不提供默认实现。

【例 3.18】 设计一个遥控器接口,分别实现对电视机和 DVD 的遥控。

例 3.18
源代码

微课 3-13
用接口实现多态

扫描二维码查看源代码。程序运行结果如图 3-11 所示。

图 3-11 【例 3.18】运行结果

3. 用接口实现多态

使用接口也可以实现多态。

【例 3.19】 猫和猫头鹰都会抓老鼠，现在需要抓老鼠，既可以找猫也可以找猫头鹰来执行任务，编写程序来表示。

例 3.19
源代码

扫描二维码查看源代码。

任务实施

微课任务解决 3.2
定义几何图形类

定义几何图形类，派生出长方形类、正方形类、圆形类，并为每个图形对象计算面积。

这里使用接口来完成这个任务。

源代码任务 3.2
计算几何图形面积

```
public interface IArea
{
    double Area();
}
public class Rectangle : IArea
{
    public double X { get; set; }
    public double Y { get; set; }
    public Rectangle(double w, double h)
    {
        X = w;
        Y = h;
    }
    public double Area()
    {
        return X * Y;
    }
}
public class Circle : IArea
{
    public double X { get; set; }
```

```csharp
        public Circle(double r)
        {
            X = r;
        }
        public double Area()
        {
            return Math.PI * x * x;
        }
    }
    public class Square : IArea
    {
        public double X { get; set; }
        public Square(double l)
        {
            X = l;
        }
        public double Area()
        {
            return x * x;
        }
    }
    class Program
    {
        public static double FromArea(IArea re)
        {
            return re.Area();
        }
        static void Main()
        {
            double r = 3.0, h = 5.0;
            Rectangle rec = new Rectangle(r, h);
            Circle c = new Circle(r);
            Square s = new Square(r);
            Console.WriteLine(" 边长为 {0} 和 {1} 的矩形面积为： {2}", rec.x, rec.y, FromArea(rec));
            Console.WriteLine(" 半径为 {0} 的圆形面积为： {1:0.00}", c.x,FromArea(c));
            Console.WriteLine(" 边长为 {0} 的正方面积为： {1}", s.x,FromArea(s));
        }
    }
```

项目实训

【实训题目】

编写程序描述以下过程：通过主板的 USB 口，可以使用 U 盘或 MP3；在不改变主板原有结构的前提下，在主板上接入一个串口的键盘。

【实训目的】
1. 掌握类和对象的定义和使用。
2. 掌握多态的实现方法。
3. 熟悉接口的使用。

【实训内容】
定义 USB 接口，然后定义 USB 接口的两个实现类 UDisk、MP3，再定义一个主板类，编写程序描述以下过程：将 U 盘插入主板的 USB 口，使用 U 盘，然后退出 U 盘；将 MP3 插入主板的 USB 口，使用 MP3，然后退出 MP3。

在主板上接入一个串口的键盘，显然，该键盘没有实现 USB 口规范。如果主板上只有 USB 口，则只能增加一个串口_USB 口的转换器，由此，在不改动已有代码的情况下，增加 Key 类（串口键盘类）、KeyAdapter 类（串口_USB 口转换器类）的定义。

步骤：
① 启动 Visual Studio，创建控制台项目，项目名称设为"项目实训 3_2"。
② 定义 USB 接口，该接口包含 insert() 和 quit() 两个方法。
③ 定义继承 USB 接口的两个类 UDisk 和 MP3，它们各自实现 USB 接口中的方法。
④ 定义 MainBoard 类，该类包含方法 useUSB( ) 和 stopUSB( ) 来实现 USB 接口的使用；在 Main 方法中分别实例化 UDisk 和 MP3 类型的对象，测试主板对象分别与 UDisk 和 MP3 类对象的连接。
⑤ 定义 Key 类（串口键盘类）和 KeyAdapter 类（串口_USB 口转换器类）。KeyAdapter 类继承 USB 接口，在 Main() 方法中加入以下语句，用来对键盘类进行测试：

```
KeyAdapter ka=new KeyAdapter();
ka.key=new Key("D-Key");
ka.insert();
ka.quit();
```

⑥ 按 F5 键或 F10 键或 F11 键，调试运行程序，确保程序完成了正确的功能。

单元小结

　　C# 语言是一种面向对象的程序设计语言。类与对象的概念是面向对象程序设计语言的基础。

　　本单元首先介绍了类的定义方法，其中包括字段、属性、方法以及构造方法，以及如何使用对象访问这些类成员，并通过属性的介绍引出了封装性，接下来又介绍了另外两大特性，即继承性和多态性。封装实际上就是对于访问权限的控制操作，继承实现了代码的重用，多态则提高程序的可读性和可扩展性。

单元 4
C# 进阶编程

 学习目标

【知识目标】

- ➢ 掌握结构化的异常处理机制
- ➢ 深刻理解委托和事件
- ➢ 掌握字符串的常用方法
- ➢ 掌握正则表达式的基本用法
- ➢ 掌握常用的集合类和泛型集合类

【能力目标】

- ➢ 能够捕获并处理异常
- ➢ 能使用枚举或结构描述数据
- ➢ 能对文本进行较为复杂的处理
- ➢ 能使用正则表达式实现文本验证
- ➢ 能定义和使用委托类型
- ➢ 能给对象添加事件并能处理事件
- ➢ 能使用集合类存储数据,能编写基于栈、队列、链表、哈希表等数据结构的程序

文本
单元 4 电子教案

 场景描述

这天是星期天,阿蔡又来到了小强的公司。

阿蔡:表哥,我从楼下路过,顺便上来看看你,还在加班呢?

小强:刚好有个项目有点急,不过也差不多了。有什么话直说吧,你是无事不登三宝殿的。

阿蔡:上次你说了以后,我回去好好地写了一些程序,开始感觉还挺好的,类还是真是个好东西,有了类,对了,还有了继承,好多代码都不用重写了,代码看起来精简多了,特别是那个多态,程序变得好灵活。

小强:呵呵,看来你回去还真是下了功夫。

阿蔡:可我又发现了一些问题,比如程序出现了错误,特别是运行时出现了一些小错误,不可能使用 if…else 就全部处理了,那是不是也太麻烦了。还有,我想对文本进行一些处理,比如对输入的内容进行一些验证,这又该怎么办呢?有没有比较高级的方法啊?

小强:兴趣是学习的最好动力。其实仅仅会写类还不够,.NET 还为我们提供了很多强大的功能。

阿蔡:那还等什么,快给我说说啊!

小强:别着急,我们还是一步步来。我分几个步骤告诉你。

第 1 步,怎么处理程序出现的问题呢?可使用异常处理来帮助我们。

第 2 步,使用用户自定义数据类型:枚举类型和结构类型。

第 3 步,理解和使用委托和事件。

第 4 步,使用字符串和正则表达式。

第 5 步,使用泛型和集合。

任务 4.1 异常处理

测试给出的计算器程序,并捕捉计算器程序中的异常。

```
class Program
{
    static void Main(string[] args)
    {
```

```
int flag = 0;
Console.WriteLine(" 请输入第一个操作数 ;");
int num1 = int.Parse(Console.ReadLine());
Console.WriteLine(" 请输入第二个操作数 :");
int num2 = int.Parse(Console.ReadLine());
int result = 0;

Console.WriteLine(" 请输入运算符（+、-、*、/）:");
string operater = Console.ReadLine();

if (operater == "+")
{
    flag = 0;
}
if (operater == "-")
{

    flag = 1;
}
if (operater == "*")
{

    flag = 2;
}
if (operater == "/")
{

    flag = 3;
}

switch (flag)
{
    case 0:
        result = num1 + num2;
        break;
    case 1:
        result = num1-num2;
        break;
    case 2:
        result = num1 * num2;
        break;
    case 3:
        result = num1 / num2;
        break;
}

Console.WriteLine(num1 + operater + num2 + "=" + result);
Console.ReadKey();
```

                }
        }

知识储备

4.1.1 异常的基本概念

教学课件 4-1-1
异常的基本概念

程序执行中，会发生影响语句正常运行的意外，这样的意外称为异常（Exception）。如果不对程序中的异常进行处理，当程序出现异常时，就会突然终止。程序中的错误可能来自于编译错误（或称为语法错误）和运行错误。

编译错误是由于所编写的程序存在语法问题，如语句后面少了个分号，不能通过由源代码到目标代码的编译过程，而产生错误，它由 C# 语言的编译系统负责监测和报告。运行错误是在程序的运行过程中才会发生的错误。例如，程序运行的时候发现除数为 0、数组下标越界、要访问的文件不存在、引用的对象为空对象等，程序在编译时并不会产生编译错误，但是在运行的时候，遇到这些现象将会引发程序终止。通常，异常可以处理运行错误，而无法处理编译错误。

C# 提供了处理异常的机制，主要是使用异常类 Exception 为每种错误提供定制的处理，并把识别错误的代码和处理错误的代码分离开。Exception 类为各常见异常类的基类。常用的异常类及说明见表 4-1。

表 4-1 常用的异常类

异常类名称	说明
MemberAccessException	访问错误：类型成员不能被访问
ArgumentException	参数错误：方法的参数无效
ArgumentNullException	参数为空：给方法传递一个不可接受的空参数
ArithmeticException	数学计算错误：由于数学运算导致的异常，覆盖面广
ArrayTypeMismatchException	数组类型不匹配
DivideByZeroException	被零除
FormatException	参数的格式不正确
IndexOutOfRangeException	索引超出范围，小于 0 或比最后一个元素的索引还大
InvalidCastException	非法强制转换，在显式转换失败时引发
MulticastNotSupportedException	不支持的组播：组合两个非空委派失败时引发
NotSupportedException	调用的方法在类中没有实现
NullReferenceException	引用空引用对象时引发
OutOfMemoryException	无法为新语句分配内存时引发，内存不足
OverflowException	溢出
StackOverflowException	栈溢出
TypeInitializationException	错误的初始化类型：静态构造函数有问题时引发
NotFiniteNumberException	无限大的值：数字不合法

例如，在算术运算中常见的一些引发异常的情况如下：

算术运算符（+、-、*、/）产生的结果可能会超出涉及的数值类型可能值的范围。

整数算术溢出或者引发 OverflowException，或者丢弃结果的最高有效位。整数被零除总是引发 DivideByZeroException。

浮点算术溢出或被零除从不引发异常，因为浮点类型基于 IEEE 754，因此可以表示无穷和 NaN（不是数字）。

小数算术溢出总是引发 OverflowException。小数被零除总是引发 DivideByZeroException。

当发生整数溢出时，产生的结果取决于执行上下文，该上下文可为 checked 或 unchecked。在 checked 上下文中引发 OverflowException。在未选中的上下文中，放弃结果的最高有效位并继续执行。因此，C# 使开发人员有机会选择处理或忽略溢出。

除算术运算符以外，整型之间的强制转换也会导致溢出（例如，将 long 强制转换为 int），并受 checked 或 unchecked 执行的限制。然而，按位运算符和移位运算符永远不会导致溢出。

4.1.2 结构化异常处理

当 C# 程序发现异常事件提前终止时，将引发的异常对象传给程序，需要使用结构化的 try…catch…finally 语句块来处理异常。

在 try 程序块中放的是最有可能产生异常的代码，在程序运行过程中，当 try 块中的代码有异常情况发生时，程序的正常运行就会被中断，并将异常抛出，抛出的异常与 catch 块捕捉的异常类型相同时，程序转去执行 catch 块中的语句进行异常处理；若没有异常发生，则正常执行 try 块而不执行 catch 块。finally 块是可选的，不论有无异常产生，finally 块中的语句一般都会被执行。语法结构如下：

教学课件 4-1-2
结构化异常处理

微课 4-1
try-catch-finally
语句块

```
try
{
    //可能会导致异常的语句块
}
catch (ExceptionType1 e)
{
    //用于处理 ExceptionType1 的语句块
}
catch (ExceptionType2 e)
{
    //用于处理 ExceptionType2 的语句块
}
finally
{
    //总会执行的代码,清理代码的语句块
}
```

1. try 语句块

捕获异常的第一步是用 try 语句块选定有可能发生异常的代码段,检测它内部所选定的可能会发生异常的代码。如果 try 语句块内出现了异常情况,将抛出一个异常对象,程序的执行流程将转移到与此 try 语句块相联系的异常处理程序 catch 语句块来处理此异常;如果 try 语句块内没有出现异常,程序则不执行随后的 catch 语句块。

2. catch 语句块

在 try 语句块后面必须至少有一个 catch 语句块(除后面跟上 finally 块外)用来处理 try 语句块中的代码发生的异常。

【例 4.1】 处理数组下标越界异常。

源代码例 4.1

```csharp
class Program
{
    static void Main(string[] args)
    {
        try
        {
            int[] a=new int[4];
            for (int i = 0; i <=4; i++)
            {
                a[i] = i;
            }
            for (int j = 0; j <=4; j++)
            {
                System.Console.WriteLine(a[j]);
            }

        }
        catch (System.IndexOutOfRangeException e)
        {
            System.Console.WriteLine(" 数组下标越界 ");
        }
    }
}
```

运行结果如图 4-1 所示。

图 4-1 【例 4-1】运行结果

某些情况下,一个 try 语句块可能会抛出多个不同类型的异常,此时需要有多个 catch 语句块来捕获这些异常,每一个 catch 语句块必须捕获一个不同类型的异常。当 try 语句块中的异常被引发时,每一个 catch 子句被依次检查,第一个匹配异常类型的 catch 子句被执行。当一个 catch 语句块执行以后,其他的子句被忽略,程序从 try…catch 块后的代码开始继续执行。在 try 语句块和 catch 语句块之间不可有其他的任何语句。

```csharp
try
{
```

```
        // 语句块;
}
catch(ExceptionType1 e1)
{
        // 语句块;
}
catch(ExceptionTyper2 e2)
{
        // 语句块;
}
```

> 注意：catch 块按照在程序中的顺序被检查，只执行匹配的语句，忽略其他所有 catch 代码块，所以需要把范围小的异常放在范围大的异常的前面，如果第 1 个 catch 块捕获的是 Exception 类异常，那么几乎所有的异常都满足这个异常，则后面的 catch 块永远都不会执行。

3. finally 语句块

finally 语句块是可选的，是异常处理结构的统一出口，一般是把用来关闭或释放系统资源的语句放在 finally 语句块中。不论 try 语句块中是否发生了异常，是否执行过 catch 语句，都要执行 finally 语句。除了以下几种情况，finally 语句块都会被执行：

- 在 finally 语句块中发生了异常。
- finally 语句块之前的代码中说明了退出运行。

【例 4.2】 try…catch…finally 的使用。

源代码例 4.2

```
class Program
{
    static void Main(string[] args)
    {
        int a, b, c;
        try
        {
            a = Convert.ToInt32(Console.ReadLine());
            b = Convert.ToInt32(Console.ReadLine());
            c = a / b;
        }
        catch (FormatException)              // 如果发生输入异常
        {
            Console.WriteLine(" 提示：输入格式错误！ ");
        }
        catch (DivideByZeroException)         // 如果发生除数为 0 的异常
        {
            Console.WriteLine(" 提示：除数不能为 0！ ");
        }
        catch (Exception ex)                  // 如果发生其他异常
```

```
            {
                Console.WriteLine(ex.Message);
            }
            finally                          //无论是否发生异常，都正常结束
            {
                Console.WriteLine(" 感谢使用本软件！");
            }
        }
```

运行结果如图 4-2 所示。

图 4-2 【例 4.2】运行结果

4.1.3 自定义异常

尽管 C# 提供的系统异常类能够处理大多数常见异常，能够满足绝大多数编程的需要，但在实际情况中，异常还可能有更多的情况，有时还是需要建立自己的异常类型来处理具体的特殊情况，比如在自定义类的调用过程中，如果出现了异常，则需要用户自定义新的异常并处理。

自定义异常类的处理过程如下：首先定义一个异常类 E1，然后在一个方法 F1 内实例化一个异常类 E1 的异常对象 a，并抛出 a，最后由调用方法 F1 的对象 b 捕获异常对象 a 并处理该异常。

1. 创建自定义异常类

在 C# 语言中，为了处理系统预定义异常里没有提供的情况，可以通过继承 Exception 来创建自己的异常类。

声明一个异常类的语法格式如下：

```
class ExceptionName:Exception
{
    //异常处理过程
}
```

例如，在信用卡的申请过程中，要求申请人年龄在 18 到 55 岁之间，如果年龄不符合要求，则抛出异常。此时，可自定义一个异常类 LegalAgeException。

```
class LegalAgeException : System.Exception
{
    LegalAgeException(int age)
    {
        System.Console.WriteLine("age:" + age + " 不符合申请信用卡的要求！ ");
    }
}
```

微课 4-2
自定义异常

2. 抛出自定义异常类对象

在定义了一个异常类之后，需要在一个方法定义中实例化属于此异常类的异常对象，并在方法体中抛出该对象。

在程序设计时可能需要有意引发某种异常，以测试程序在不同状态下的运行情况。throw 方法就专用于人为引发异常。通常将这种主要用于测试程序的、能够自动引发异常的方法称为"抛出异常"。

抛出异常类对象的格式如下：

```
throw new    <异常类>;
```

对于前面定义的异常类 LegalAgeException，可以这样抛出其异常类对象：

```
public static void AgeCheck(int age)
{
    if (age<18||age>55)
    {
        throw new LegalAgeException(age);
    }
}
```

3. 处理自定义异常

自定义异常抛出后，就需要处理抛出的异常。这时，可以利用 try…catch…finally 语句块对自定义异常进行捕获处理。

【例 4.3】 某银行大堂经理岗位招聘，要求学历是"大专"，如果学历不符合要求，则提示异常。

源代码例 4.3

```
class LegalEducationException : System.Exception
{
    public LegalEducationException(string edu)
    {
        System.Console.WriteLine(" 学历 "+"'"+edu+"'"+" 不符合岗位要求 ");
    }
}
class Program
{
    public static void EducationCheck(string edu)
    {
        if (!edu.Equals(" 大专 "))
        {
            throw new LegalEducationException(edu);
        }
    }
    static void Main(string[] args)
    {
        try
        {
```

```csharp
            System.Console.WriteLine(" 请输入您的学历：");
            string edu = System.Console.ReadLine();
            EducationCheck(edu);
        }
        catch (LegalEducationException e)
        {
            System.Console.WriteLine(e.Message);
        }
    }
}
```

运行结果如图 4-3 所示。

图 4-3 【例 4.3】运行结果

任务实施

测试给出的计算机程序，并捕捉计算机程序中的异常。

源代码任务 4.1
计算器异常处理

微课任务解决 4.1
计算器异常处理

```csharp
class Program
{
    static void Main(string[] args)
    {
        int flag = 0;
        int num1 = 0;
        int num2 = 0;
        int result = 0;

        try
        {
            Console.WriteLine(" 请输入第一个操作数 ;");
            num1 = int.Parse(Console.ReadLine());
            Console.WriteLine(" 请输入第二个操作数 :");
            num2 = int.Parse(Console.ReadLine());
        }
        catch (Exception ex)
        {
            Console.WriteLine(ex.Message);
        }
        try
        {
            Console.WriteLine(" 请输入运算符（+、-、*、/）:");
            string operater = Console.ReadLine();
```

```csharp
            if (operater == "+")
            {
                flag = 0;
            }
            if (operater == "-")
            {

                flag = 1;
            }
            if (operater == "*")
            {

                flag = 2;
            }
            if (operater == "/")
            {
                flag = 3;
            }

            switch (flag)
            {
                case 0:
                    result = num1 + num2;
                    break;
                case 1:
                    result = num1 - num2;
                    break;
                case 2:
                    result = num1 * num2;
                    break;
                case 3:
                    result = num1 / num2;
                    break;
            }

            Console.WriteLine(num1 + operater + num2 + "=" + result);
        }
        catch (Exception ex)
        {

            Console.WriteLine(ex.Message);
        }
        Console.ReadKey();
    }
}
```

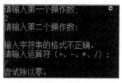

图 4-4　异常情况之一

如图 4-4 所示为出现了一种异常的情况。

更多的异常请读者通过实际操作进一步总结，在本例中，并没有对操作符（+、-、*、/）进行输入控制，在后面介绍正则表达式时再进一步介绍对指定字符输入的控制方法。

任务 4.2　枚举类型和结构类型

存储和读取一组学生的基本信息。

 知识储备

4.2.1　枚举类型

随着项目复杂度的增加，也会产生许多问题，同时软件也在不断地升级，为了在升级过程中不造成更大的困扰，在设计软件时要充分考虑，并想办法规避问题的产生。

可将枚举理解为一组常数的集合，并限定了常数的范围。

枚举是派生自 System.Enum 的一种独特的值类型。每种枚举类型均有一种基础类型，此基础类型可以是除 char 类型以外的任何整型。枚举元素的默认基础类型为 int，默认情况下，第一个枚举元素的值为 0，后面每个元素依次递增 1。

接下来实现学生按专业方向分类的问题。

按照上面的思路，可以通过枚举的方式来分辨专业。定义枚举如下：

```
enum Direction
{
    Design, Business, Testing, Game
}
```

本例中，第一个专业方向的值默认为 0。也可以强制指定枚举元素的值，例如：

```
enum Direction
{
    Design = 1, Business = 2, Testing = 4, Game
}
```

定义枚举的优势是，人们在程序设计过程中不需要记忆无意义的编号。例如，随着专业的不断发展以及学生人数和信息的不断增加，如何才能快速地在成百上千的记录中找到重要的信息？人们可根据学习方向将专业进一步划分为软件设计、电子商务、软件测试、游戏软件设计，按照这样的方式分类，当学生增加后，便于管理。

例如，可以用 1、2、3、4 来代表 4 个方向，但是理解起来十分困难，所以用有意义的名称来代替，如 Design 代表软件设计、Business 代表电子商务等。定义好枚举后，便可在程序的任何地方以 Direction.Design 代表软件设计。

增加专业也十分简单，例如要在本专业方向中，增加一个软件外包方向，可以直接在 Direction 枚举中增加成员 Outsourcing 即可。

【例 4.4】 通过定义星球枚举存储星球半径值，使用该枚举进行星球体积的计算。

```csharp
public enum SolarSystem
{
    Sun = 696300, Earth = 6380, Moon = 1740
}
class Program
{
    static void Main(string[] args)
    {
        SolarSystem sun = SolarSystem.Sun;
        SolarSystem earth = SolarSystem.Earth;
        SolarSystem moon = SolarSystem.Moon;
        Console.WriteLine(" 太阳体积为： " + 4 / 3 * 3.14 * Math.Pow((int)sun, 3));
        Console.WriteLine(" 地球体积为： " + 4 / 3 * 3.14 * Math.Pow((int)earth, 3));
        Console.WriteLine(" 月球体积为： " + 4 / 3 * 3.14 * Math.Pow((int)moon, 3));
    }
}
```

源代码例 4.4

运行结果如图 4-5 所示。

```
太阳体积为：1.06003165280958E+18
地球体积为：815439386080
月球体积为：16541595360
```

图 4-5 【例 4.4】运行结果

4.2.2 结构类型

当一个学生有学号和姓名两条信息需要记录时，可以通过二维数组来进行存储，但是当学生的信息越来越多的时候，使用数组就不能满足要求。例如，要记录学生的学号、姓名、性别、专业方向、已获得学分以及当前学习状态。因为数组中的元素要求均是同一类型，因此使用数组便不适合。

教学课件 4-2-2 结构类型

为了解决这样的情况，引入了结构类型。结构类型可以视为轻量级的类，是用于创建和存储少量数据的数据类型的理想选择。

结构的定义语法中使用 struct 关键字，格式如下：

struct 结构名

```
{
    //结构内容
}
```

结构内容包括构造函数、常数、字段、方法、属性、索引器、运算符和嵌套类型等。其中，属性是无法初始化的，除非声明为 const 或 static。

为了解决学生信息的存储，现在定义一个结构来完成，在专业方向上借用前面定义的枚举。

```
struct Student
{
    public int no;
    public string name;
    public string sex;
    public Direction direction;
    public int credit;
    public bool isGraduate;
    public string Status()
    {
        if (isGraduate)
        { return" 毕业 "; }
        else
        { return" 在读 "; }
    }
}
```

在这个结构中，定义了 no、name、sex、direction、credit、isGraduate 这 6 个字段，以及 Status 方法，已经记录了想要记录的信息。

【例 4.5】 使用结构描述电影票数据信息。

源代码例 4.5

```
struct Ticket
{
    Name name;
    DateTime datetime;
    string hall;
    string seat;
    string type;
    string remark;
    decimal price;
}
enum Name
{ 星球大战，流浪地球，我和我的祖国，夺冠 }
```

在 C# 中，结构和类大部分是一样的，结构拥有的成员和类也是一致的，二者唯一的差别在于存储位置不同。

类是引用类型，结构是值类型。引用类型在堆中分配，内存管理由垃圾回收器处理。值类型在堆栈上或以内联方式分配，且在超出范围时释放。通常，值类型的分配和释放开销更小。然而，如果在要求大量的装箱和取消装箱操作的情况下使用，则值类型的表现就不如引用类型。

微软公司建议在以下情况下使用结构：
- 数据在逻辑上表示单个值，与基元类型（整型、双精度型等）类似。数据的实例大小小于 16 字节。
- 数据是不可变的。
- 数据将不必频繁被装箱。

 任务实施

一个结构可以存储一个学生的信息，当有多个学生信息要存储时，使用多个结构就可以实现。当遇到重复的数据类型时，可以使用数组来完成，定义学生数组如下：

微课任务解决 4.2
存储学生信息

```
Student [] student=new Student[3];
```

数组的初始化，使用 for 循环从键盘读入。实现过程如下：

源代码任务 4.2
存储学生信息

```
enum Direction
{
    Design, Business, Testing, Game
}

struct Student
{
    public int no;
    public string name;
    public string sex;
    public Direction direction;
    public int credit;
    public bool isGraduate;
    public string Status()
    {
        if (isGraduate)
        {
            return " 毕业 ";
        }
        else
        {
            return " 在读 ";
        }
    }
}
class Program
{
    static void Main(string[] args)
```

```csharp
        {
            Student[] students = new Student[2];
            for (int i = 0; i < students.Length; i++)
            {
                Console.WriteLine(" 请输入第 {0} 位学生信息 ", i + 1);
                Console.Write(" 学号 ");
                students[i].no = Convert.ToInt32(Console.ReadLine());
                Console.Write(" 姓名 ");
                students[i].name = Console.ReadLine();
                Console.Write(" 性别 ");
                students[i].sex = Console.ReadLine();
                Console.Write(" 专业方向 ");
                students[i].direction = (Direction)int.Parse(Console.ReadLine());
                Console.Write(" 已获得学分 ");
                students[i].credit = Convert.ToInt32(Console.ReadLine());
                Console.Write(" 是否毕业 ");
                students[i].isGraduate = Convert.ToBoolean(Console.ReadLine());
            }
            Console.WriteLine("============= 学员信息表 =============");
            Console.WriteLine(" 学号 \t 姓名 \t 性别 \t 专业方向 \t 已获得学分 \t 是否毕业 ");
            foreach (Student stu in students)
            {
                Console.Write("{0}\t", stu.no);
                Console.Write("{0}\t", stu.name);
                Console.Write("{0}\t", stu.sex);
                Console.Write("{0}\t\t", stu.direction);
                Console.Write("{0}\t\t", stu.credit);
                Console.Write("{0}\t", stu.Status());
                Console.WriteLine();
            }
            Console.ReadKey();
        }
    }
```

运行结果如图 4-6 所示。

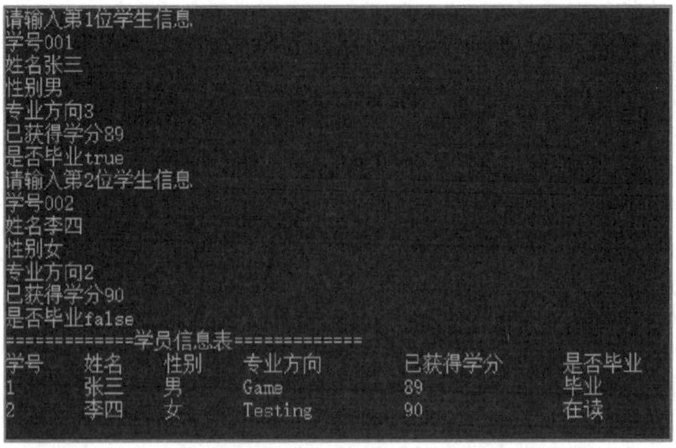

图 4-6　任务 4.2 运行结果

项目实训

【实训题目】

完成简单的电影院售票系统。

【实训目的】

1. 掌握枚举类型的定义和使用方法。
2. 掌握结构类型的定义和使用方法。

【实训内容】

编制控制台类型应用程序,完成简单的电影院售票系统。通过将适当的数据,例如电影播放信息等数据使用枚举类型来表示,电影票信息使用结构类型来表示,完成简单的电影院售票系统。

任务 4.3　委托和事件

学校举办运动会,男子 100 米跑步比赛正在举行,由发令员发出指令,各运动员呼到"跑"的指令后开跑。

微课 4-3
定义委托

 知识储备

4.3.1　委托

1. 定义委托

C# 的一个重要特性之一是支持委托(Delegate)和事件(Event)。委托和事件这两个概念是完全配合的。

如果读者学习过 C 语言,可能对函数指针有一定的理解,但 C 语言中的函数指针只是一个指向存储单元的指针,具体这个指针指向何处,人们并不清楚,对于参数和返回类型就更不清楚了。委托可以理解为函数指针,也就是说,它能够通过传递地址的机制完成引用函数,但是它比函数指针安全,也称委托是类型安全的。事件借助委托的帮助,使用委托调用已订阅事件的对象中的方法。

在前面介绍定义方法的时候,人们可以将基本数据类型作为方法的参数,也可以将类实例化的对象作为方法参数传递,而 C# 提供的委托可以将方法作为参数传递。委托定义了方法的类型,使得方法可以当作另一个方法的参数来进行传递。

教学课件 4-3-1
定义委托

微课 4-4
实例化委托和调用委托

使用委托可以将多个方法绑定到同一个委托变量。当调用此变量时，可以依次调用所有绑定的方法。使用委托需要执行以下步骤：
- 定义委托。
- 实例化委托。
- 调用委托。

委托的定义语法格式如下：

> [访问修饰符] delegate void 委托名 (参数类型 1　参数 1, 参数类型 2　参数 2,……);

源代码例 4.6

委托的定义用关键字 delegate 修饰。委托的特点是其类型安全性非常高。在定义委托时，必须给出委托所代表的方法的全部细节。委托的返回类型和参数列表共同组成委托的签名。

【例 4.6】 定义一个比较两个数大小的委托，返回类型为 int，参数列表包含两个 int 类型参数。

```
delegate int Max (int first, int second);
```

教学课件 4-3-2
实例化委托和调用委托

定义委托跟定义方法类似，只是没有方法体。定义委托可以理解为定义一个新类，所以可以在定义类的地方定义委托。同时，根据访问的需要，可以在定义上加上 public、private 和 protected 等访问修饰符。

2. 实例化委托和调用委托

（1）实例化委托

委托定义完后，就可以实例化了。实例化委托意味着引用某个方法。要实例化委托，就要调用该委托的构造函数，并将该委托关联的方法作为其参数传递。

【例 4.7】 实例化比较两个数大小的委托。

源代码例 4.7

```
delegate int Max(int first, int second);
class MaxData
{
    public int IntMax(int a, int b)
    {
        if (a > b)
            return a;
        else
            return b;
    }
    public double DoubleMax(double a, double b)
    {
        if (a > b)
            return a;
        else
            return b;
    }
```

}
class Test
{
    static void Main()
    {
        Max max;
        MaxData md = new MaxData();
        max = new Max(md.IntMax);// 实例化委托
    }
}

（2）调用委托

调用委托即使用委托对方法进行实例化。调用委托与调用方法类似，唯一的区别在于，不是调用委托的实现，而是调用委托关联的方法。

【例 4.8】 调用比较两个数大小的委托。

源代码例 4.8

```
delegate int Max(int first, int second);
class MaxData
{
    public int IntMax(int a, int b)
    {
        if (a > b)
            return a;
        else
            return b;
    }
    public double DoubleMax(double a, double b)
    {
        if (a > b)
            return a;
        else
            return b;
    }
}
class Test
{
    static void Main()
    {
        Max max;
        MaxData md = new MaxData();
        max = new Max(md.IntMax);// 实例化委托
        int a = max(2, 3);// 调用委托
        Console.WriteLine(a.ToString());
```

```
            //max = new Max(md.DoubleMax);// 错误代码，返回类型错误
            //double b =max(2.0, 3.0);// 重载与委托不匹配
            //Console.WriteLine(b.ToString());
            Console.ReadKey();

        }
    }
```

在本例中，分配给委托的方法必须要与委托的签名相符合，而方法可以是静态方法，也可以是实例方法。只要知道委托的签名，就可以分配自己的委托方法。

在 System 命名空间中，提供了一个常用的事件处理程序委托——EventHandler 委托，该委托表示将处理不包含事件数据的事件方法，其形式如下：

public delegate void EventHandler(Object sender, EventArgs e);

事件处理程序委托的标准签名定义一个没有返回值的方法。其第 1 个参数的类型为 Object，它引用引发事件的实例；第 2 个参数从 EventArgs 类型派生，它保存事件数据。如果事件不生成事件数据，则第 2 个参数只是 EventArgs 的一个实例。否则，第 2 个参数为从 EventArgs 派生的自定义类型，提供保存事件数据所需的全部字段或属性。

3. 多播委托

在前面介绍的委托中，每个委托都只包含一个方法的调用。在这种情况下，使用委托还不如直接使用方法来得直接，其实委托也可以包含多个方法，这个委托称为多播委托。

调用多播委托就可以连续调用多个方法，但委托的定义的返回类型必须是 void，而编译器在发现返回类型为 void 时，就会自动假定这是一个多播委托。

多播委托可以识别运算符 "+" 和 "+="，表示在委托中增加方法的调用；多播委托还可以识别运算符 "-" 和 "-="，表示从委托中删除方法调用。

微课 4-5
多播委托

【例 4.9】 使用多播委托实现问候语。

```
delegate void Del(string s);

class TestClass
{
    static void Hello(string s)
    {   System.Console.WriteLine("    Hello, {0}!", s);   }

    static void Goodbye(string s)
    {
        System.Console.WriteLine("    Goodbye, {0}!", s);
    }

    static void Main()
```

```
        {
            Del a, b, c, d;

            a = Hello;
            b = Goodbye;
            c = a + b;
            d = c - a;

            System.Console.WriteLine("Invoking delegate a:");
            a("A");
            System.Console.WriteLine("Invoking delegate b:");
            b("B");
            System.Console.WriteLine("Invoking delegate c:");
            c("C");
            System.Console.WriteLine("Invoking delegate d:");
            d("D");
            Console.ReadKey();
        }
}
```

图 4-7 【例 4.9】 运行结果

运行结果如图 4-7 所示。

4.3.2 事件

C# 使用 delegate 和 event 关键字提供了一个简洁的事件处理方案。在 C# 中，类和对象可以通过事件向其他类或对象通知发生的相关事情。将发生的事件通知给其他对象的对象称为发行者，一个对象订阅事件后，该对象成为订阅者。一个事件可以有一个或者多个订阅者，事件的发行者同时也可以是该事件的订阅者。

C# 中的事件处理主要有以下几个步骤：
- 定义事件。
- 订阅事件。
- 引发事件。

1. 定义事件

事件的定义语法如下：

[访问修饰符] event 委托名　事件名；

event 关键字用在发行者类中声明事件。定义事件时，发行者首先定义委托，然后根据该委托定义事件，例如：

```
public delegate void EventHandler(Object sender, EventArgs e);
public event EventHandler NoDataEventHandler;
```

上例中，先定义了一个名为 EventHandler 的委托，再定义了名为 NoData-EventHandler 的事件。使用委托可以限定事件引发方法的类型，即方法的参数个数、类型以及返回值等。

【例4.10】 定义比较两个数大小的事件。

源代码例4.10

```
class EventExample
{
    public delegate void DelegateMax(int first, int second);
    public event DelegateMax EventMax;
}
```

事件具有以下特点：
- 发行者确定何时引发事件，订阅者确定执行何种操作来响应该事件。
- 一个事件可以有多个订阅者，一个订阅者可以处理来自多个发行者的多个事件。
- 没有订阅者的事件永不被调用。

2. 订阅事件

订阅事件只是添加了一个委托，当引发事件的时候，该委托将调用一个方法。

订阅事件的形式如下：

```
EventExample ex = new EventExample();
ex.NoDataEventHandler +=
    new EventExample.EventHandler ( ex_NoDataEventHandler );
```

代码中，ex 对象订阅了事件 NoDataEventHandler。当事件 NoDataEventHandler 被引发时，则会执行名为 ex_NoDataEventHandler 的方法。

【例4.11】 订阅比较两个数大小的事件。

源代码例4.11

```
class EventExample
{
    public delegate void DelegateMax(int first, int second);
    public event DelegateMax EventMax;
}

class Test
{
    static void Main()
    {
        EventExample ee = new EventExample();
        ee.EventMax += new EventExample.DelegateMax(ee_EventMax);// 订阅事件
    }
}
```

教学课件 4-3-5
引发事件

微课 4-7
引发事件

3. 引发事件

引发事件和调用方法类似。引发事件时，将调用订阅此特定事件的对象的所有委托，如果没有对象订阅该事件，则事件引发时会发生异常。

【例 4.12】 引发比较两个数大小的事件。

源代码例 4.12

```
class EventExample
{
    public delegate void DelegateMax(int first, int second);
    public event DelegateMax EventMax;

    public void IntMax(int a, int b)
    {
        Console.WriteLine(" 判断两个数的大小 {0} 和 {1}, 较大的是: ", a, b);
        EventMax(a, b);
    }
}

class Test
{
    static void Main()
    {
        EventExample ee = new EventExample();
        ee.EventMax += new EventExample.DelegateMax(ee_EventMax);// 订阅事件
        ee.IntMax(2, 3);// 引发事件
        Console.ReadKey();
    }

    static void ee_EventMax(int first, int second)
    {
        if (first > second)
        {
            Console.WriteLine(first);
        }
        else
        {
            Console.WriteLine(second);
        }
    }
}
```

运行结果如图 4-8 所示。

判断两个数的大小2和3,较大的是:
3

图 4-8 【例 4.12】运行结果

1.3.3 程序集和反射

程序集是 .NET 框架应用程序的主要构造块。它是一个功能集合,并以实现单个单元的形式生成、版本化和部署。.NET 的应用程序由程序集(Assembly)、模块(Module)、类(Class)几个部分组成,而反射提供一种编程的方式,让程序员可以在程序运行期间获得这几个组成部分的相关信息。

1. 程序集

前面创建的程序，在 bin\debug 文件夹下会生成 exe 文件，通过双击该文件，程序会自动打开，实现所有功能。这是什么原因呢？这个编译好的 exe 文件就是程序集文件。程序集是 .NET 框架应用程序的生成块，它包含编译好的代码逻辑单元。

程序集由描述它的清单、类型元数据、MSIL 代码和资源组成，这些部分都分布在一个文件或多个文件中。一个项目对应一个程序集。项目名与程序集名相同。一般每创建一个 .NET 项目，IDE 就会自动生成一个 AssemblyInfo.cs 的文件。

2. 查看程序集

程序生成的程序集，如 exe、dll 文件等，是一个物理的逻辑单元。如何查看程序集呢？.NET 提供了一个简易的反编译工具 ILDasm，专门用于查看 IL 汇编语言，也可以查看程序集的类及类的成员等。具体查看步骤如下：

① 打开"命令提示符"窗口。

② 窗口中输入 ILDasm，弹出 ILDasm 程序窗口，选择"打开"命令，打开一个 exe 或者 dll 文件。此时，就能够将程序集中的内容显示出来。

③ 打开程序集清单，就可以看到版本号。打开类的方法，就可以查看 MSIL 代码。同时，右击 exe 格式的文件，可以查看到相应的程序集属性信息。

3. 反射

反射在编程中经常用到，例如输入一个类型，然后输入"."运算符时，程序就会弹出一个列表，列出该类型所能访问的属性、方法、事件等，这就是反射机制。反射可以获取已加载的程序集和在其中定义的类型信息。也可以通过反射在运行时创建类型实例，以及调用和访问这些实例。

通过 ILDasm 可以查看到程序集信息，使用的就是反射机制。反射的一个主要功能就是查找程序集信息。反射主要通过以下的类实现：

- System.Reflection.Assembly 类可以获得正在运行的装配件信息，也可以动态地加载装配件，以及在装配件中查找类型信息，并创建该类型的实例。
- System.Reflection.Type 类可以获得对象的类型信息，此信息包含对象的所有要素，如方法、构造器、属性等，通过 Type 类可以得到这些要素的信息，并且可以调用。
- System.Reflection.MethodInfo 类包含方法的信息。通过该类可以得到方法的名称、参数、返回值等，并且可以调用。

除此之外，还有 FiledInfo、EventInfo 等，这些类都包含在 System.Reflection 命名空间下。反射是一个非常强大的机制，利用反射，可以了解一些没有源代码程序的结构，可以获得程序集的元数据。

 任务实施

实现跑步比赛起跑指令发布的程序功能。

```
public delegate void EventHandler();
public class Starter
{
```

微课任务解决 4.3
起跑指令发布

```csharp
        public event EventHandler Notices;
        public void sendMessage()
        {
            if (Notices != null)  Notices();
        }
        public string Signal { get; set; }
    }
    public class Athlete
    {
        private string name;
        private Starter starter;
        public Athlete(string name, Starter starter)
        {
            this.name = name;
            this.starter = starter;
        }
        public void run()
        {
            if(starter.Signal=="跑")
                Console.WriteLine("收到 {0} 的信号，{1} 起跑",starter.Signal,name);
            else
                Console.WriteLine("{0} 在起跑线等待指令", name);
        }
    }

    class Program
    {
        static void Main(string[] args)
        {
            Starter starter = new Starter();
            starter.Notices += new EventHandler(new Athlete("丁一", starter).run);
            starter.Notices += new EventHandler(new Athlete("王二", starter).run);
            starter.Notices += new EventHandler(new Athlete("张三", starter).run);
            starter.Notices += new EventHandler(new Athlete("李四", starter).run);
            starter.Notices += new EventHandler(new Athlete("赵五", starter).run);
            Console.Write("请输入指令（各就各位 / 预备 / 跑）：");
            starter.Signal = Console.ReadLine();
            starter.sendMessage();
            Console.ReadKey();
        }
    }
```

运行结果如图 4-9 所示。

图 4-9　任务 4.3 运行结果

项目实训

【实训题目】
为汽车类设计"加油"事件。
【实训目的】
1. 掌握委托的定义和使用方法。
2. 掌握事件的定义和使用方法。
【实训内容】
编制控制台类型应用程序,为汽车类设计"加油"事件。通过定义委托的方式,实现汽车类的"加油"事件。

任务 4.4　字符串和正则表达式

实现对字符串的高级操作。编写一个程序,实现对诗词进行格式处理。为诗词添加诗名,将分号和句号后的诗句做换行处理,并将文本中的半角符号替换成为全角符号。

怒发冲冠,凭栏处,潇潇雨歇。抬望眼,仰天长啸,壮怀激烈。三十功名尘与土,八千里路云和月。莫等闲,白了少年头,空悲切。靖康耻,犹未雪;臣子恨,何时灭。驾长车踏破,贺兰山缺。壮志饥餐胡虏肉,笑谈渴饮匈奴血。待从头,收拾旧山河,朝天阙。

要求排版后的显示形式如下:
满江红
怒发冲冠,凭栏处,潇潇雨歇。
抬望眼,仰天长啸,壮怀激烈。
三十功名尘与土,八千里路云和月。
莫等闲,白了少年头,空悲切。
靖康耻,犹未雪;
臣子恨,何时灭。
驾长车踏破,贺兰山缺。
壮志饥餐胡虏肉,笑谈渴饮匈奴血。
待从头,收拾旧山河,朝天阙。

 知识储备

教学课件 4-4-1
String 类

4.4.1　字符串

在 C# 中,可以使用两种类型的字符串,一种是 String 类的实例,另一种是 StringBuilder 类的实例。两者的不同在于,前者是不可更改的字符串,后者是可更改的字符串；这两种类型的字符串可以相互转换。

String 类型的字符串比 StringBuilder 类型的字符串使用起来简单方便，但在程序中需要对字符串进行大量的修改时，一般使用 StringBuilder 类型的字符串以提高程序的性能。

1. String 类

首先了解一下字符。字符是组成 C# 程序代码的基本元素。源程序通常由字符组成，把一些字符按照一定意义组合，然后由编译器翻译成机器指令就可以完成指定的任务。除了普通字符之外，在程序中还包含着字符常量。字符常量可由一个整数值来表示，该值被称作字符码。例如，换行符"\n"可用整数 122 来表示。字符常量是建立在 Unicode 字符集基础之上的，Unicode 字符集是一个通用的字符集，其包含的符号和字母数量超过了 ASCII 字符集。

字符串是由被当作一个整体处理的一系列字符组成的。一个字符串中包含的字符可以是大、小写英文字母、汉字、数字以及 *、# 等特殊符号。

C# 中的字符串分为两种：一种是不可变字符串，另一种是可变字符串。其中，不可变字符串是 System 命名空间中 String 类的对象（在前面的许多程序中用到的 string 关键字是 String 类的别名，即在 C# 程序中，可以在需要使用 String 的地方改用 string 替换），在前面的程序示例中用到的字符串大多都是这种类型的字符串。

C# 中的 String 类提供了很多的功能，例如比较、读取和搜索 String 对象的内容的方法。虽然 String 类的功能很强，但 String 类型的字符串仍是不可改变的，也就是说，一旦创建了 String 类的对象实例，就不能够再修改该实例了。

例如：

```
string str1 = "hello";
str1 = "world";
```

上例表面上看，好像能够修改已经定义字符串，但已创建的 String 类对象实例其实是不能被修改的，它实际上是在原有 String 类对象实例的基础上创建了新的 String 类对象实例。上例中的第二个 str 已经不是原来的 str 了，它是新创建的一个 String 类对象实例。

教学课件 4-4-2
格式化字符串

使用字符串时，有时会在字符串中包含一些特殊的字符，如"\"字符。这种情况下，需要使用转义符"\"将其后面的字符作为原义字符处理。另外，还可以使用"@"字符放在原义字符前，此时，@ 符号相当于整个字符串的转义。例如，字符串 @"c:\abc" 等价于 "c:\\abc"。

2. 对 String 类字符串进行格式化

前面介绍了使用 Console.WriteLine() 方法，当使用该方法进行输出时，除非执行了特殊的格式化操作，否则任何格式的字符串都会默认为 String 类型。通常，各种不同类型的数据，如数字、字符串和日期等，需要进行更为完善的格式化。

使用基本的字符串格式化可以将数据插入到字符串中的某些位置。这些插入位置是由带有序号的占位符来表示的，这些序号对应于插入项的顺序。

字符串 String 的基本格式化原型如下：

微课 4-8
格式化字符串

string string.Format(string format,object arg0,object arg1,…);

其中 format 是包含一个或多个占位符的字符串，其基本的形式如下。

"{0}{1}……"，标有序号的占位符都是从 0 开始编号的，对应给后面的参数 arg 的插入次序，最后 Format 方法返回一个带格式的字符串。

常见的格式说明符见表 4-2 和表 4-3。

表 4-2 标准日期和时间格式说明符

格式说明符	名称	说明	基本形式
d	短日期模式	MM/dd/yyyy	{0: d}
D	长日期模式	dddd, dd MMMM yyyy	{0: D}
t	短时间模式	HH:mm	{0:t}
T	长时间模式	HH:mm:ss	{0:T}
f	完整日期/时间模式（短时间）	dddd, dd MMMM yyyy HH:mm	{0:f}
F	完整日期/时间模式（长时间）	dddd, dd MMMM yyyy HH:mm:ss	{0:F}
M 或 m	月和日模式	dd MMMM	{0:m}
Y 或 y	年和月模式	MMMM yyyy	{0:y}

表 4-3 数字格式说明符

格式说明符	名称	说明	基本形式
C 或 c	货币	数据前加货币符号	{0:c}
E 或 e	科学计数法	科学计数法	{0:e}
F 或 f	定点	带两位小数输出	{0:f}
N 或 n	数字	千位带逗号分隔符	{0:n}
P 或 p	百分比	以百分比显示	{0:p}
X 或 x	十六进制数	以大（小）写十六进制数显示	{0:X} 或 {0:x}

【例 4.13】按照指定格式输出商品信息，格式见表 4-4。

表 4-4 商 品 表

货号	商品名称	进货价（元）	利润率	售价（元）
0001	X 洗发水	¥10.00	50.00%	¥15.00

源代码例 4.13

```
class Program
{
    static void Main(string[] args)
    {
        string id = "0001";
        string name = "X 洗发水 ";
        decimal inprice = 10M;
        float profit = 0.5f;
```

```
        decimal outprice = 15M;

        Console.WriteLine("{0,30}", " 商品表 ");
        Console.WriteLine();
        Console.Write(" 货号 ");
        Console.Write("{0,10}", " 商品名称 ");
        Console.Write("{0,10}", " 进货价（元）");
        Console.Write("{0,8}", " 利润率 ");
        Console.WriteLine("{0,10}", " 售价（元）");
        string s = string.Format("{0,-10}{1,-10}{2,-15: ￥0.0}{3,-12:0.00%}{4,-10:"+"
￥0.0}", id, name, inprice, profit, outprice);
        Console.WriteLine(s);
        Console.ReadKey();
    }
}
```

运行结果如图 4-10 所示。

图 4-10 【例 4.13】运行结果

说明：

{0，n} 表示数据所占的宽度，n 是一个整数，如果实际输出的字符串长度小于 n，则不足部分用空格补齐；如果输出字符串大于 n，则按实际的字符串输出。n 为正整数时，字符串是按右对齐；n 为负整数时，字符串是按左对齐。

3. StringBuilder 类

如前所述，String 类型的字符串是不能修改的，如果要向 String 类型的字符串后面追加一个字符串，那么结果将是用原有的字符串和要追加的字符串创建一个新的字符串。由于 String 类型的字符串具有不可改变性，当程序中需要执行大量的字符串操作时，字符串的不可改变性将会导致程序的性能下降。

在 C# 中，还可以使用 StringBuilder 类型的字符串，它们是可以修改的。当需要完成大量的工作来修改字符串时，使用 StringBuilder 类型的字符串是最好的选择。可变字符串是 System.Text 命名空间中 StringBuilder 类的对象。

（1）追加字符串

StringBuilder 类最基本的用途就是进行字符串串联，也就是通过多个字符和其他值来建立目标字符串。

- Append 方法。StringBuilder 类提供了 Append 方法来将一些值追加到当前字符串的结尾处。
- AppendFormat 方法。除了能够将一些值追加到当前字符串之外，使用 StringBuilder 类的 AppendFormat 方法还能够追加格式化的字符串，有了 AppendFormat 方法，就不必再使用 string 类的 Format 方法，因而也就无须再创建多余的字符串了。

教学课件 4-4-3
追加、插入和替换
字符串

微课 4-9
追加、插入和替换
字符串

AppendFormat 方法有 4 种重载形式，分别如下：

```
AppendFormat(string,Object[ ])
AppendFormat(string,Object,Object)
AppendFormat(string,Object,Object,Object)
AppendFormat(IFormatProvider,string,Object)
```

【例 4.14】 合并指定字符串。

源代码例 4.14

```
class Program
{
    static void Main(string[] args)
    {
        StringBuilder MyAddress = new StringBuilder(" 重庆市 ");
        MyAddress.Append(" 沙坪坝区 ");
        Console.WriteLine(MyAddress);

        int MyPrice = 25;
        StringBuilder MyStringBuilder = new StringBuilder(" 邮资一共是 ");
        MyStringBuilder.AppendFormat("{0:C} ", MyPrice);
        Console.WriteLine(MyStringBuilder);
    }
}
```

图 4-11 【例 4.14】运行结果

运行结果如图 4-11 所示。

（2）插入字符串

字符串的插入是 StringBuilder 类提供的另一个常用方法。插入字符串所用的 Insert 方法具有多个重载形式，其中的几种如下：

```
Insert(int,bool)
Insert(int,char)
Insert(int,char[])
Insert(int,Object)
Insert(int,string,countInt)
Insert(int,char[],beginInt,numberInt)
```

【例 4.15】 整理地址信息。

源代码例 4.15

```
class Program
{
    static void Main(string[] args)
    {
        StringBuilder MyAddress = new StringBuilder(" 北京 ");
        MyAddress.Insert(0," 中国 ");
        Console.WriteLine(MyAddress);

    }
}
```

运行结果如图 4-12 所示。

图 4-12 【例 4.15】运行结果

（3）替换字符串

有时，会遇到这样的情况，在模板的基础上生成字符串，并用一些值来替换模板中的标记或子字符串。事实上，Visual Studio.NET 也是这样工作的。每个项目都是在一个模板文件的基础上创建的，新创建的源代码文件也是从一个模板生成的，然后根据项目类型、项目名称以及其他选项来替换文件中的各种标记。使用 StringBuilder 类的 Replace 方法也可以实现同样的效果，它能将字符串中所有指定的字符或字符串替换为其他指定的字符或字符串。

替换字符串方法具有下列重载形式：

```
StringBuilder Replace(char oldChar, char newChar)
StringBuilder Replace(char oldChar, char newChar, int startIndex, int count)
StringBuilder Replace(string oldValue, string newValue)
StringBuilder Replace(string oldValue, string newValue, int startIndex, int count)
```

【例 4.16】 改变文本中的年份信息。

```
class Program
{
    static void Main(string[] args)
    {
        StringBuilder MyText = new StringBuilder("2020 年的目标是要做成 2020 件好事 ");
        MyText.Replace("2020", "2021");
        Console.WriteLine(MyText);
    }
}
```

运行结果如图 4-13 所示。

图 4-13 【例 4.16】运行结果

4.4.2 DateTime 类

C# 中的 DateTime 类提供了一些常用的日期时间方法与属性，该类属于 System 命名空间。对于以当前日期时间为参照的操作，可以使用该类的 Now 属性及其方法。

日期时间类的 Now 属性的常用方法格式为：

DateTime.Now. 方法名称（参数列表）

日期时间类的 Now 属性的常用属性格式为：

DateTime.Now. 属性名称

【例 4.17】 取系统当前的日期和时间，依次输出该日期的长日期和时间、年、月、日、时、分、秒，以及星期数。

源代码例 4.17

```
class Program
{
    static void Main(string[] args)
    {
        DateTime dt = DateTime.Now;
        Console.WriteLine(" 长日期时间：{0,10:f}", dt);
        Console.WriteLine(" 年：{0,10:yyyy}", dt);
        Console.WriteLine(" 月：{0,10:MM}", dt);
        Console.WriteLine(" 日：{0,10:dd}", dt);
        Console.WriteLine(" 时：{0,10:hh}", dt);
        Console.WriteLine(" 分：{0,10:mm}", dt);
        Console.WriteLine(" 秒：{0,10:ss}", dt);
        Console.WriteLine(" 星期：{0,5:dddd}", dt);
        Console.ReadKey();
    }
}
```

运行结果如图 4-14 所示。

图 4-14 【例 4.17】运行结果

4.4.3 正则表达式和 Regex 类

教学课件 4-4-5
正则表达式

1. 正则表达式

正则表达式是一种用来描述一定数量文本的模式。

常用的正则表达式符号如下。

- \d：0～9 的数字。
- \D：\d 的补集（以所有字符为全集，下同），即所有非数字的字符。
- \w：单词字符，指大小写字母、0～9 的数字、下画线。
- \W：\w 的补集。
- \s：空白字符，包括换行符 \n、回车符 \r、制表符 \t、垂直制表符 \v、换页符 \f。
- \S：\s 的补集。
- .：除换行符 \n 外的任意字符。
- [⋯]：匹配 [] 内所列出的所有字符。

- [^…]：匹配非 [] 内所列出的字符。

"定位字符"所代表的是一个虚的字符，它代表一个位置，也可以直观地认为"定位字符"所代表的是某个字符与字符间的那个微小间隙。

- ^：表示其后的字符必须位于字符串的开始处。
- $：表示其后的字符必须位于字符串的结束处。
- \b：匹配一个的单词的边界。
- \B：匹配一个非单词的边界。

另外，还包括 \A（前面的字符必须位于字符串的开始处）、\z（前面的字符必须位于字符串的结束处）、\Z（前面的字符必须位于字符串的结束处，或者位于换行符前）。

"重复描述字符"是体现 C# 正则表达式强大的地方之一。

- {n}：匹配前面的字符 n 次。
- {n，}：匹配前面的字符 n 次或多于 n 次。
- {n，m}：匹配前面的字符 n 到 m 次。
- ?：匹配前面的字符 0 或 1 次。
- +：匹配前面的字符 1 次或多于 1 次。
- *：匹配前面的字符 0 次或多于 0 次。

例如，使用正则表达式实现下述要求。

① 验证输入字符是否为大写字母：^[A-Z]+$。
② 验证小数是否正确：^[0-9]+(.[0-9]{2})?$。
③ 验证身份证号是否正确：(^\d{18}$)|(^\d{15}$)。

教学课件 4-4-6
Regex 类

微课 4-10
Regex 类

2. Regex 类

Regex 类表示只读正则表达式类。Regex 类所在的命名空间名是 System.Text.RegularExpressions。其中包含各种静态方法，其中比较重要的有 IsMatch() 方法。

【例 4.18】 判断输入的金额格式是否正确。

源代码例 4.18

```
public static class RegLibrary
{
    public static bool IsNumber(string v)
    {
        return System.Text.RegularExpressions.Regex.IsMatch(v, @"^(-?\d+)(\.\d+)?$")
?true:false;
    }
}
class Test
{
    static void Main()
    {
        Console.WriteLine(" 请输入金额 ");
        string s = Console.ReadLine();
        if (RegLibrary.IsNumber(s))
```

```
                Console.WriteLine(" 输入格式正确 ");
            }
            else
            {
                Console.WriteLine(" 输入格式不正确 ");
            }
            Console.ReadKey();
        }
    }
```

运行结果如图 4-15 所示。

图 4-15 【例 4.18】
运行结果

 任务实施

实现对字符串的高级操作，对诗词进行排版。

微课任务解决 4.4
对诗词进行排版

源代码任务 4.4
对诗词进行排版

```
class Program
{
    static void Main(string[] args)
    {
        Poem po = new Poem();
        Console.WriteLine(" 重新排版后的诗词：");
        Console.WriteLine(po.ChangePoem());
        Console.ReadKey();
    }
}

class Poem
{
//字符串不可直接换行，读者根据实际情况，自行调整
string poem = " 怒发冲冠，凭栏处，潇潇雨歇。抬望眼，仰天长啸，壮怀激烈。三十功名尘与土，八千里路云和月。莫等闲，白了少年头，空悲切。靖康耻，犹未雪；臣子恨，何时灭。驾长车踏破，贺兰山缺。壮志饥餐胡虏肉，笑谈渴饮匈奴血。待从头，收拾旧山河，朝天阙。";

    public StringBuilder ChangePoem()
    {
        StringBuilder sb = new StringBuilder(poem);
        string s = sb.ToString();
        for (int i = s.Length - 1; i >= 0; i--)
        {
            If (s[i] = = '.' || s[i] = = ';')
                sb.Insert(i + 1, "\n");
        }
        sb.Insert(0, " 满江红 \n");
        sb.Replace(',', ',');
```

```
            sb.Replace('.', '。');

            return sb;
        }

}
```

运行结果如图 4-16 运行结果。

 项目实训

【实训题目】
编写简单点菜程序。
【实现目的】
1. 掌握字符串的使用方法，能够灵活地使用字符串。
2. 掌握正则表达式对字符的校验。
【实训内容】
内容：编制控制台类型应用程序，实现简单点菜程序。要求根据客人的点菜，生成每日的菜单，并显示每单菜的总额。

图 4-16 任务 4.4 运行结果

任务 4.5　集合和泛型

实现简单迷宫。寻找一条从入口到出口的通路，如图 4-17 所示。

动画 4.2 走迷宫

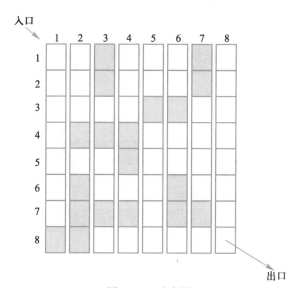

图 4-17 迷宫图

知识储备

4.5.1 集合

如果对象可以提供对相关对象的引用，那么它就是一个集合，它可以遍历集合中的每个数据项。专业的说法是，所有实现了 System.Collections.IEnumerable 接口的类的对象都是集合。数据集合类位于 System.Collections 命名空间中。

在前面介绍数组时曾提到，数组是将多个类型相同的元素存储在一起，这样的存储方式能够为人们的访问带来许多便利。如果能将紧密相关的数据组合到一个集合中，则能更有效地处理这些相关的数据，集合就是一组组合在一起的类似的类型化对象。C# 框架类库中提供了丰富的集合操作类，如 ArrayList、Queue、Stack 和 HashTable 等。

1. ArrayList 类

集合的优点如下：

- 数组 Array 是固定大小的，不能伸缩；而集合却是可变长的。
- 数组要声明元素的类型，集合类的元素类型却是 object。
- 数组可读、可写但不能声明只读数组。集合类可以提供 ReadOnly 方法，从而以只读方式使用集合。

集合的属性如下：

- 修改或者获取 ArrayList 的容量。
- 使用 Capacity 属性，通过设置该属性的值可以修改 ArrayList 的容量，读取该属性的值可以获取 ArrayList 的容量。

当为 ArrayList 对象添加的数据元素的个数超出初始化时指定的数据项个数时，ArrayList 对象的容量还可以自动增长，默认增长后的容量为原来的两倍，即数据项的个数为初始化时的两倍。

ArrayList 是 C# 中比较高级的集合操作类，它在数组（Array 类）的基础上添加了一些通用的操作，扩充了数组的功能，也称为动态数组。

ArrayList 常用的属性和方法见表 4-5。

表 4-5 ArrayList 常用的属性和方法

属性	说明
Capacity	获取或设置集合可包含的元素数
Count	获取集合中实际包含的元素数
方法	说明
Add	将元素添加到集合的结尾处
Clear	从集合中移除所有元素
CopyTo	将 ArrayList 或它的一部分复制到一维数组中
Insert	将元素插入到集合的指定索引处
Remove	从集合中移除特定值的第一个匹配项

方法	说 明
RemoveAt	移除集合中指定索引处的元素
Reverse	将集合中元素的顺序反转
Sort	将集合或集合的一部分进行排序

【例 4.19】 歌唱比赛计分器。从键盘输入评委打出的分数，去掉一个最高分和一个最低分，显示平均分。

源代码例 4.19

```
using System.Collections;
class Program
{
    static void Main(string[] args)
    {
        Score s = new Score();
        s.AddMark();
        s.Del();
        Console.WriteLine(" 平均分是 {0}",s.Average());
        Console.ReadKey();
    }
}

class Score
{
    ArrayList al = new ArrayList();
    public void AddMark()
    {
    int i = 0;
    while (true)
    {
        Console.WriteLine(" 请输入评为分数 , 以 -1 结束 ");
        i = int.Parse(Console.ReadLine());
        if (i != -1)   al.Add(i);
        else break;
    }
}

public void Del()
{
    if (al.Count>2)
    {
        al.Sort();
        al.RemoveAt(0);
        al.RemoveAt(al.Count − 1);
    }
}
```

```
public double Average()
{
        double sum = 0;
        foreach (int i in al) { sum += i;   }
        return sum / al.Count;
}
}
```

运行结果如图 4-18 所示。

图 4-18 【例 4.19】运行结果

2. Queue 类

Queue 是先进先出的集合类，也称为队列。队列的特性是一端进，一端出，即先进入队列的元素将会先从出口出来。队列一般有入队和出队的操作。使用 Enqueue 方法入队列，使用 Dequeue 方法出队列。

【例 4.20】 舞伴配对问题。假设在周末舞会上，男士们和女士们进入舞厅时，各自排成一队。开始跳舞时，依次从男队和女队的队头上各选出一人配成舞伴。若两队初始人数不相同，则较长的那一队中未配对者等待。

```
using System.Collections;
class Program
{
    static void Main(string[] args)
    {
        Queue male=new Queue();
        Queue female=new Queue();
        string[] M = new string[] {"Kate", "Rose", "Wendy" };
        string[] F = new string[] { "Mike", "Jack", "Tom", "Jerry" };
        foreach  (string item in M)
        {
            male.Enqueue(item);
        }
        foreach  (string item in F)
        {
            female.Enqueue(item);
        }
        int i = M.Length;
```

```
                int j = F.Length;
                while (i > 0 || j > 0)
                {
                    if (male.Count > 0 && female.Count > 0)
                    {
                        Console.WriteLine(" 下一对是： "+male.Dequeue()+"----"+ female.Dequeue());
                    }
                    else if ((male.Count > 0) && (female.Count = = 0))
                        Console.WriteLine(" 等待女舞伴 .");
                    else if ((female.Count > 0) && (male.Count = = 0))
                        Console.WriteLine(" 等待男舞伴 .");
                    i--;
                    j--;
                }
            }
        }
```

运行结果如图 4-19 所示。

图 4-19 【例 4.20】运行结果

3. Stack 类

Stack（栈）是具有"先进后出"特点的数据结构。使用 Push 方法入栈，使用 Pop 方法出栈。Stack 类是又一重要的集合类，它的功能与 Queue 相似，但也有不同。它的特点是后进先出，即最后进入的元素会最先出来。栈一般有进栈和出栈的操作。

【例 4.21】 实现数值进制的转换。

```
using System.Collections;
class Program
{
    static string Convert(int i, int j)
    {
        if (i < 2 || j > 16) {   return    " 只能将十进制转化为二到十六进制 ";   }

        Stack stack = new Stack();

        do
        {
            int k = i % j;
            char c = (k < 10) ? (char)(k + 48) : (char)(k + 55);
            stack.Push(c);
        } while((i=i/j)!=0);
```

```
            string s="";
            while (stack.Count>0)
            {
                s += stack.Pop().ToString();
            }
            return s;
        }
        static void Main(string[] args)
        {
            Console.WriteLine(" 请输入一个十进制数: ");
            int    i =int.Parse(Console.ReadLine());
            Console.WriteLine(" 请输入要转换的进制: ");
            int    j = int.Parse(Console.ReadLine());
            Console.WriteLine(Convert(i, j));
            Console.ReadKey();
        }
}
```

图 4-20 【例 4.21】
运行结果

运行结果如图 4-20 所示。

4. HashTable 类

HashTable 即哈希表，表示键（key）/ 值（value）对的集合，这些键 / 值对根据键的哈希代码进行组织，每一个元素都是一个存储在字典实体对象中的键 / 值对。HashTable 像一个字典，根据键可以找到相应的值。哈希表提供了添加元素和访问元素等方法。哈希表是经过优化的，访问下标的对象首先进行散列处理。如果以任意类型键值访问其中元素会快于其他集合。GetHashCode() 方法返回一个 int 型数据，使用这个键的值生成该 int 型数据。哈希表获取这个值，最后返回一个索引，表示带有给定散列的数据项在字典中存储的位置。常见的哈希表操作有构造哈希表、删除哈希表元素和遍历哈希表。

【例 4.22】 商品信息处理。

```
using System.Collections;
class Program
{
    static void Main(string[] args)
    {
        Hashtable h = new Hashtable(3);
        h.Add(1,"0001");
        h.Add(2," 洗发水 ");
        h.Add("decimal",15);

        foreach (DictionaryEntry item in h)
        {
            Console.WriteLine("{0}    {1}",item.Key,item.Value);
        }
```

```
        h.Remove("decimal");
        Console.WriteLine("\n 删除后的哈希表 ");
        foreach (DictionaryEntry item in h)
        {
            Console.WriteLine("{0}    {1}", item.Key, item.Value);
        }

        Console.ReadKey();
    }
}
```

运行结果如图 4-21 所示。

图 4-21 【例 4.22】运行结果

4.5.2 泛型

所谓泛型，即通过参数化类型来实现在同一份代码上操作多种数据类型。泛型编程是一种编程范式，它利用"参数化类型"将类型抽象化，从而实现更为灵活的复用。

C# 泛型赋予了代码更强的类型安全、更好的复用、更高的效率、更清晰的约束。

泛型是在 C#2.0 引入的。泛型的字面意思是在多种数据类型上皆可操作，与模板有些相似。泛型引入了类型参数化的概念，能够实现定义的泛型类和方法将一个或多个类型的指定推迟到客户端代码声明并实例化该类或方法的时候。在编写其他客户端代码时使用的单个类，不会引入运行时强制转换或装箱操作的成本或风险。只要提供数据类型就能使用这些强有力的数据结构。

泛型的特点如下：
- 如果实例化泛型类型的参数相同，那么 JIT 编译器会重复使用该类型。
- C# 的泛型类型可以应用于强大的反射技术。
- 泛型无须类型的转换操作，减少了装箱和拆箱的操作，使性能得到了提高。
- 泛型类型的声明不仅可单独声明，也可在基类中包含泛型类型的声明。
- 使用泛型类型可以最大限度地重用代码、保护类型的安全以及提高性能。泛型最常见的用途是创建集合类。

.NET 2.0 的 System.Collections.Generics 命名空间包含了泛型集合定义。各种不同的集合 / 容器类都被"参数化"了。为使用它们，只需简单地指定参数化的类型即可。

编程时需要引入 System.Collection.Generic 命名空间，最为常用的有以下两个：
- List<T>。T 类型对象的集合，使用方法与 ArrayList 类似，但它不仅比 ArrayList 更安全，而且明显地更加快速。
- Dictionary<K，V>。V 类型的项与 K 类型的键值相关的集合，可以理解为 Dictionary 是 HashTable 的泛型版本。

1. 泛型集合

泛型是 C#2.0 提供的新特性，通过泛型类能更好更安全地操作元素。

泛型集合具有很强类型安全性。在 System.Collections.Generic 命名空间中定义了许多泛型集合类，这些集合可以用来代替之前介绍的集合操作类。

2. 使用泛型集合 List<T>

创建 T 类型对象的泛型集合语法如下：

List<T> 泛型对象名 =new List<T>();

其中的 List<T> 中的 T 被相应的数据类型所代替。在实例化泛型时，不要忘记最后的"()"。定义一个 List<T> 泛型集合以后，可以像 ArrayList 一样对元素添加、删除和遍历。

- Add()。向列表尾部添加，输入参数为 T 类型数据。
- AddRange()。向列表尾部添加，输入参数为 T 类型对象组。
- Insert()。向指定位置添加，输入数据为位置索引和要添加的对象（T 类型）。

示例：类型安全的泛型列表。

```
List<int> aList = new List<int>();
aList.Add(3);
aList.Add(4);
// aList.Add(5.0);
Int total = 0;
foreach (int val in aList)
{
    total = total + val;
}
Console.WriteLine("Total is {0}", total);
```

在本例中，编写了一个泛型的列表的例子，在尖括号内指定参数类型为 int。该代码的执行将产生结果"Total is 7"。现在，如果去掉语句 aList.Add（5.0）的注释，将出现一个编译错误。编译器指出它不能发送值 5.0 到方法 Add()，因为该方法仅接受 int 型。这里的代码实现了类型安全。

【例 4.23】 创建一个泛型类。

```
public class MyList<T>
{
    private static int objCount = 0;
    public MyList(){ objCount++; }

    public int Count
    { get { return objCount; } }
}
```

```
class SampleClass { }

class Program
{
    static void Main(string[] args)
    {
        MyList<int> myIntList = new MyList<int>();
        MyList<int> myIntList2 = new MyList<int>();
        MyList<double> myDoubleList = new MyList<double>();
        MyList<SampleClass> mySampleList = new MyList<SampleClass>();
        Console.WriteLine(myIntList.Count);                      //输出 2
        Console.WriteLine(myIntList2.Count);                     //输出 2
        Console.WriteLine(myDoubleList.Count);                   //输出 1
        Console.WriteLine(mySampleList.Count);                   //输出 1
        Console.WriteLine(new MyList<SampleClass>().Count);      //输出 2
        Console.ReadLine();
    }
}
```

运行结果如图 4-22 所示。

图 4-22 【例 4.23】
运行结果

【例 4.24】 编程判断一个字符串是否是回文。回文是指一个字符序列以中间字符为基准两边字符完全相同，如字符序列 **ACBDEDBCA** 是回文。

算法思想：判断一个字符序列是否是回文，就是把第 1 个字符与最后 1 个字符相比较，第 2 个字符与倒数第 2 个字符比较，依次类推，第 i 个字符与第 n-i 个字符比较。如果每次比较都相等，则为回文，如果某次比较不相等，就不是回文。因此，可以把字符序列分别入队列和栈，然后逐个出队列和出栈并比较出队列的字符和出栈的字符是否相等，若全部相等则该字符序列就是回文，否则就不是回文。

源代码例 4.24

使用队列和栈的程序如下：

```
class Program
{
    static void Main(string[] args)
    {
        Stack<char> s = new Stack<char>(50);
        Queue<char> q = new Queue<char>(50);
        string str = Console.ReadLine();
        for (int i = 0; i < str.Length; ++i)
        {
            s.Push(str[i]);
            q.Enqueue(str[i]);
        }
        while (s.Count != 0 && q.Count != 0)
        {   if (s.Pop() != q.Dequeue()) break;   }
```

```
            if (s.Count != 0 || q.Count != 0)
            { Console.WriteLine(" 这不是回文！ "); }
            else
            { Console.WriteLine(" 这是回文！ ");        }
            Console. ReadKey();
        }
    }
```

运行结果如图 4-23 所示。

图 4-23 【例 4.24】运行结果

3. 使用泛型集合 Dictionary<K,V>

泛型集合 Dictionary<K,V> 存储数据的方式和哈希表类似，通过键 / 值对来保存数据。它具有泛型的全部特征，编译时检查类型约束，获取元素时无须类型转换。其定义语法如下：

Dictionary<K,V> t=new Dictionary<K,V>();

泛型提供了很好的类型安全策略，添加、删除、遍历等操作和 HashTable 是类似的。

微课任务解决 4.5
走迷宫

任务 4.5
实施源代码

任务实施

扫描二维码查看任务实施源代码。
运行结果如图 4-24 所示。

图 4-24 任务 4.5 运行结果

  项目实训

【实训题目】
创建简单学生管理系统。
【实训目的】
1. 掌握常用集合类的使用方法。
2. 掌握泛型的定义和使用方法。

【实训内容】

内容：编制控制台类型应用程序，创建简单学生管理系统。引用泛型类实现简单学生管理系统的对象的建立，合理使用集合类完成简单学生管理系统。

单元小结

C#的魅力不仅仅在于它是一个面向对象程序设计语言，除此以外，它还有自己的一些特点，如泛型、集合等。

本单元首先介绍了异常处理，以帮助人们对程序在运行时出现的问题能够有一定的控制，接下来介绍了自定义类型——枚举类型和结构类型，委托和事件，字符串和正则表达式，最后介绍了集合和泛型的概念。

单元 5

Windows 窗体

学习目标

【知识目标】

- 掌握 Windows 窗体项目的创建方法
- 理解控件的继承层次
- 掌握资源文件和配置文件的使用
- 掌握常用控件的属性、事件和方法
- 掌握用户控件的使用
- 能根据需要创建用户界面

【能力目标】

- 能使用控件创建用户界面
- 能理解图形界面中的事件驱动编程机制
- 能正确使用控件和组件来处理用户输入及显示数据
- 能编写窗体程序解决实际问题

单元 5 电子教案

 场景描述

通过前面单元的学习，阿蔡对 C# 编程的基础知识及面向对象程序设计方法有了深入的认识，写起程序也得心应手了。不过，阿蔡渐渐有些疑惑：每次按 F5 键执行程序后，屏幕上出现的都是黑漆漆的控制台界面，一点也不好看，而小强最近刚用 Visual Studio 做了一个理财系统，里面有图有表，还有菜单，这是怎么回事呢？正在阿蔡百思不得其解的时候，小强过来了。

小强：阿蔡，学得不错嘛，继续加油。从今天起，我们开始学习窗体程序设计。窗体程序设计也叫作用户界面（User Interface，UI）程序设计。窗体程序和之前学习的控制台程序不一样，运行时显示的是一个窗体，可以通过单击按钮这样的控件来进行一些操作，在编写代码方面也有所不同。

阿蔡：如果我学会了，就可以做出你上回开发的那种理财系统了吧？

小强：对呀，要做类似理财系统这样的程序，学会 UI 程序设计是很重要的一步。

阿蔡：这个 UI 程序设计学起来是不是很难？

小强：非也，非也。Visual Studio 提供了强大的所见即所得的开发环境，只需要把控件从 Visual Studio 的工具箱拖到窗体中，再编写控件的一些代码就可以了。

阿蔡：赶紧的，我们来学习吧。

任务 5.1　创建 Windows 应用程序

设计一个"登录"窗体如图 5-1 所示，用户输入用户名和密码，程序判断是否正确。如果错误，则给出提示；如果正确，则显示主窗体。

图 5-1　"登录"窗体

知识储备

5.1.1 创建 Windows 窗体应用程序

Windows 窗体应用程序也叫作桌面程序，它拥有图形用户界面（Graphic User Interface，GUI）。和控制台应用程序相比，窗体应用程序的界面更加友善，程序的输入/输出借助于窗体中各个直观的控件来实现。窗体程序的出现改变了代码的执行方式，也改变了人们使用程序的方式。

Windows 窗体，具体地说，就是 .NET 类库中 System.Windows.Forms 里面的 Form 类。Form 类是应用程序中所显示的任何窗口的表示形式。Form 类可用来创建标准窗口、工具窗口、无边框窗口和浮动窗口，还可以创建模式窗口或者包含子窗口的多文档界面（Multiple Document Interface，MDI）窗口。

下面通过一个简单的示例来学习编写窗体程序的过程。

教学课件 5-1-1
创建一个 Windows
应用程序

微课 5-1
创建一个 Windows
应用程序

> 【例 5.1】 创建窗体程序项目。在窗体中放置一个标签、一个文本框和一个按钮。标签里面显示提示"请输入你的大名："，在文本框中输入一个名字后，单击按钮，弹出对话框显示"欢迎你使用 WinForms，XXX！"。

在 Visual Studio 中选择"文件"→"新建"→"项目"菜单命令，打开"新建项目"对话框，如图 5-2 所示。

源代码例 5.1

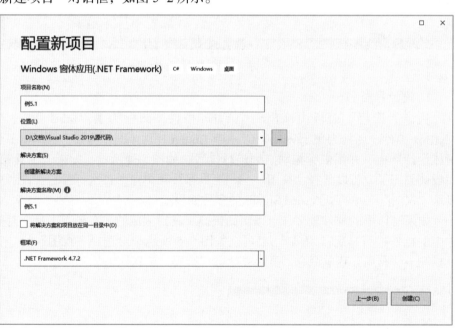

图 5-2 【新建项目】对话框

在"新建项目"对话框左边列表框中选择"Visual C#"选项，在中间的列表框中选择"Windows 窗体应用程序"选项，将项目名称设置为"例 5.1"，设置解决方案名称为"例 5.1"。

添加"例 5.1"项目后，Visual Studio 界面如图 5-3 所示。

在图 5-3 中，左边的面板是"工具箱"，其中列出的是构成窗体界面的零件，称为"控件"。在右下角可以看见"属性"标签，单击它可以显示"属性"面板。"属性"面板中显示窗体设计器中当前选中的控件或组件的属性和事件。

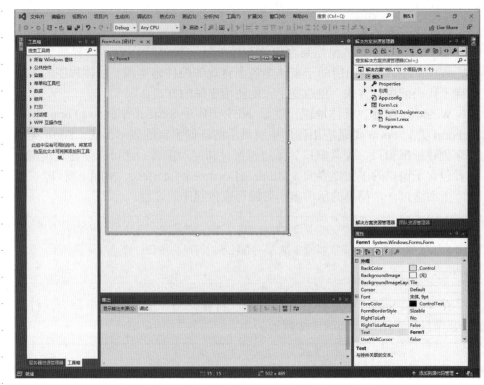

图 5-3　添加"例 5.1"项目后的 Visual Studio 界面

1. 设计界面

从"工具箱"面板中拖出一个 Label 控件（图标为 **A** Label）、一个 TextBox 控件（图标为 TextBox）、一个 Button 控件（图标为 Button）到窗体设计器中，并用鼠标拖动它们进行排版，如图 5-4 所示。如果"工具箱"面板被关闭了，可以选择"视图"→"工具箱"菜单命令再次打开它。读者可以从"视图"菜单打开 Visual Studio 的多种面板窗口。

如果窗体里的控件较多，可以借助快捷工具栏区域的"布局"工具栏对窗体中的控件进行排版。"布局"工具栏如图 5-5 所示。可选择"视图"→"工具栏"→"布局"菜单命令来显示或隐藏"布局"工具栏。

图 5-4　向窗体设计器中放置控件　　　图 5-5　【布局】工具栏

设计窗体后，选中各个控件，打开"属性"面板，设置控件的相应属性。如图 5-6 所示设置标签控件的 Text 属性。当控件属性值更改后，在"属性"面

板上会用加粗的字体显示。

图 5-6　设置标签控件的 Text 属性

> 提示：要想使 Label 控件能显示换行，操作方法是，在设置其 Text 属性时，单击 Text 属性值右边的下三角按钮，弹出输入面板，在这里按 Shift+Enter 键可以换行，如图 5-6 所示。

依次选中各个控件，按照表 5-1 列出的属性值设置窗体和控件。

表 5-1　设置窗体和控件的属性

控件类型	（Name）属性	属性名	属性值
Form1	FrmMain	Text	欢迎
		StartPosition	CenterScreen
Label	lblPrompt	Text	输入姓名：
TextBox	txtName	Text	例如：张三
Button	btnOK	Text	确定

> 提示：如果要更改窗体的名称，最好不要在"属性"面板修改窗体的（Name）属性，而要在"解决方案资源管理器"面板中，在窗体文件名上单击两次，对窗体文件重命名，Visual Studio 会自动修改窗体的（Name）属性。

设置完成各个控件的属性后，界面如图 5-7 所示。

2. 编写事件处理程序

在视图设计器中，双击 btnOK 按钮，Visual Studio 便会切换到代码设计视图。在代码视图下可以发现，Visual Studio 已经生成了一个方法体为空的方法。这个方法就是 btnOK 按钮的 Click 事件的处理方法。

```
private void btnOK_Click(object sender, EventArgs e)
{
}
```

现在要做的就是在方法体中写上自己的代码：

```
private void btnOK_Click(object sender, EventArgs e)
{
    MessageBox.Show(" 欢迎你使用 WinForms," + txtName.Text + " ！ ");
}
```

通过在窗体设计器中双击控件，可以让 Visual Studio 帮助用户生成控件的默认事件的处理方法。但控件的事件种类众多，双击产生的是控件最常用的事件处理方法。要让 Visual Studio 为用户生成其他事件的处理方法，需要打开"属性"面板，单击闪电图标，查看当前控件的事件列表，如图 5-8 所示，然后在相应的事件名称上双击，Visual Studio 即可生成该事件的处理方法，并以"控件名_事件名"的格式来命名事件处理方法。

图 5-7　设置完成的界面　　　　　图 5-8　设置控件的事件

> 注意：如果希望删除控件某个事件的处理方法，不能仅在代码视图中删除其事件处理方法代码。比如在本例中，不想处理按钮的 Click 事件了，希望把多余的 btnOK_Click 方法的代码删掉，正确做法是，在视图设计器中，先到按钮控件的事件列表中删除事件名称 Click 后面的事件处理方法名 btnOK_Click，然后切换（按 F7 键可快速切换）到代码设计视图下，删除 btnOK_Click 方法代码。

这样做的原因是，如果仅仅在代码视图中删除事件处理方法，Visual Studio 不会删除在 FrmMain.Designer.cs 文件中自动生成的事件注册代码：

```
this.btnOK.Click += new  System.EventHandler(this.btnOK_Click);
```

明显，这时 btnOK_Click 方法已经不存在了，从而造成错误。

3. 编译运行

按 F5 键启动调试过程，程序运行结果如图 5-9 所示。

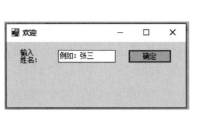

(a) 输入姓名　　　　　　　　(b) 单击"确定"按钮，弹出对话框

图 5-9　登录界面程序运行结果

5.1.2　Control 类和控件继承层次

在 .NET Framework 中，把从 System.ComponentModel 命名空间中 Component 类派生的类或者实现该名称空间中 IComponent 接口的类称为"组件"。把从 System.Windows.Forms.Control 派生的类称为"控件"。而 Control 类又派生于

Component 类，所以控件也是组件。

控件和组件都是构成程序的零部件，它们都可以用来进行可视化程序设计。读者可以从"工具箱"面板中把它们拖放到可视化设计器中，用【属性】面板去设计它们的属性。控件和其他组件相比，最大的差别在于，控件的类代码要包含如何在屏幕上绘制自己外观的方法。

Windows 窗体应用程序中使用的控件都被组织在了 System.Windows.Forms 命名空间中。使用该空间中的控件进行图形化界面程序设计，常常被称为"窗体编程"或者"Windows Forms（简称 WinForms）编程"。

1. Control 类

System.Windows.Forms.Control 类是窗体类 Form 以及其他控件类的基类，它派生于 Component 类。Component 类为 Control 类提供了必要的基础结构，在把控件拖放到设计界面上以及包含在另一个对象中时需要它。Control 类实现了向用户显示信息的类所需的基本功能。它处理用户通过键盘和鼠标进行的输入，它还处理消息路由和安全。虽然它并不实现绘制，但是它定义控件的位置和大小。

Control 类为它的派生类提供了大量的属性、方法和事件，这个列表太长，不能在这里全部列出，这里仅介绍 Control 类提供的比较重要的功能。

2. 控件的继承层次

System.Windows.Forms 命名空间中的控件都是直接或间接从 Control 类派生的，整个控件的类继承层次较为庞大。在表 5-2 中列出了大部分的 Control 类的直接派生类，其中一些类又是其他控件的基类。基类的公开成员和受保护成员会被派生类继承，相同基类的控件具有一部分相同的属性、方法和事件。在学习的时候应注意理清它们的继承关系，以及控件和组件的各自主要属性、事件和方法。

表 5-2 Control 类的部分直接派生类

类	说明
ButtonBase	实现按钮控件共同的基本功能，它是 Button、CheckBox、RadioButton 的基类
DataGridView	在可自定义的网格中显示数据
DateTimePicker	日期时间拾取控件，用来让用户选择日期和时间并以指定的格式显示此日期和时间
GroupBox	分组框控件，该控件显示一个可带表标题的矩形框，可以容纳其他控件
Label	标准 Windows 标签。标签的主要作用是显示文本。LinkLabel 类派生于 Label 控件
ListControl	是 ListBox 类和 ComboBox 类的基类。ListBox 又派生了 CheckedListBox 类
ListView	列表视图控件，该控件可用 4 种不同视图来显示列表项集合
MdiClient	表示多文档界面（MDI）子窗体容器。无法继承此类
MonthCalendar	月历控件，该控件使用户能够使用可视的月历来选择日期
PictureBox	表示用于图像的 Windows 图片框控件
TabControl	管理相关的选项卡页集
TextBoxBase	实现文本控件要求的基本功能，是 MaskedTextBox、RichTextBox、TextBox 的基类

续表

类	说明
TrackBar	跟踪条控件
TreeView	树视图控件，显示标记项的分层集合，每个标记项用一个 TreeNode 来表示

3. Control 类的常用属性、事件和方法

（1）属性

① 控件大小和位置：控件的大小和位置由属性 Height、Width、Top、Bottom、Left、Right，以及辅助属性 Size 和 Location 确定。其区别是 Height、Width、Top、Bottom、Left、Right 属性值都是一个整数，而 Size 的值使用一个 **Size 结构**来表示，Location 的值使用一个 **Point 结构**来表示。Size 结构和 Point 结构都包含 X、Y 坐标。Point 结构一般相对于一个位置，而 Size 结构是对象的高和宽。Size 和 Point 都位于 System.Drawing 命名空间。它们非常类似，因为它们都提供了 X、Y 坐标对，还拥有用于简单的比较和转换的重写运算符。例如，可以对两个 Size 结构执行相加操作。对于 Point 结构，加法运算符已进行了重写，可以把 Size 结构加到 Point 结构上，得到一个新的 Point。其结果是给某个位置加上某个距离值，得到一个新位置。如果动态创建窗体或控件，这是非常方便的。

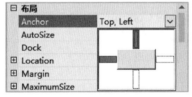

图 5-10　设置控件的 Anchor 属性

② Anchor 属性：Anchor 属性用于设置控件的边界与其父容器相应的边界是否距离固定。如图 5-10 所示，当前控件的左边界和上边界与父容器的左边界及上边界的距离是固定的，在父容器大小改变时，这两个间距保持不变。Anchor 属性值是 AnchorStyles 标志枚举类型。该枚举的值有 Top、Bottom、Right、Left 和 None。通过设置该属性值，可以在重新设置父控件的大小时，动态地设置子控件的大小。

③ Dock 属性：Dock 属性确定子控件停放在父控件的哪条边上，其值是 DockStyle 枚举类型，可取值有 Top、Bottom、Right、Left、Fill 和 None。Fill 会使控件的大小正好匹配父控件的客户区域。如图 5-11 所示，如果控件的 Dock 属性值是 Right，则相当于将控件的 Anchor 属性值设为 Top、Right、Bottom，即控件与其父容器的上边界、右边界和下边界的距离是固定的（固定为 0）。控件的 Dock 属性和 Anchor 属性是互斥的，如果要设置 Anchor 属性，则需要将 Dock 属性设置为 None。

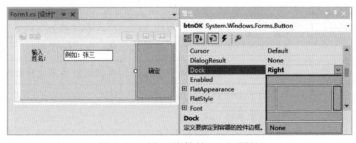

图 5-11　设置控件的 Dock 属性

Dock 和 Anchor 属性与 Flow 和 Table 布局控件一起使用时，可以创建非常复杂的用户窗体。对于包含许多控件的复杂窗体来说，窗体大小的重新设置比较困难。这些工具有助于完成这个任务。

④ BackColor 和 ForeColor 属性：这两个属性分别用来设置控件的背景色和前景色（文字颜色）。颜色用 System.Drawing.Color 结构类型的值表示。

⑤ BackGroundImage 和 BackColorImageLayout 属性：BackGroundImage 属性把基于 Image 的对象作为其值。System.Drawing.Image 是位图 Bitmap 和矢量图 Metafile 类的抽象基类。BackColorImageLayout 属性使用 ImageLayout 枚举的值设置背景图像在控件上的显示方式，其有效值是 Center（居中）、Tile（平铺）、Stretch（拉伸）、Zoom（缩放）和 None（无）。

⑥ Font 和 Text 属性：Font 和 Text 属性处理文字的显示。要修改 Font 属性，需要创建一个 Font 对象。在创建 Font 对象时，要指定字体名称、字号和样式。Text 属性则是显示的文字内容。

⑦ Controls 属性：Controls 属性是一个控件集合，表示当前控件所包含的所有子控件。窗体通过 Controls 包含子控件，容器型子控件又通过 Controls 属性包含它自己的子控件，从而整个窗体就形成了以窗体控件为根的控件树。使用 Controls 属性可访问窗体的所有控件，包括嵌套控件。使用 GetNextControl 方法可以按 Tab 键顺序检索上一个或下一个子控件。使用 ActiveControl 属性可以获取或设置容器控件的活动控件。

⑧ Visible 属性和 Enable 属性：Visible 属性用来指示控件及其子控件对用户的可见性。Enable 属性用来指示控件及其子控件的可用性。如果控件的 Enable 属性为 false，则控件呈现为灰色状态，不接受鼠标和键盘对它的操作，但通过代码仍然可以访问控件。

⑨ ContextMenuStrip 属性：该控件用来设置与控件相关联的快捷菜单（右键菜单）。

⑩ Tag 属性：该属性值是 object 类型，用来存放与控件相关的数据对象。

（2）方法

Control 的大部分方法成员都是受保护的、与外观绘制和事件触发有关的，用以协调子类的共同行为，其常用的公开方法见表 5-3。

表 5-3　Control 类的常用方法

方法	说明
Hide	对用户隐藏控件
Show	向用户显示控件
GetContainerControl	沿着控件的父控件链向上，返回下一个 ContainerControl
GetNextControl	按照子控件的 Tab 键顺序向前或向后检索下一个控件
SelectNextControl	激活下一个控件
GetChildAtPoint	检索指定位置的子控件
Focus	为控件设置输入焦点
Select	已重载。激活控件

续表

方法	说明
PointToScreen	将指定工作区点的位置计算成屏幕坐标
PointToClient	将指定屏幕点的位置计算成工作区坐标
FindForm	检索控件所在的窗体
Contains	检索一个值,该值指示指定控件是否为一个控件的子控件
ResetBackColor	将 BackColor 属性重置为其默认值
ResetFont	将 Font 属性重置为其默认值
ResetForeColor	将 ForeColor 属性重置为其默认值
ResetText	将 Text 属性重置为其默认值
ResetBindings	使绑定到 BindingSource 的控件重新读取列表中的所有项,并刷新这些项的显示值
BringToFront	将控件带到 Z 顺序的前面
SendToBack	将控件发送到 Z 顺序的后面
DoDragDrop	开始拖放操作
Dispose	释放由 Control 使用的所有资源

(3)事件

事件驱动是图形界面程序的一大典型特征。在事件驱动编程模式下,程序不再是按照事先设计的顺序从头到尾执行完就结束了,而是窗体界面处于等待状态,当某事件触发了就执行相应的事件处理程序(事件的定义和使用请参考任务 4.3)。许多界面事件是依赖于用户操作的,用户以不同顺序进行操作,程序也就以不同顺序执行事件处理代码。

窗体界面和用户的交互操作通过各种事件来体现。一些比较常见的事件有 Click、DoubleClick、KeyDown、KeyPress、Validating、Paint 等。

① 鼠标类事件。Click、DoubleClick、MouseDown、MouseUp、MouseEnter、MouseLeave 和 MouseHover 事件可处理鼠标和控件的交互操作。如果处理 Click 和 DoubleClick 事件,每次捕获一个 DoubleClick 事件时,也会引发 Click 事件。如果处理不正确,就会出现人们不希望的结果。Click 和 DoubleClick 事件都把 EventArgs 作为其参数,而 MouseDown 和 MouseUp 事件把 MouseEventArgs 作为其参数。MouseEventArgs 包含几个有用的信息,如单击的按钮、按钮被单击的次数、鼠标轮制动器(鼠标轮上的凹槽)的数目和鼠标的当前 X、Y 坐标。如果要使用这些信息,就必须处理 MouseDown 或 MouseUp 事件,而不是 Click 或 DoubleClick 事件。

② 键盘类事件。键盘事件的工作方式与鼠标事件的工作方式类似,需要一些信息来确定处理什么事件。对于简单的情况,KeyPress 事件接收一个 KeyPressEventArgs,它包含表示被按键的字符值 KeyChar。Handled 属性用于确定事件是否已处理。把 Handled 属性设置为 true,事件就不会由操作系统进行默认处理。如果需要被按的键的更多信息,则处理 KeyDown 或 KeyUp 事件会比较合适。它们都接收 KeyEventArgs。KeyEventArgs 中的属性包括 Ctrl

Alt 或 Shift 键是否被按下。KeyCode 属性返回一个 Keys 枚举值，表示被按下的键。与 KeyPressEventArgs.KeyChar 不同，KeyCode 属性指定键盘上的每个键，而不仅仅是字母、数字键。KeyData 属性返回一个 Key 值，还设置修饰符。修饰符与值进行 OR 运算，指定是否同时按下了 Shift 和 Ctrl 键。KeyValue 属性是 Keys 枚举的整数值。Modifiers 属性包含一个 Keys 值，它表示被按下的修饰符键。如果选择了多个修饰符键，这些值就进行 OR 运算。键盘事件以下述顺序来引发：KeyDown → KeyPress → KeyUp。

Validating、Validated、Enter、Leave、GotFocus 和 LostFocus 事件在控件获得焦点（或被激活）和失去焦点时发生。在用户用 Tab 键选择一个控件或用鼠标选择该控件时，该控件就获得了焦点。Enter、Leave、GotFocus 和 LostFocus 事件的功能非常类似。一般，应尽可能使用 Enter 和 Leave 事件。Validating 和 Validated 事件在验证控件时发生。这些事件接收一个 CancelEventArgs，利用该参数，把 Cancel 属性设置为 true，就可以取消以后的事件。如果定制了验证代码，而且验证失败，就可以把 Cancel 属性设置为 true，且控件也不会失去焦点。Validating 事件在验证过程中发生，Validated 事件在验证过程后发生。这些事件的引发顺序为：Enter → GotFocus → Leave → Validating → Validated → LostFocus。

理解这些事件的引发顺序是很重要的，可以避免不小心创建递归事件。例如，在控件的 LostFocus 事件中设置控件的焦点，就会创建一个消息死锁，且应用程序会停止响应。

键盘和鼠标等相关的事件是由硬件产生的，由操作系统捕获，然后发送给当前的窗体应用程序。

上面的介绍可能会让读者有些头痛，不能完全理解也没什么关系。介绍这些通用的属性和方法是因为大部分的控件都拥有这些属性和方法，即 Control 类是一个基类，根据类的继承特性，Control 类的子类拥有其父类的特性。通过一段时间的学习，读者自会发现许多的属性和方法在很多控件中都会出现。

> 提示：读者可以在 Visual Studio 中选择"视图"→"类视图"和"对象浏览器"菜单命令，打开"对象浏览器"面板和"类视图"面板，如图 5-12 所示。"类视图"面板用来查看当前项目（包括当前项目所引用的程序集）的类层次以及类的成员结构。"对象浏览器"面板能够查看类的详细信息。系统提供的类型基本上都有文档注释。在"对象浏览器"面板中不仅可以查看类的所有成员，还可以通过文档注释进一步了解类型成员的用法。"对象浏览器"面板是学习和使用 .NET Framework 类库的重要工具。

【例 5.2】 控件的鼠标和键盘事件。

新建项目"例 5.2"，在窗体里放置 3 个 Label 控件，依次命名为 lblMousePosition、lblButton 和 lblKey，这 3 个标签分别用来显示鼠标的坐标位置、鼠标的按键和键盘按键消息。通过"属性"面板找到窗体 Form1 的 MouseLeave、MouseDown 和 KeyDown 事件，双击它们，让 Visual Studio 自动生成事件处理方法，然后在方法体中处理事件。代码如下：

源代码例 5.2

```
public partial class Form1 : Form
```

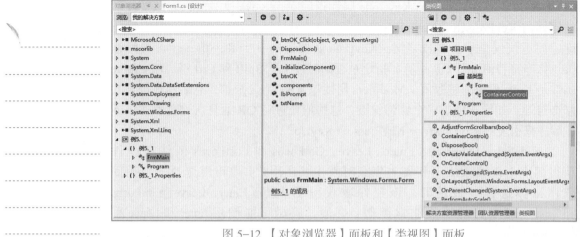

图 5-12 【对象浏览器】面板和【类视图】面板

```
{
    public Form1()
    { InitializeComponent(); }

    private void Form1_MouseMove(object sender, MouseEventArgs e)
    {
        lblMousePosition.Text = " 当前鼠标的位置为：( " + e.X + " , " + e.Y + ")";
    }

    private void Form1_MouseDown(object sender, MouseEventArgs e)
    {
        if (e.Button == MouseButtons.Left)
            lblButton.Text = " 鼠标按键是：左键！ ";
        else if (e.Button == MouseButtons.Right)
            lblButton.Text = " 鼠标按键是：右键！ ";
        else if (e.Button == MouseButtons.Middle)
            lblButton.Text = " 鼠标按键是：中键！ ";

        lblButton.Text += ", 鼠标按键次数：" + e.Clicks;
    }

    private void Form1_KeyDown(object sender, KeyEventArgs e)
    {
        lblKey.Text = " 您所按的键是：" + e.KeyCode + "," + e.Modifiers;
    }
}
```

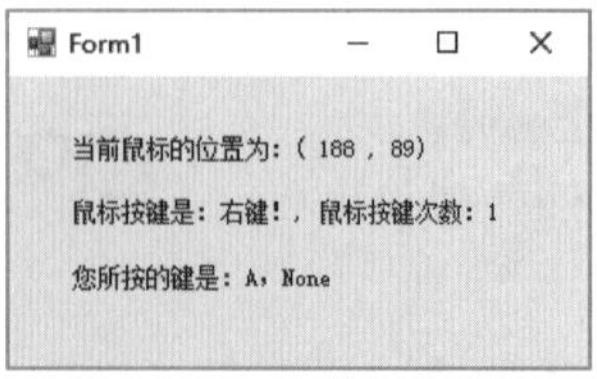

运行结果如图 5-13 所示。

图 5-13 【例 5.2】运行结果

5.1.3 窗体的常用属性、方法和事件

下面介绍窗体的常用属性、方法和事件。

1. 窗体常用属性

① Size 属性：Size 属性又分成 Width 和 Height 两个属性（分别

表示窗体的宽度和高度），用于设置窗体的大小，以像素为单位。一般情况下，可以通过鼠标的拖曳来控制窗体的大小，但如果要精确控制窗体的大小，则应该使用 Size 属性。如将 Size 属性值设为"300, 200"，则表示该窗体的宽为 300 像素、高为 200 像素。

② StartPosition 属性：StartPosition 属性用于确定窗体第一次出现时的位置，其值是 FormStartPosition 类型的枚举值。默认的属性值为 WindowsDefaultLocation，如图 5-14 所示。各种取值含义如下：

- Manual。窗体的位置由 Location 属性确定。
- CenterScreen。窗体在当前显示窗口中居中，其尺寸在窗体大小中指定。
- WindowsDefaultLocation。窗体定位在 Windows 默认位置，其尺寸在窗体大小中指定。
- WindowsDefaultBounds。窗体定位在 Windows 默认位置，其边界也由 Windows 默认决定。
- CenterParent。窗体在其父窗体中居中。

图 5-14　StartPosition 属性

③ FormBorderStyle 属性：FormBorderStyle 属性用来指定窗体的边框样式。其值是 System.Windows.Forms.FormBorderStyle 类型的枚举，如图 5-15 所示。该枚举成员如下：

- None。无边框，不仅没有边框，而且也没有标题栏，这时窗体看起来像一个 Panel 控件。
- FixedSingle。固定的单行边框，窗体不能拖动改变大小，最大化、最小化按钮仍有效。
- Fixed3D。固定的三维边框，窗体不能拖动改变大小，最大化、最小化按钮仍有效。
- FixedDialog。固定的对话框样式的粗边框。窗体不能拖动改变大小，且标题栏不显示窗体的图标。
- Sizable。可调整大小的边框（默认值）。
- FixedToolWindow。不可调整大小的工具窗口边框。工具窗口没有标题栏图标、最大化和最小化按钮，不会显示在任务栏中，也不会显示在当用户按 Alt+Tab 组合键时出现的窗口中。尽管指定 FixedToolWindow 的窗体通常不显示在任务栏中，但最好还是将窗体的 ShowInTaskbar 属性设置为 false，因为其默认值为 true。
- SizableToolWindow。可调整大小的工具窗口边框。工具窗口不会显示在任务栏中，也不会显示在当用户按 Alt+Tab 组合键时出现的窗口中。

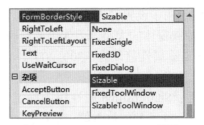

图 5-15　FormBorderStyle 属性

④ Icon 属性：Icon 属性用于设置窗体左上角的小图标，可以直接在【属性】面板中设置，当然也可以通过代码来设置。使用代码设置的语法如下：

System.Drawing.Bitmap.FromFile(IconPath) //IconPath 表示 Icon 图标的存放路径

⑤ MaximizeBox 和 MinimizeBox 属性：MaximizeBox 和 MinimizeBox 属性用于确定窗体标题栏的右上角的最大化、最小化按钮是否可用，如图 5-16 所示。它们均有两个值：true 和 false。true 表示最大化、最小化按钮可用，为默认值；false 表示不可用。

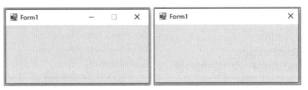

(a) 最大化按钮不可用　　(b) 最大化按钮、最小化按钮都不可用

图 5-16　MaximizeBox 和 MinimizeBox 属性

读者可以直接在窗体对象的属性窗口中找到 MaximizeBox 属性，然后直接在其中进行设置。也可以在程序运行时，使用代码来设置窗体的 MaximizeBox 属性，其结果与在【属性】面板中直接设置一致。例如：

this.MaximizeBox = false;

⑥ BackgroundImage 属性和 BackgroundImageLayout 属性：BackgroundImage 属性为窗体指定背景图片。BackgroundImageLayout 属性指定背景图片的布局方式。其值有：

- None。图像沿控件的工作区（工作区是控件除去标题栏和边框的矩形区域部分）顶部左对齐。
- Tile。图像沿控件的工作区平铺。
- Center。图像在控件的工作区中居中显示。
- Stretch。图像根据控件工作区大小进行拉伸显示。
- Zoom。图像在控件的工作区中保持原始比例缩放显示。

⑦ Opacity 属性：Opacity 用来获取或设置窗体的不透明度级别。其值是 0～1 范围内的 double 型浮点数，代表窗体的不透明的百分比程度。0.0% 表示窗体完全不可见，100% 为完全可见。

⑧ TransparencyKey 属性：TransparencyKey 属性将窗体工作区背景当中的

某种颜色指定为透明色。常利用此属性来制作形状不规则的窗体。制作不规则窗体的思路是，先用图片处理软件制作一幅纯色背景的图片，比如纯白色背景的图片，然后将该图片作为窗体的背景图片，再通过 TransparencyKey 将白色指定为透明色。这样，白色部分就不可见了，从而形成不规则的窗体效果。

⑨ Font 属性：Font 属性用于设置窗体上字体的样式、字形、大小等。若选择 Font 属性，单击该属性右边的 按钮，将打开"字体"对话框，如图 5-17 所示。

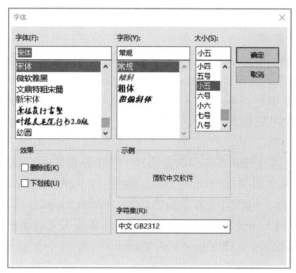

图 5-17 "字体"对话框

⑩ Text 属性：Text 属性用于设置窗体标题栏显示的文本，其默认值为窗体类名称，如 Form1、Form2 等。

⑪ Enabled 属性：Enabled 属性用于确定窗体是否响应用户的事件。它有 true 和 false 两个值，其默认值为 true。如果设为 false，则除了可以移动该窗体的位置、调整大小、关闭或者最大化/最小化外，不能操作窗体内的控件等，这些控件对用户的操作完全不予响应。使用代码设置该属性的示例如下：

```
frmMain.Enabled = true;
```

或者

```
frmMain.Enabled = false;
```

⑫ ControlBox 属性：ControlBox 属性取值为 true 或 false。如果将窗体的 ControlBox 属性设置为 false，则窗体的标题栏中关闭、最大化和最小化按钮，以及窗体图标都不可见。

⑬ TopMost 属性：获取或设置一个值，指示该窗体是否应显示为最顶层窗体。最顶层窗体始终显示在桌面上 Z 顺序窗口的最高点，即使该窗体不是活动窗体或前台窗体。可以使用此属性创建在应用程序中始终显示在最上层的窗体，如查找和替换工具窗口。

⑭ ShowInTaskbar 属性：该属性指示是否在 Windows 任务栏中显示窗体。

如果不希望用户通过任务栏选中窗体，则可将窗体的该属性设置为 false。

2. 窗体常用方法

① Show 方法和 Hide 方法：Show 方法用于显示窗体，而 Hide 方法用于隐藏窗体。下面的代码分别用于显示和隐藏窗体 frmMain：

```
frmMain.Show();
frmMain.Hide();
```

② Close 方法：Close 方法用来关闭窗体，并触发 FormClosing 和 FormClosed 事件。

3. 窗体常用事件

① Load 事件：Load 事件即窗体载入事件。当窗体载入时，触发该事件。例如运行应用程序时，窗体 frmMain 显示，则触发了 frmMain 的 Load 事件。

② Activated 事件：Activated 事件即激活事件。当窗体被激活时，触发该事件。例如在不同窗体之间进行切换时，变成活动窗体触发了该窗体的 Activated 事件。

③ Click 事件：Click 事件即单击事件。单击该窗体时，触发该事件。

④ FormClosed 事件和 FormClosing 事件：FormClosed 和 FormClosing 都是窗体的关闭事件，但两者有着本质的区别。FormClosed 事件在窗体关闭后的那一刻被触发，而 FormClosing 事件则是当窗体正要关闭时被触发。

【例 5.3】 窗体的使用。

新建项目 "例 5.3"，在窗体里放置 1 个 Button 控件，用来生成第 2 个窗体。通过 "属性" 面板找到窗体 Form1 的 Load 事件、button1 的 Click 事件，双击它们，让 Visual Studio 自动生成事件处理方法，然后在方法体中处理事件。代码如下：

源代码例 5.3

```
public partial class Form1 :Form
{
    public Form1()
    {
        InitializeComponent();
    }

    private void Form1_Load(object sender, EventArgs e)
    {
        this.Text = " 第一个窗体 ";
    }

    private void button1_Click(object sender, EventArgs e)
    {
        this.Hide();
        Form2 f2 = new Form2();
        f2.Show();
```

```
        }
    }
```

在"解决方案资源管理器"面板中,右击"例 5.3",在弹出的快捷菜单中选择"添加"→"Windows 窗体"命令,打开"添加新项 – 例 5.3"对话框,单击【确定】按钮,就添加了一个名为 Form2 的新窗体。通过"属性"面板找到窗体 Form2 的 Load、FormClosed 事件,双击它们,让 Visual Studio 自动生成事件处理方法,然后在方法体中处理事件。代码如下:

```
public partial class Form2 :Form
{
    public Form2()
    {
        InitializeComponent();
    }

    private void Form2_Load(object sender, EventArgs e)
    {
        this.Text = " 第二个窗体 ";
    }

    private void Form2_FormClosed(object sender, FormClosedEventArgs e)
    {
        Application.Exit();
    }
}
```

运行结果如图 5-18 所示。

(a) 第一个窗体   (b) 单击"生成第二个窗体"按钮后,弹出第二个窗体

图 5-18 【例 5.3】运行结果

5.1.4 资源文件和配置文件

1. 资源文件

(1) 资源文件概述

.NET 使用资源文件描述和管理程序所用到的外部资源(字符串、图片、音频、文件等)。例如,给控件添加背景图像时,会打开"选择资源"对话框,如图 5-19 所示。如果选择"本地资源"单选按钮,则 Visual Studio 会将背景图片的路径记录在窗体相关的 .resx 文件中,如 Form1.resx。如果选择"项目资源文件"单选按钮,则 Visual Studio 会将图片复制到项目文件夹下的 Resources

微课 5-3
资源文件和配置文件

子文件夹中，并在项目的 Properties 文件夹的 Resources.resx 文件中记录图片位置，如图 5-20 所示。

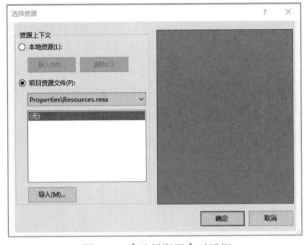

图 5-19 【选择资源】对话框　　　　图 5-20 记录图片的位置

　　扩展名为 resx 的文件是描述资源的 XML 文件。在 Resource.Designer.cs 文件中存储的是 Visual Studio 生成的访问资源文件的类，类名称为 Resources。该类将项目资源封装成静态只读属性，以便应用程序使用。

　　应用程序所使用的资源可以分为链接资源和嵌入式资源。链接资源由应用程序通过绝对路径或相对路径来加载，如果该路径所指向的资源移动了位置，将产生错误。链接资源通常和程序集一起发布。

　　嵌入式资源会被编译到程序集中。Visual Studio 编译项目时会调用资源文件生成器 (Resgen.exe) 将 *.resx 文件（包含对资源的描述）所描述的资源编译成一个二进制格式的 *.resource 文件（包含资源本身），并将该文件嵌入到项目输出的程序集中。编译时，如果指定路径上的文件不存在，将报错。嵌入式资源如图 5-21 所示。

　　在图 5-21 中可见，保存项目中间输出的 obj/Debug 文件夹中存在 *.resources 文件，而在项目输出文件夹 bin/Debug 中已经不存在该文件了，资源已经被编译到程序集 Demo.exe 中了。

　　（2）使用资源文件

　　双击"解决方案资源管理器"中的 Properties/Resources.resx 文件，可以打开资源文件的可视化设计器，通过设计器可以添加、删除各种类型的资源。例如，图 5-22 所示为添加文件资源；图 5-23 所示为使用文件资源；图 5-24 所示为字符串类型资源。

　　如果在代码中使用资源，则可以借助 Visual Studio 自动生成的 Properties.Resources 类来读取资源。Resources 类将资源封装成静态只读属性。

```
// 设置按钮 btnSave 的背景图片 ,pic01 是 Resources 类的静态只读属性
btnSave.BackgroundImage = Properties.Resources.pic01;
// 设置按钮 btnSave 的 Text,TextOfSaveButton 也是 Resources 类的静态只读属性
```

图 5-21 嵌入式资源

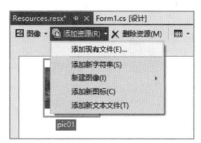

图 5-22 添加文件资源

图 5-23 使用图片资源

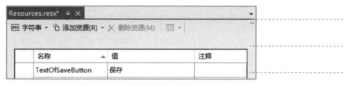

图 5-24 字符串类型资源

```
btnSave.Text = Properties.Resources.TextOfSaveButton;
```

2. 配置文件

（1）配置文件概述

.NET Framework 使用标准的 XML 格式的配置文件替代了传统的 *.ini 文件。通过 .NET Framework 定义的 XML 元素可以对 .NET 运行环境、应用程序、安全性等方面进行配置。.NET Framework 的配置文件体系是较为复杂的，有兴趣的读者可在有了一定的 .NET 编程基础知识后再去进一步了解。本部分介绍如何使用配置文件中的应用程序设置。

读者可以把应用程序的一些参数、用户首选项等设置保存在配置文件中。程序运行时，可以从配置文件中读取这些设置。配置文件中可保存多种类型的数据，而且 Visual Studio 会自动生成一个类来帮助用户读写配置文件。

如图 5-25 所示，如果双击 Properties 文件夹中的应用程序设置文件 Settings.settings（settings 是扩展名，该文件用 XML 描述各项设置的名称、类型、范围和参数值），会打开应用程序设置的编辑器界面，通过可视化方式增删设置。Settings.Designer.cs 文件中存放的是 Visual Studio 生成的用以读写应用程序设置的类 Settings。

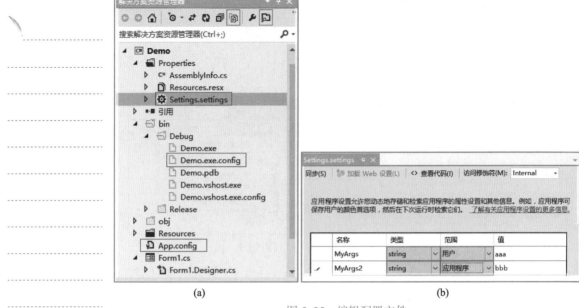

图 5-25　编辑配置文件

在图 5-25 中可以看出，如果向应用程序设置文件 Settings.settings 中添加参数设置，则 Visual Studio 会自动向项目中添加 App.config 文件（该文件结构与 Settings.settings 不同，Settings.settings 所描述的设置将成为该文件内容的一部分）。

项目编译时 Visual Studio 根据 App.config 文件内容在输出文件夹中产生一个命名格式为 <程序集名>.exe.config 的配置文件，如图 5-25 中的 Demo.exe.config。如果某项设置的作用域范围是"应用程序"，则这项设置的值就保存在 <程序集名>.exe.config 文件中。如果某项设置的范围是"用户"（跟当前操作系统用户相关的设置），则这项设置将保存在操作系统用户目录中的 user.config 文件中。

（2）使用应用程序设置

要使用配置文件中的应用程序设置数据，可以有两种方式：一种是在设计时通过数据绑定将控件属性值绑定到设置数据上；另一种是在运行时借助 Properties.Settings 类的对象来读写设置。

设计时的应用程序绑定如图 5-26 所示，选中控件，从"属性"面板中展开（ApplicationSettings），然后单击（PropertyBinding）后面的按钮，打开应用程序设置对话框，在该对话框中设置控件属性与应用程序设置之间的绑定关系。

使用 Properties.Settings 类可以编程的方式在运行时访问应用程序设置。值得注意的是，"用户"范围的设置既可读又可写，而"应用程序"范围的设置是只读的。

```
//MyArgs2 是"应用程序"范围参数，只读
btnQuery.Text = Properties.Settings.Default.MyArgs2;
//MyArgs 是"用户"范围参数，可写可读
Properties.Settings.Default.MyArgs = " 查询 ";
btnQuery.Text = Properties.Settings.Default.MyArgs;
Properties.Settings.Default.Save();// 保存更改
```

图 5-26 将控件属性捆绑到配置文件中的参数上

任务实施

设计一个"登录"窗体，用户输入用户名和密码，程序判断是否正确。如果错误，则给出提示；如果正确，则显示主窗体。

1. 界面设计

在窗体 Form1 上放置如下控件：两个 Label 控件，设置它们的 Text 属性分别为"用户名"和"密码"；两个 TextBox 控件，Name 属性分别为 txtName、txtPwd，将 txtPwd 的 PasswordChar 属性设置为 *，表示在 txtPwd 中输入的任何内容都以 * 表示，以防止输入信息的泄露；一个 Button 控件，其 Name 属性为 btnLogin，Text 属性为"确定"；最后将 Form1 的 Text 属性为"登录"。

在"解决方案资源管理器"面板中选中"任务 5.1"节点，右击，在弹出的快捷菜单中选择"添加"→"Windows 窗体"命令，打开"添加新项 – 任务 5.1"对话框，从中添加新的窗体并命名为 MainForm.cs。如图 5-27 所示。

微课任务解决 5.1
登录窗体

图 5-27 【添加新项 – 任务 5.1】对话框

在 MainForm 窗体中添加一个 Label 控件，将其 Text 属性设置为"欢迎进入 WinForm 的世界"。读者可以自行设置 Font 属性和 ForeColor 属性，以达到美观的显示效果。

2. 编写代码

在 Form1 中输入用户名和密码后,单击按钮 btnLogin 检查,然后在 btnLogin 的 Click 事件中编写代码如下:

源代码任务 5.1
设计实现登录窗体

```
private void btnLogin_Click(object sender, EventArgs e)
{
    if (txtName.Text == "admin" && txtPwd.Text == "123")
    {
        MainForm fm = new MainForm();
        this.Hide();
        fm.ShowDialog();    // 将窗体显示为对话框
        this.Close();
    }
    else
        MessageBox.Show(" 输入错误 , 请重新输入 !");
}
```

3. 运行结果

运行结果如图 5-28 所示。

(a) 输入正确,进入主界面　　(b) 输入错误,出现提示信息

图 5-28　任务 5.1 运行结果

项目实训

【实训题目】

编写窗体应用程序,实现猜数字游戏。

【实训目的】

1. 掌握使用 Visual Studio 编写、调试、运行窗体程序的方法。
2. 掌握窗体、按钮、文本框等控件的使用方法。

【实训内容】

在窗体中添加一个字段,保存系统所产生的谜底。在窗体的 Load 事件中用 Random 对象产生一个 100 以内的整数作为谜底。游戏者在窗体中输入所猜的数字,并单击按钮提交输入。如果和谜底相等,则提示猜中并询问游戏者是否再玩一次;如果猜错,则向游戏者提示"大了"或是"小了",并显示尝试次数。注意,文本框中输入的文本是字符串类型,如果要将输入的文本转换成整数,应使用 Convert.ToInt32 方法或者 int.Parse、int.TryParse 方法。

运行结果如图 5-29 所示。

图 5-29 猜数字程序的运行结果

任务 5.2 常用窗体控件

如图 5-30 所示，综合使用各种控件来实现一个用于收集用户信息的窗体界面，在单击"注册"按钮时用消息框显示用户输入的信息。

图 5-30 用户注册

 知识储备

5.2.1 常用控件 Label、Button 和 TextBox

1. Label 控件

Label 控件一般用于给用户提供描述文本。文本可以与其他控件或当前系统状态相关。通常，标签和文本框一起使用。标签为用户提供了在文本框中输入的数据类型的描述。标签控件总是只读的，用户不能修改 Text 属性的字符串值。但是，可以在代码中修改 Text 属性。

AutoSize 属性是一个布尔值，指定标签是否根据标签的内容自动设置其大小。在多语言应用程序中，Text 属性的长度会根据当前语言的不同而变化，此时就可以使用这个属性。

2. Button 控件

Button 控件又称按钮控件，是 Windows 应用程序中最常用的控件之一，通

教学课件 5-2-1
常用控件 Label、
Button 和 TextBox

微课 5-4
常用控件 Label、
Button 和 TextBox

常用它来执行命令。如果按钮具有焦点，就可以使用鼠标左键、Enter 键或空格键触发该按钮的 Click 事件。通过设置窗体的 AcceptButton 或 CancelButton 属性，无论该按钮是否有焦点，都可以使用户通过按 Enter 键或 Esc 键来触发按钮的 Click 事件。一般不使用 Button 控件的方法。Button 控件也具有许多如 Text、ForeColor 等常规属性，此处不再介绍，只介绍该控件最常用或特有的属性、方法和事件。按钮的常用成员如下。

① DialogResult 属性：当使用 ShowDialog 方法显示窗体时，可以使用该属性设置当用户单击了该按钮后 ShowDialog 方法的返回值。返回值有 OK、Cancel、Abort、Retry、Ignore、Yes、No 等。

② Image 属性：用来设置显示在按钮上的图像。

图 5-31 所示是 Image 属性和 TextImageRelation 属性。

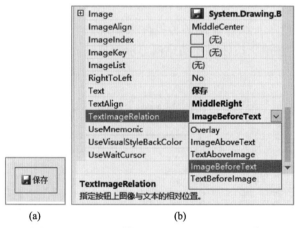

图 5-31　Image 属性和 TextImageRelation 属性

③ FlatStyle 属性：用来设置按钮的外观。

图 5-32 所示是 FlatStyle 属性和 FlatAppearance 属性。

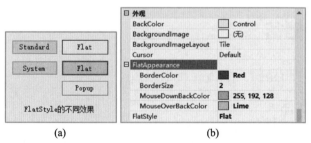

图 5-32　FlatStyle 属性和 FlatAppearance 属性

④ Text 属性：用来设置显示在命令按钮上的文本。可以在文本前面加上"&"字符来设置热键。例如，将按钮的 Text 属性设为"&OK"，该按钮的效果为 OK ，则"O"将被作为热键，按下 Alt+O 将触发命令按钮的 Click 事件。

⑤ Click 事件：当用户用单击按钮控件时，将发生该事件。

3. TextBox 控件

TextBox（文本框）控件与标签控件一样，也能显示文本。但是，TextBo

控件的文本可以由用户直接对其进行编辑，这是它与标签控件最明显的区别。

（1）主要属性

① Text 属性：Text 属性是文本框最重要的属性，因为要显示的文本就包含在 Text 属性中。默认情况下，最多可在一个文本框中输入 2 048 个字符。如果将 MultiLine 属性设置为 true，则最多可输入 32 KB 的文本。Text 属性可以在设计时使用"属性"面板设置，也可以在运行时用代码设置，还可以通过用户输入来设置。可以在运行时通过读取 Text 属性来获得文本框的当前内容。

② MaxLength 属性：用来设置文本框允许输入字符的最大长度。该属性值为 0 时，不限制输入的字符数。

③ MultiLine 属性：用来设置文本框中的文本是否可以输入多行并以多行显示。值为 true 时，允许多行显示；值为 false 时，不允许多行显示，一旦文本超过文本框宽度，超过部分便不显示。

④ HideSelection 属性：用来决定当焦点离开文本框后，选中的文本是否还以选中的方式显示。值为 true，则不以选中的方式显示；值为 false，将依旧以选中的方式显示。

⑤ ReadOnly 属性：用来获取或设置一个值，该值指示文本框中的文本是否为只读。值为 true 时为只读，值为 false 时可读可写。

⑥ PasswordChar 属性：是一个字符串类型，允许设置一个字符，运行程序时，将输入到 Text 的内容全部显示为该属性值，从而起到保密作用。通常用来输入口令或密码。

⑦ ScrollBars 属性：用来设置滚动条模式，有 4 种选择，即 ScrollBars.None（无滚动条）、ScrollBars.Horizontal（水平滚动条）、ScrollBars.Vertical（垂直滚动条）、ScrollBars.Both（水平和垂直滚动条）。注意，只有当 MultiLine 属性为 true 时，该属性才有效；当 WordWrap 属性值为 true 时，水平滚动条将不起作用。

⑧ SelectionLength 属性：用来获取或设置文本框中选定的字符数。只能在代码中使用，值为 0 时，表示未选中任何字符。

⑨ SelectionStart 属性：用来获取或设置文本框中选定的文本起始点。只能在代码中使用，第 1 个字符的位置为 0，第 2 个字符的位置为 1，依此类推。

⑩ SelectedText 属性：用来获取或设置一个字符串，该字符串指示控件中当前选定的文本。只能在代码中使用。

⑪ Lines 属性：该属性是一个数组属性，用来获取或设置文本框控件中的文本行。即文本框中的每一行存放在 Lines 数组的一个元素中。

⑫ Modified 属性：用来获取或设置一个值，该值指示自创建文本框控件或上次设置该控件的内容后，用户是否修改了该控件的内容。值为 true 表示修改过，值为 false 表示没有修改过。

⑬ TextLength 属性：用来获取控件中文本的长度。

⑭ WordWrap 属性：用来指示多行文本框控件在输入的字符超过一行宽度时是否自动换行到下一行的开始。值为 true，表示自动换到下一行的开始；值为 false 表示不自动换到下一行的开始。

（2）常用方法

① AppendText 方法：把一个字符串添加到文件框中文本的后面，调用的

一般格式为 textBox.AppendText（"附加的文本"）。

② Clear 方法：从文本框控件中清除所有文本。

③ Focus 方法：是为文本框设置焦点。如果焦点设置成功，值为 true，否则为 false。

④ Copy 方法：将文本框中的当前选定内容复制到剪贴板上。

⑤ Cut 方法：将文本框中的当前选定内容移动到剪贴板上。

⑥ Paste 方法：用剪贴板的内容替换文本框中的当前选定内容。

⑦ Undo 方法：撤销文本框中的上一个编辑操作。

⑧ ClearUndo 方法：从该文本框的撤销缓冲区中清除关于最近操作的信息。根据应用程序的状态，可以使用此方法防止重复执行撤销操作。

⑨ Select 方法：用来在文本框中设置选定文本。

⑩ SelectAll 方法：用来选定文本框中的所有文本。

（3）常用事件

① GotFocus 事件：该事件在文本框接收焦点时发生。

② LostFocus 事件：该事件在文本框失去焦点时发生。

③ TextChanged 事件：该事件在 Text 属性值更改时发生。无论是通过编程修改还是用户交互更改文本框的 Text 属性值，均会引发此事件。

【例 5.4】 加法练习程序。

源代码例 5.4

新建项目"例 5.4"，在窗体里放置 5 个 Label 控件，分别用来显示第 1 个加数、+、第 2 个加数、=，以及计算是否正确，放置 1 个 TextBox 控件，用来填写结果，放置 2 个 Button 控件，分别用来实现出题功能和提交计算结果。通过"属性"面板设置窗体和控件的属性，属性见表 5-4。

表 5-4 设置窗体和控件的属性

控件类型	（Name）属性	属性名	属性值
Form1	FrmMain	Text	加法练习程序
		StartPosition	CenterScreen
Label	lblNum1	Text	第一个加数
	lblAdd	Text	+
	lblNum2	Text	第二个加数
	lblEqu	Text	=
	lblResult	Text	0
TextBox	txtResult	Text	
Button	btnQuestion	Text	出题
		Enable	false
	btnSubmit	Text	提交

通过"属性"面板找到 btnQuestion 的 Click 事件和 btnSubmit 的 Click 事件，双击它们，让 Visual Studio 自动生成事件处理方法，然后在方法体中处理事件。代码如下：

```csharp
public partial class Form1 :Form
{
    public Form1()
    {
        InitializeComponent();
    }

    private void btnQuestion_Click(object sender, EventArgs e)
    {
        Random r;
        r = new Random();
        lblNum1.Text = r.Next(100).ToString();
        lblNum2.Text = r.Next(100).ToString();
        btnQuestion.Enabled = false;
        btnSubmit.Enabled = true;
    }

    private void btnSubmit_Click(object sender, EventArgs e)
    {
        int result = int.Parse(lblNum1.Text) + int.Parse(lblNum2.Text);
        if (result == int.Parse(txtResult.Text))
        {
            lblResult.Text = " √ ";
        }
        else
        {
            lblResult.Text = " × ";
        }
        btnSubmit.Enabled = false;
        btnQuestion.Enabled = true;
    }
}
```

运行结果如图 5-33 所示。

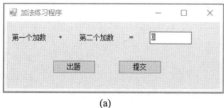

(a)

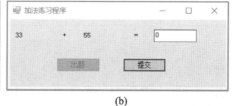

(b)

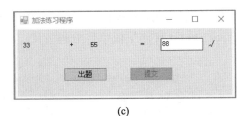

(c)

图 5-33 【例 5.4】运行结果

5.2.2 LinkLabel 控件

LinkLabel 控件主要给 Windows 窗体应用程序添加 Web 样式的超链接。一切可以使用 Label 控件的地方，都可以使用 LinkLabel 控件。读者还可以将文本的一部分设置为指向某个文件、文件夹或 Web 页的超链接。

LinkLabel 控件除了具有 Label 控件的所有属性、方法和事件以外，还有一些自己独有的属性。

1. LinkArea 属性

LinkLabel 控件的 LinkArea 属性用于获取或设置文本中被作为超链接的区域。例如，LinkLabel 控件的 Text 属性为 "Visual C# 2012"，现在要为 "C#" 设置链接。因为 "C#" 为该字符串的第 7 和第 8 个字符（字符序号从 0 开始计数），所以应将 LinkLabel 控件的 LinkArea 属性设为 "7,2"。

2. LinkColor 属性

LinkLabel 控件的 LinkColor 属性用于获取或设置超链接处于默认状态下的颜色。

3. LinkVisited 属性

一般情况下，超链接未被访问与被访问过的状态是不相同的。LinkLabel 控件的 LinkVisited 属性用于确定超链接是否呈现已访问状态。它有 true 和 false 两个值。true 表示已被访问；false 为默认状态，表示没有被访问过。

4. LinkVisitedColor 属性

LinkLabel 控件的 LinkVisitedColor 属性用于确定当 LinkVisited 为真时超链接的颜色。

5. ActiveLinkColor 属性

LinkLabel 控件的 ActiveLinkColor 属性用于确定当用户单击超链接时该链接的颜色。

6. LinkClicked 事件

LinkLabel 控件的 LinkClicked 事件为链接单击事件，当用户单击链接时触发该事件，是 LinkLabel 控件最重要的事件。

【例 5.5】 设计用户界面，窗体上有一个超链接，运行时单击可打开网易主页。

```
public partial class Form1 : Form
{
    public Form1()
    {
```

```
            InitializeComponent();
        }
        private void lnk163_LinkClicked(object sender,
            LinkLabelLinkClickedEventArgs e)
        {
            lnk163.LinkVisited = true;
            System.Diagnostics.Process.Start(lnk163.Text.Substring(3, 11));
        }
    }
```

运行结果如图 5-34 所示。

图 5-34 【例 5.5】运行结果

5.2.3 RadioButton 控件和 CheckBox 控件

1. RadioButton 控件

RadioButton 又称单选按钮。单选按钮通常成组出现，用于提供两个或多个互斥选项，即在一组单选按钮中只能选择一个。单选按钮的常用成员如下。

① Checked 属性：用来设置或返回单选按钮是否被选中，选中时值为 true，没有选中时值为 false。

② AutoCheck 属性：如果 AutoCheck 属性被设置为 true（默认），那么当选中该单选按钮时，将自动清除该组中所有其他单选按钮。对一般用户来说，不需改变该属性，采用默认值（true）即可。

③ Appearance 属性：用来获取或设置单选按钮控件的外观。当其取值为 Normal 时就是通常人们所见的外观；当取值为 Button 时，则将 RadioButton 显示为按钮。这两种外观效果如图 5-35 所示。

④ Text 属性：用来设置或返回单选按钮控件内显示的文本。该属性也可以包含访问键，即前面带有 "&" 符号的字母。这样，用户就可以通过按 Alt 键和访问键来选中控件。

⑤ Click 事件：当选中单选按钮时，将把单选按钮的 Checked 属性值设置为 true，同时发生 Click 事件。

⑥ CheckedChanged 事件：当 Checked 属性值更改时，将触发 CheckedChanged 事件。

图 5-35 Appearance 属性

【例 5.6】 根据选择的符号，进行运算。

新建项目 "例 5.6"，在窗体里放置 2 个 TextBox 控件，分别用来填写第一个加数和第二个加数，放置 3 个 Label 控件，分别用来显示选择的运算符、=，以及运算结果，放置 4 个 RadioButton 控件，用来提供运算符的选择。通过

"属性"面板设置窗体和控件的属性，属性见表 5-5。

表 5-5 设置窗体和控件的属性

控件类型	（Name）属性	属性名	属性值
Form1	FrmMain	Text	根据所选择的符号，进行运算
		StartPosition	CenterScreen
Label	lblOperator	Text	运算符
	lblEqu	Text	=
	lblResult	Text	结果
TextBox	txtNum1	Text	0
	txtNum2	Text	0
RadioButton	rdoAdd	Text	+
	rdoSub	Text	−
	rdoMul	Text	*
	rdoDiv	Text	/
Button	btnOK	Text	计算

例 5.6
源代码

通过"属性"面板分别找到 4 个 RadioButton 控件的 CheckedChanged 事件、btnOK 的 Click 事件，双击它们，让 Visual Studio 自动生成事件处理方法，然后在方法体中处理事件。扫描二维码查看源代码。

运行结果如图 5-36 所示。

(a)

(b)

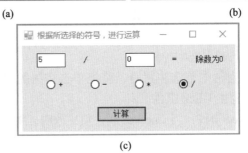

(c)

图 5-36 【例 5.6】运行结果

2. CheckBox 控件

微课 5-7
CheckBox 控件

CheckBox 控件又称作复选框，在"工具箱"面板中的图标为 ☑ CheckBox。常常将多个复选框放在一起形成多选项。复选框的常用成员如下。

① TextAlign 属性：用来设置控件中文字的对齐方式。

② ThreeState 属性：用来返回或设置复选框是否能表示 3 种状态。如果属性值为 true 时，表示可以表示 3 种状态——选中、没选中和中间态（CheckState.Checked、CheckState.Unchecked 和 CheckState.Indeterminate）；属性值为 false 时，只能表示两种状态——选中和没选中。Indeterminate 状态通常用来表示数据库中的字段为空值，或者表示该复选框下的子选项一部分为 Checked 状态，一部分为 Unchecked 状态的情况。

③ Checked 属性：用来设置或返回复选框是否被选中。值为 true 时，表示复选框被选中；值为 false 时，表示复选框没被选中。当 ThreeState 属性值为 true 时，中间态也表示选中。

④ CheckState 属性：用来设置或返回复选框的状态。在 ThreeState 属性值为 false 时，取值有 CheckState.Checked 或 CheckState.Unchecked。在 ThreeState 属性值被设置为 true 时，CheckState 还可以取值 CheckState.Indeterminate，此时复选框显示为浅灰色选中状态。该状态通常表示该选项下的多个子选项未完全选中。

⑤ CheckedChanged 事件：当复选框的选中状态发生改变时触发。

【例 5.7】 根据选择的符号，进行运算。

新建项目"例 5.7"，在窗体里放置 2 个 TextBox 控件，分别用来填写第一个加数和第二个加数；放置 3 个 Label 控件，分别用来显示选择的运算符号、=，以及运算结果；放置 4 个 CheckBox 控件，用来提供运算符号的选择。本例与【例 5.6】非常相似，区别仅在于【例 5.6】使用的是 RadioButton 控件提供运算符号的选择。读者可以参考表 5-5，自行完成例 5.7 中窗体和控件的详细属性设置。扫描二维码查看实现代码。

例 5.7
源代码

运行结果如图 5-37 所示。

图 5-37 【例 5.7】运行结果

5.2.4 RichTextBox 控件

RichTextBox（富格式文本框）是一种既可以输入文本，又可以编辑文本的文字处理控件。与 TextBox 控件相比，RichTextBox 控件的文字处理功能更加丰富，不仅可以设定文字的颜色、字体，还具有字符串检索功能。而且，RichTextBox 控件还可以打开、编辑和存储 RTF 格式文件、ASCII 文本格式文

教学课件 5-2-4
RichTextBox 控件

件及 Unicode 编码格式文件。

（1）常用属性

前面介绍的 TextBox 控件所具有的属性，RichTextBox 控件基本上都具有，除此之外，该控件还具有一些其他属性。

① RightMargin 属性：用来设置或获取右侧空白的大小，单位是像素。

② Rtf 属性：用来获取或设置 RichTextBox 控件中的文本，包括所有 RTF 格式代码。可以使用此属性将 RTF 格式文本放到控件中以进行显示，或提取控件中的 RTF 格式文本。此属性通常用于在 RichTextBox 控件和其他 RTF 源（如 Microsoft Word 或 Windows 写字板）之间交换信息。

③ SelectedRtf 属性：用来获取或设置控件中当前选定的 RTF 格式文本。此属性使用户得以获取控件中的选定文本，包括 RTF 格式代码。如果当前未选定任何文本，为该属性赋值后，将把所赋的文本插入到插入点处。如果选定了文本，则给该属性所赋的文本值将替换掉选定文本。

④ SelectionColor 属性：用来获取或设置当前选定文本或插入点处的文本颜色。

⑤ SelectionFont 属性：用来获取或设置当前选定文本或插入点处的字体。

（2）常用方法

① Find 方法：用来从 RichTextBox 控件中查找指定的字符串，并返回搜索文本的第一个字符在控件内的位置。如果未找到搜索字符串或者 str 参数指定的搜索字符串为空，则返回值为 –1。

② SaveFile 方法：用来把 RichTextBox 中的信息保存到指定的文件中。

③ LoadFile 方法：用于将现有的数据流加载到多格式文本框控件中。

微课 5-8
RichTextBox 控件

【例 5.8】使用 RichTextBox 编辑文本。

本例在界面设计时需将 richTextBox1 的 HideSelection 属性设置为 false，这样在查找时才能将找到的文本选中并反白显示。

源代码例 5.8

```
public partial class Form1 : Form
{
    public Form1()
    {
        InitializeComponent();
    }

    private void btnLoad_Click(object sender, EventArgs e)
    {
        try
        {
            richTextBox1.LoadFile("data.txt");
            MessageBox.Show(" 成功加载文件 !");
        }
        catch (Exception ex)
        {
```

```csharp
            MessageBox.Show("文件还不存在,请先保存!");
        }
    }

    private void btnSave_Click(object sender, EventArgs e)
    {
        richTextBox1.SaveFile("data.txt");
        MessageBox.Show("成功保存文件!");
    }

    private void btnFind_Click(object sender, EventArgs e)
    {
        // 查找关键字的起始位置
        int position = richTextBox1.Find(txtKeyword.Text);
        // 选中找到的字串
        richTextBox1.Select(position, txtKeyword.Text.Length);
    }
}
```

运行结果如图 5-38 所示。

图 5-38 【例 5.8】运行结果

5.2.5 列表控件

1. ListBox 控件

ListBox 控件又称列表框,它在"工具箱"中的图标为 。它显示一个项目列表,以供用户选择。在列表框中,用户一次可以选择一项,也可以选择多项。

(1)常用属性

① Items 属性:用于存放列表框中的列表项,是一个集合。通过该属性,可以添加列表项、移除列表项和获得列表项的数目。

② MultiColumn 属性:用来获取或设置一个值,该值指示 ListBox 是否支持多列。值为 true 时,表示支持多列;值为 false 时,表示不支持多列。当使用多列模式时,可以使控件显示更多可见项。

③ ColumnWidth 属性:用来获取或设置多列 ListBox 控件中列的宽度。

④ SelectionMode 属性:用来获取或设置在 ListBox 控件中选择列表项的方法。当 SelectionMode 属性设置为 SelectionMode.

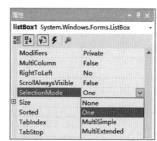

图 5-39 SelectionMode 属性

MultiExtended 时，按下 Shift 键的同时，单击或者同时按箭头键之一（上箭头键、下箭头键、左箭头键和右箭头键），会将选定内容从前一选定项扩展到当前项。在按 Ctrl 键的同时，单击将选择或撤销选择列表中的某项；当该属性设置为 SelectionMode. MultiSimple 时，单击或按空格键将选择或撤销选择列表中的某项。该属性的默认值为 SelectionMode.One，即只能选择一项。SelectionMode 属性如图 5-39 所示。

⑤ SelectedIndex 属性：用来获取或设置 ListBox 控件中当前选定项的从零开始的索引。如果未选定任何项，则返回值为 1。对于只能选择一项的 ListBox 控件，可使用此属性确定 ListBox 中选定的项的索引。如果 ListBox 控件的 SelectionMode 属性设置为 SelectionMode. MultiSimple 或 SelectionMode. MultiExtended，并在该列表中选定多个项，此时应用 SelectedIndices 来获取选定项的索引。

⑥ SelectedIndices 属性：该属性用来获取一个集合，该集合包含 ListBox 控件中所有选定项的从零开始的索引。

⑦ SelectedItem 属性：获取或设置 ListBox 中的当前选定项。

⑧ SelectedItems 属性：获取 ListBox 控件中选定项的集合，通常在 ListBox 控件的 SelectionMode 属性值设置为 SelectionMode.MultiSimple 或 SelectionMode.MultiExtended（它指示多重选择 ListBox）时使用。

⑨ Sorted 属性：获取或设置一个值，该值指示 ListBox 控件中的列表项是否按字母顺序排序。如果列表项按字母排序，则该属性值为 true；如果列表项不按字母排序，则该属性值为 false。默认值为 false。在向已排序的 ListBox 控件中添加项时，这些项会自动移动到排序列表中适当的位置。

⑩ Text 属性：该属性用来获取或搜索 ListBox 控件中当前选定项的文本。当把此属性值设置为字符串值时，ListBox 控件将在列表内搜索与指定文本匹配的项并选择该项。若在列表中选择了一项或多项，该属性将返回第一个选定项的文本。

⑪ Items.Count 属性：该属性用来返回列表项的数目。

（2）常用方法

① FindString 方法：用来查找列表项中以指定字符串开始的第一项。

② SetSelected 方法：用来选中某一项或取消对某一项的选择。

③ Items.Add 方法：用来向列表框中增添一个列表项。

④ Items.Insert 方法：用来在列表框中指定位置插入一个列表项。

⑤ Items.RemoveAt 方法：用来从列表框中删除一个列表项。

⑥ Items.Clear 方法：用来清除列表框中的所有项。

⑦ BeginUpdate 方法和 EndUpdate 方法：这两个方法的作用是保证使用 Items.Add 方法向列表框中添加列表项时，不重绘列表框。即在向列表框添加项之前，调用 BeginUpdate 方法，以防止每次向列表框中添加项时都重新绘制 ListBox 控件。完成向列表框中添加项的任务后，再调用 EndUpdate 方法使 ListBox 控件重新绘制。当向列表框中添加大量的列表项时，使用这两个方法可以有效防止列表框的闪烁现象。

【例 5.9】 运用 ListBox 控件输入数据，实现对数据的添加、删除、清除功能。

```
public partial class Form1 : Form
{
    public  Form1()
    {
        InitializeComponent();
    }
    private void btnAdd_Click(object sender, EventArgs e)
    {
        string[] human = { " 男 ", " 女 " };
        listBox1.Items.Add(human[0]);
        listBox1.Items.Add(human[1]);
    }
    private void btnRemove_Click(object sender, EventArgs e)
    {
        listBox1.Items.RemoveAt(0);
    }
    private void btnClear_Click(object sender, EventArgs e)
    {
        listBox1.Items.Clear();
    }
}
```

运行结果如图 5-40 所示。

2. ComboBox 控件

ComboBox 控件又称组合框，其图标为 ，它是综合了文本框和列表框特征的一种控件。它兼有文本框和列表框的功能，可以像文本框一样，用输入的方式选择项目，但输入的内容不能自动添加到列表中；也可以在单击下三角按钮后，选择所需的项目。若选中了某列表项，则该项的内容会自动显示在文本框中。组合框比列表框占用的屏幕空间要小。

① DropDownStyle 属性：该属性以 ComboBoxStyle 枚举值来指定组合框的显示模式，其不同取值的效果如图 5-41 所示。

图 5-40 【例 5.9】运行结果

图 5-41 DropDownStyle 属性的不同取值效果

② Text 属性：表示文本框部分的文本。
③ Items 属性：表示列表框部分的列表项集合。
④ SelectedIndexChanged 事件：在选项改变时触发。

【例 5.10】 运用 ComboBox 控件实现年份的选择。

本例在设计界面时要将 ComboBox2 的 DropDownStyle 设置为 DropDownList。代码如下。

源代码例 5.10

```
public partial class Form1 :Form
{
    public Form1()
    {
        InitializeComponent();
    }

    private void Form1_Load(object sender, EventArgs e)
    {
        int i;
        for (i = 2010; i <= 2021; i++)
            cboYear.Items.Add(i);
    }

    private void btnAdd_Click(object sender, EventArgs e)
    {
        lstYear.Items.Add(cboYear.SelectedItem);
    }
}
```

运行结果如图 5-42 所示。

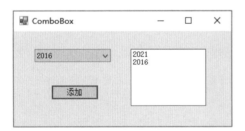

图 5-42 【例 5.10】运行结果

3. CheckedListBox 控件

CheckedListBox 控件又称复选列表框，它扩展了 ListBox 控件，几乎能完成列表框可以完成的所有任务，并且还可以在列表项旁边显示复选标记。使用复选列表框需要注意一点，选定的项是指窗体上突出显示的项，已选中的项是指左边的复选框被选中的项。

除具有列表框的全部属性外，它还具有以下属性。

① CheckOnClick 属性：获取或设置一个值，该值指示当某项被选定时是否应切换左侧的复选框。如果立即切换选中标记，则该属性值为 true；否则为 false。默认值为 false。

② CheckedItems 属性：该属性是复选列表框中选中项的集合，只代表处于 CheckState.Checked 或 CheckState.Indeterminate 状态的那些项。该集合中的索引按升序排列。

③ CheckedIndices 属性：该属性代表选中项（处于选中状态或中间状态的那些项）索引的集合。

微课 5-11
列表控件 –
CheckedListBox 控件

④ ItemCheck 事件：在选项 Checked 属性将要改变时发生。

【例 5.11】 运用 CheckedListBox 控件设计一个点菜单。

将 CheckedListBox 控件的 CheckOnClick 属性设置为 true。

源代码例 5.11

```csharp
public partial class Form1 :Form
{
    public Form1()
    {
        InitializeComponent();
    }

    private void checkedListBox1_SelectedIndexChanged(object sender, EventArgs e)
    {
        int i = checkedListBox1.SelectedIndex;
        if (checkedListBox1.CheckOnClick)
        {
            switch (i)
            {
                case 0:
                    MessageBox.Show(" 重庆火锅 ");
                    break;
                case 1: MessageBox.Show(" 新疆烤羊腿 ");
                    break;
                case 2: MessageBox.Show(" 豆瓣回锅肉 ");
                    break;
                case 3: MessageBox.Show(" 东坡肉 ");
                    break;
                default: MessageBox.Show(" 不点菜只能饿肚子了哦 ");
                    break;
            }
        }
    }
}
```

运行结果如图 5-43 所示。

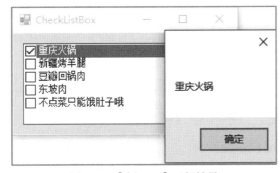

图 5-43 【例 5.11】运行结果

5.2.6 日期控件

1. MonthCalendar 控件（月历）

MonthCalendar 控件表示月历，其外观如图 5-44 所示。月历不仅能显示当前日期，还能用作日期数据的输入控件，可以一次选中多个日期。

① MaxDate、MinDate 属性：获取或设置允许的最大日期和最小日期。

② SelectionStart、SelectionEnd 属性：获取或设置所选日期范围的开始日期和结束日期。

③ SelectionRange 属性：为月历控件获取或设置选定的日期范围。

④ BoldedDates 属性：获取或设置 DateTime 对象的数组，确定要以粗体显示的非周期性日期。

⑤ AnnuallyBoldedDates 属性：获取或设置 DateTime 对象的数组，确定一年中要以粗体显示的日期。

⑥ MaxSelectionCount 属性：获取或设置月历控件中可选择的最大天数。

⑦ DateChanged 事件：当 MonthCalendar 中的所选日期更改时发生。

⑧ DateSelected 事件：用户使用鼠标进行显式日期选择时发生。

图 5-44 MonthCalendar 控件

2. DateTimePicker 控件

DateTimePicker 控件（日期时间拾取器）由一个文本框和一个弹出式的月历构成，帮助用户选择日期。DateTimePicker 控件有两种形态，如图 5-45 所示。当 ShowUpDown 属性为 true 时，可以通过微调控件来调整日期；当 ShowUpDown 属性为 false 时，单击下三角按钮可以弹出一个月历控件，从中可选择日期时间。在这两种模式下，都可以直接通过键盘输入日期时间。

图 5-45 DateTimePicker 控件的两种形式

① ShowUpDown 属性：指示是否显示数字调节按钮。

② Format 属性：指定显示日期的格式，当取值为 Custom 时，日期时间按 CustomFormat 属性指定的格式显示。

③ CustomFormat 属性：在 Format 值为 Custom 时用户可自定义显示格式。

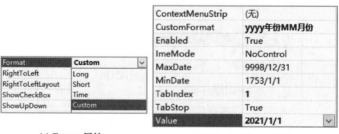

图 5-46 Format 属性和 CustomFormat 属性

④ Value 属性：当前选中的日期时间（DateTime 类型）。
⑤ ValueChanged 事件：选项值发生改变时触发。
图 5-46 所示为 Format 属性和 CustomFormat 属性。

5.2.7 数字调节控件

1. NumericUpDown 控件

NumericUpDown 控件看起来像是一个文本框与一对用户可单击以调整值的箭头的组合，如图 5-47 所示。读者可以通过单击向上和向下按钮来增大和减小数字，也可以直接输入数字。单击向上按钮时，值向最大值方向增加；单击向下按钮时，值向最小值方向减少。

① Value 属性：控件当前代表的数字，decimal 类型，使用时需注意类型转换。
② Increment 属性：单击向上或向下按钮时，获取或设置递增或递减的值。
③ Maximum、Minimum 属性：获取或设置该控件的最大值、最小值。
④ ValueChanged 事件：值改变时发生。

2. TrackBar 控件

TrackBar 控件又称滑块控件、跟踪条控件。该控件主要用于在大量信息中进行浏览，或用于以可视形式调整数字设置。如图 5-48 所示，TrackBar 控件有缩略图（也称为滑块）和刻度线两部分。缩略图是可以调整的部分，其位置与 Value 属性相对应。刻度线是按规则间隔分隔的可视化指示符。跟踪条控件可以按指定的增量移动，并且可以水平或者垂直排列。

① Maximum、Minimum 属性：TrackBar 控件可表示的上限和下限值。
② Orientation 属性：该值指示跟踪条是在水平方向还是在垂直方向。
③ LargeChange 属性：滑块长距离移动时应为 Value 属性中加上或减去的值。
④ SmallChange 属性：滑块短距离移动时对 Value 属性进行增减的值。
⑤ Value 属性：用来获取或设置滑块在跟踪条控件上的当前位置的值。
⑥ TickFrequency 属性：该值指定控件上绘制的刻度之间的增量。
⑦ TickStyle 属性：该值指示如何显示跟踪条上的刻度线。
⑧ ValueChanged 事件：事件在 Value 属性值改变时发生。
⑨ Scroll 事件：滚动滑块时发生。

图 5-47　NumericUpDown 控件

图 5-48　TrackBar 控件

5.2.8 容器控件

容器控件是可以容纳其他控件的控件。在窗体含有较多控件时，可以使用容器控件将相关的控件组织在一起，从而便于管理和控制。常用的容器有 Panel、GroupBox、TabControl 等。

1. Panel 控件

Panel（面板）控件是一个用来包含其他控件的控件。它把控件组合在一起，放在同一个面板上，这样将更容易管理这些控件。例如，当禁用面板时，该面板上的所有控件都将被禁用。

除了所有控件共有的一些属性外，Panel 控件特有的重要属性有 AutoScroll 属性和 BorderStyle 属性。

① AutoScroll 属性：Panel 控件派生于 ScrollableControl 类，因此具有 AutoScroll 属性，其默认值为 false。当一个面板的可用区域上有过多的控件需要显示时，就应当将 AutoScroll 属性设为 true，这样就可以显示所有的控件了。

② BorderStyle 属性：该属性用于控制 Panel 控件是否显示边框，其默认值为 None，表示不显示边框，可以将 BorderStyle 属性设为其他值，这样可使面板可视化地组合相关的控件，从而使用户界面更加友好。

2. GroupBox 控件

GroupBox 控件又称为分组框，该控件常用于为其他控件提供可识别的分组，其典型的用法之一就是给 RadioButton 控件分组。可以通过分组框的 Text 属性向用户提供提示信息。位于分组框中的所有控件随着分组框的移动而一起移动，随着分组框的删除而全部删除。分组框的 Visible 属性和 Enabled 属性也会影响分组框中的所有控件。

3. TabControl 控件

当需要在一个窗体内放置几组相对独立而又数量较多的控件时，可以使用 TabControl 控件。该控件有若干选项卡，每个选项卡关联着一个 Tab 页。

TabControl 控件最重要的属性就是 TabPages 属性，使用该属性可以设定该控件包含的页面。设定页面的方法是，在窗体上添加一个 TabControl 控件，然后找到 TabControl 控件的 TabPages 属性，再单击右边的按钮，将打开如图 5-49 所示的"TabPage 集合编辑器"对话框。

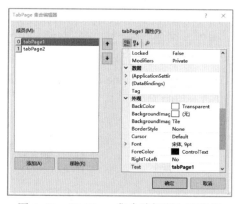

图 5-49 "TabPage 集合编辑器"对话框

在该对话框中可以根据需要的 TabPage 数量单击"添加"（或"移除"）按钮来添加（或移除）TabPage，并且可以在该窗口右边的 TabPage 属性列表框中设置 TabPage 的属性，其中的 Text 属性决定了选项卡标签中显示的文本内容。

【例 5.12】 运用 TabControl 控件存放学生信息。

```
public partial class Form1 : Form
{
    public Form1()
    {
        InitializeComponent();
    }
    private void tabControl1_SelectedIndexChanged(object sender, EventArgs e)
    {
        int index = tabControl1.SelectedIndex;
        switch (index)
        {
            case 0:MessageBox.Show(" 进入学号页 ");
                break;
            case 1:MessageBox.Show(" 进入姓名页 ");
                break;
            case 2:MessageBox.Show(" 进入班级页 ");
                break;
            case 3:MessageBox.Show(" 进入年龄页 ");
                break;
        }
    }
}
```

源代码例 5.12

运行结果如图 5-50 所示。

图 5-50 【例 5.12】运行结果

5.2.9 视图控件

教学课件 5-2-9 视图控件

1. TreeView 控件

TreeView（树视图）控件以树结构显示数据项。Visual Studio 的"解决方案管理器"就是一个典型的树视图应用。

TreeView 控件的每个数据项都与一个树节点（TreeNode）对象相关联。树节点可以包括其他的节点，这些节点称为子节点，这样就可以在 TreeView 控件中体现对象之间的层次关系。

TreeView 控件有很多的属性和事件，用于完成树视图的相关功能。TreeView 控件的常用属性和事件如下。

① Nodes 属性：Nodes 属性是 TreeView 控件的节点的集合。设计 TreeView

微课 5-13
视图控件 –TreeView
控件

控件节点的方法为，找到并单击 Nodes 属性后的 按钮，在打开的对话框中，再单击"添加根"按钮，将打开如图 5-51 所示的"TreeNode 编辑器"对话框。

单击"添加根"按钮，可以为 TreeView 控件添加根节点。添加根节点后，【添加子级】按钮变为可用，单击它可以为根节点添加子节点。

② ImageList 属性：TreeView 控件的 ImageList 属性用于设置从中获取图像的 ImageList 控件。该属性的设置必须与 ImageList 控件相配合，这样才能使用。

③ Scrollable 属性：TreeView 控件的 Scrollable 属性用于指示当 TreeView 控件包含多个节点，且无法在其可见区域内显示所有节点时，TreeView 控件是否显示滚动条。它有 true 和 false 两个值，其默认值为 true。

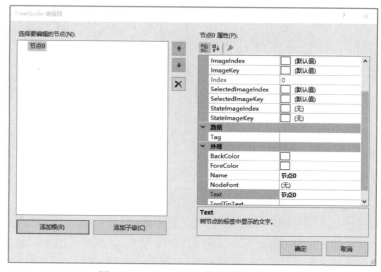

图 5-51 "TreeNode 编辑器"对话框

④ ShowLines 属性：TreeView 控件的 ShowLines 属性用于指示是否在同级别节点以及父节点与子节点之间显示连线。它有 true 和 false 两个值，其默认值为 true。

⑤ ShowPlusMinus 属性：TreeView 控件的 ShowPlusMinus 属性用于指示是否在父节点旁边显示 + 或 - 按钮。它有 true 和 false 两个值，其默认值为 true。

⑥ ShowRootLines 属性：TreeView 控件的 ShowRootLines 属性用于指示是否在根节点之间显示连线。它有 true 和 false 两个值，其默认值为 true。

⑦ SelectedNode 属性：TreeView 控件的 SelectedNode 属性用于获取或设置 TreeView 控件所有节点中被选中的节点。

⑧ AfterSelect 事件：TreeView 控件最常用的事件为 AfterSelect 事件，当更改 TreeView 控件中选定的内容时触发该事件。

【例 5.13】创建个人图书馆。

首先在"TreeNode 编辑器"对话框中进行节点的建立和书籍的添加。添加 1 个 Label 用来进行提示；添加 1 个 TextBox 控件，以实现添加书名的输入；添加 2 个 Button 按钮，分别实现添加图书功能和删除图书功能。实现代码如下。

```csharp
public partial class Form1 : Form
{
    public Form1()
    {
        InitializeComponent();
    }
    private void btnAdd_Click(object sender, EventArgs e)
    {
        treeView1.SelectedNode.Nodes.Add(txtBookName.Text);
    }
    private void btnRemove_Click(object sender, EventArgs e)
    {
        treeView1.Nodes.Remove(treeView1.SelectedNode);
    }
}
```

源代码例 5.13

运行结果如图 5-52 所示。

图 5-52 【例 5.13】运行结果

本例中的图书添加和删除数据并没有保存，通常 TreeView 控件会结合数据存储技术进行保存，其内容将在单元 6 中详细介绍。

2. ListView 控件

ListView 控件允许以 5 种不同的方式显示条目，可以显示文本和可选的大图标、显示文本和可选的小图标、在垂直列表中显示文本和小图标、在详细视图中显示条目文本并在列中显示子条目、平铺方式显示。这听起来应很熟悉，因为文件管理器的右边就用这种方式显示文件夹的内容。ListView 包含一个 ListViewItems 集合。ListViewItems 允许设置一个用于显示的 Text 属性，它的另一个属性 SubItems 包含在详细视图中显示的文本。

微课 5-14
视图控件 –ListView 控件

（1）常用的基本属性

① FullRowSelect 属性：设置是否行选择模式。默认为 false。只有在 Details 视图，该属性才有意义。

② GridLines 属性：设置行和列之间是否显示网格线。默认为 false。只有

在 Details 视图该属性才有意义。

③ View 属性：获取或设置项在控件中的显示方式，包括 Details（详细资料）、LargeIcon（大图标）、List（列表）、SmallIcon（小图标）、Tile（平铺）。默认值为 LargeIcon。

④ MultiSelect 属性：设置是否可以选择多个项。默认为 false。

⑤ HeaderStyle 属性：获取或设置列标头样式。
- Clickable：列标头的作用类似于按钮，单击时可以执行操作（如排序）。
- NonClickable：列标头不响应鼠标单击。
- None：不显示列标头。

⑥ LabelEdit 属性：设置用户是否可以编辑控件中项的标签。比如在操作系统的资源管理器中对文件重命名，就是在编辑该项的标签。默认为 false。

⑦ LargeImageList 属性：大图标集。只在 LargeIcon 视图使用。

⑧ SmallImageList 属性：小图标集。

⑨ SelectedItems 属性：获取在控件中选定的项。

⑩ Sorting 属性：对列表视图的项进行排序。可取值为 None（未排序，默认值）、Ascending（升序）、Descending（降序）。

⑪ HoverSelection 属性：设置当鼠标指针悬停于项上时是否自动选择项。默认为 false。

⑫ HideSelection 属性：设置选定项在控件没焦点时是否仍突出显示。默认为 false。

⑬ ShowGroups 属性：设置是否以分组方式显示项。默认为 false。

⑭ Groups 属性：设置分组的对象集合。

（2）常用方法

① BeginUpdate 方法：暂停在屏幕上对控件的绘制，直到调用 EndUpdate 方法才重新在屏幕上绘制控件的外观。当插入大量数据时，可以有效地避免控件闪烁，并能大大提高速度。

② EndUpdate 方法：重新恢复由 BeginUpdate 方法暂停的绘制控件的操作。

③ EnsureVisible 方法：列表视图滚动定位到指定索引项的选项行。效果类似于 TopItem 属性。

④ FindItemWithText 方法：查找以给定文本值开头的第 1 个 ListViewItem。

⑤ FindNearestItem 方法：按照指定的搜索方向，从给定点开始查找下一个项。只有在 LargeIcon 或 SmallIcon 视图才能使用该方法。

（3）常用事件

① AfterLabelEdit 事件：当用户编辑完项的标签时发生，需要 LabelEdit 属性为 true。

② BeforeLabelEdit 事件：当用户开始编辑项的标签时发生。

③ ColumnClick 事件：当用户在列表视图控件中单击列标头时发生。

【例 5.14】运用 ListView 控件设计一个文本，并能对其进行创建和清除。设置 ListView 控件的 View 属性为 Details。

源代码例 5.14

```csharp
public partial class Form1 :Form
{
    public Form1()
    {
        InitializeComponent();
    }

    private void btnClear_Click(object sender, EventArgs e)
    {
        listView1.Columns.Clear();
    }

    private void btnCreat_Click(object sender, EventArgs e)
    {
        listView1.Columns.Clear();
        ColumnHeader cZh = new ColumnHeader();
        cZh.Text = " 英文 ";
        ColumnHeader cCh = newColumnHeader();
        cCh.Text = " 中文 ";
        listView1.Columns.AddRange(new ColumnHeader[] { cZh, cCh });
        listView1.View = View.Details;
        ListViewItem lvi = new ListViewItem(newstring[] { "Dog", " 狗 " }, -1);
        listView1.Items.Add(lvi);
    }
}
```

运行结果如图 5-53 所示。

图 5-53 【例 5.14】运行结果

教学课件 5-2-10
其他控件和组件

5.2.10 其他控件和组件

1. Timer 控件

Timer 控件又称定时器控件或计时器控件。该控件的主要作用是按一定的时间间隔周期性地触发一个名为 Tick 的事件，因此在该事件的代码中可以放置一些需要每隔一段时间重复执行的程序段。在程序运行时，定时器控件是不可见的。下面介绍 Timer 的常用属性、方法和事件。

① Enabled 属性：用来设置定时器是否正在运行。值为 true 时，定时器正在运行；值为 false 时，定时器停止工作。

微课 5-15
其他控件和组件 –
Timer 控件

② Interval 属性：用来设置定时器两次 Tick 事件发生的时间间隔，以毫秒为单位。例如，将它的值设置为 1000，则将每隔 1 s 发生一次 Tick 事件。

③ Start 方法：用来启动定时器，作用和将 Enabled 设置为 true 一样。

④ Stop 方法：用来停止定时器，作用和将 Enabled 设置为 false 一样。

⑤ Tick 事件：定义器控件响应的事件只有 Tick，每隔 Interval 时间后将触发一次该事件。

【例 5.15】 使用 Timer 控件实现窗体渐现效果。

源代码例 5.15

本例在设计界面时需要从"工具箱"中"组件"分组里拖放一个 Timer 组件到可视化设计器中。

```csharp
public partial class Form1 : Form
{
    public Form1()
    {
        InitializeComponent();
    }
    private void Form1_Load(object sender, EventArgs e)
    {
        timer1.Enabled = true;
        this.Opacity = 0;
    }
    private void timer1_Tick(object sender, EventArgs e)
    {
        if (this.Opacity < 1)
            this.Opacity += 0.05;
        else
            timer1.Enabled = false;
    }
}
```

微课 5-16
其他控件和组件 –
PictureBox 控件

2. PictureBox 控件

PictureBox 控件又称图片框，常用于图形设计和图像处理应用程序。在该控件中可以加载的图像文件格式有 BMP（位图）、ICO（图标）、WMF（图元）、JPEG 和 GIF。下面介绍该控件的常用属性。

① Image 属性：用来设置控件要显示的图像。把文件中的图像加载到图片框通常采用以下 3 种方式：

❑ 设计时单击 Image 属性，在其后将出现"…"按钮，单击该按钮将出现一个"打开"对话框，在该对话框中找到相应的图形文件后单击"确定"按钮。

❑ 产生一个 Bitmap 类的实例并赋值给 Image 属性，形式如下：

```
Bitmap bmp = new Bitmap( 图像文件名 );
pictureBox 对象名 .Image = bmp;
```

❑ 通过 Image.FromFile 方法直接从文件中加载。形式如下：

pictureBox 对象名 .Image=Image.FromFile(图像文件名);

② SizeMode 属性：用来决定图像的显示模式。其值是 PictureBoxSizeMode 枚举，各个枚举值含义如下：

- Normal：图像被置于 PictureBox 的左上角。如果图像比包含它的 PictureBox 大，则该图像将被剪裁。
- StretchImage：PictureBox 中的图像被拉伸或收缩，以适合 PictureBox 的大小。
- AutoSize：调整 PictureBox 大小，使其等于所包含的图像大小。
- CenterImage：如果 PictureBox 比图像大，则图像将居中显示。如果图像比 PictureBox 大，则图片将居于 PictureBox 中心，而外边缘将被剪裁掉。
- Zoom：图像大小按其原有的大小比例增大或缩小。

【例 5.16】 使用 PictureBox 控件展示图片。

```csharp
public partial class Form1 :Form
{
    public Form1()
    {
        InitializeComponent();
    }

    private void pictureBox1_Click(object sender, EventArgs e)
    {
        pictureBox1.Image = Image.FromFile("pic02.jpg");
        pictureBox1.SizeMode = PictureBoxSizeMode.AutoSize;
    }

    private void Form1_Load(object sender, EventArgs e)
    {
        pictureBox1.Image = Properties.Resources.pic01;
    }
}
```

源代码例 5.16

微课 5-17
其他控件和组件 –
ImageList 控件

运行结果如图 5-54 所示。

(a)　　　　　　　　(b)

图 5-54 【例 5.16】运行结果

3. ImageList 控件

ImageList 通常由其他控件使用，如 ListView、TreeView 或 ToolBar。可以将位图、图标添加到 ImageList 中，且其他控件能够在需要时使用这些图像。ImageList 组件常用属性见表 5-6。

表 5-6　ImageList 常用属性

属性	属性说明
ColorDepth	获取图像列表的颜色深度
Images	获取此图像列表的 ImageList.ImageCollection
ImageSize	获取或设置图像列表中的图像大小

其中，Images 属性是最重要的属性之一，可以单击"属性"面板中 Images 属性右侧 按钮打开"图像集合编辑器"对话框，通过"添加"按钮进行图像的添加，也可以使用 Images 属性的 Add 方法以编程方式添加图像。

使用 Remove 方法可以移除单个图像，使用 Clear 方法可以清除图像列表中的所有图像，使用 RemoveByKey 方法可以按图像的键移除单个图像。

如果要给一个按钮 button1 设置图片，可以使用 ImageList 实现，代码如下：

```
button1.image=imageList1.Images["index"];
```

【例 5.17】显示文件图标和编辑图标。

本例使用 Label 控件显示图片，将 Text 属性设置为空，AutoSize 属性设置为 false，并调整图片到合适大小。代码如下：

源代码例 5.17

```
public partial class Form1 :Form
{
    public Form1()
    {
        InitializeComponent();
    }
    private void Form1_Load(object sender, EventArgs e)
    {
        label1.Image = imageList1.Images[3];
        label2.Image = imageList1.Images[4];
        label3.Image = imageList1.Images[5];
    }
    private void btnFile_Click(object sender, EventArgs e)
    {
        label1.Image = imageList1.Images[3];
        label2.Image = imageList1.Images[4];
        label3.Image = imageList1.Images[5];
    }
```

```
private void btnEdit_Click(object sender, EventArgs e)
{
    label1.Image = imageList1.Images[0];
    label2.Image = imageList1.Images[1];
    label3.Image = imageList1.Images[2];
}
```

运行结果如图 5-55 所示。

图 5-55 【例 5.17】运行结果

5.2.11 用户控件

教学课件 5-2-11 用户控件

用户控件是 .NET 提供的一种自定义控件的方法。.NET 提供了一个 System.Windows.Forms.UserControl 基类，通过这个基类派生出用户自定义控件。UserControl 支持可视化设计，在 Visual Studio 中可以通过可视化设计器把已有的控件拖放到用户控件中进行组装打包，从而形成一个新的控件。

微课 5-18 用户控件

【例 5.18】创建和使用用户控件。将 2 个文本框、2 个标签和 1 个按钮打包在一起，形成一个登录控件，在该控件内部实现对用户名和密码的合法性验证，并通过事件机制告知外界用户身份是否合法。

1. 创建项目

创建 Windows 窗体应用程序项目，并命名为"例 5.18"。通过"项目"菜单或"解决方案管理器"面板中项目节点的快捷菜单，向项目中添加用户控件，如图 5-56（a）所示，将控件命名为 Login。添加用户控件后，Visual Studio 自动在可视化设计器中创建用户控件，如图 5-56（b）所示。

源代码例 5.18

2. 设计界面

设计用户控件的界面，如图 5-57 所示。

图 5-56 添加和显示用户控件

图 5-57 设计登录控件界面

其中，各个控件的属性值见表 5-7。

表 5-7　各控件属性设置表

控件名称	属性	属性值
Login	BorderStyle	FixedSingle
label1	Text	用户名
label2	Text	密码
textBox1	（Name）	txtName
textBox1	（Name）	txtPwd
	PasswordChar	*
button1	（Name）	btnLogin
	Text	登录

3. 用户控件编码

用户控件可以通过公开的属性或者公开的事件与外界通信。这里设计一个 UserVerified 事件来通知外界已经验证过用户名和密码了，并且通过事件参数告知外界用户是否合法，并在用户控件内部进行输入数据的验证。Login 控件的完整代码如下：

```
using System;
using System.Windows.Forms;

namespace 例5._18
{
    public partial class Login :UserControl
    {
        public Login()
        {
            InitializeComponent();
        }
        //定义事件
        public event UserVerifiedHandler UserVerified;

        //定义事件触发方法
        private void OnUserVerfied(UserVerifiedEventArgs e)
        {
            if (UserVerified != null) { UserVerified(this, e); }
        }

        private void btnLogin_Click(object sender, EventArgs e)
        {
            //验证输入
            if (String.IsNullOrEmpty(txtName.Text) || String.IsNullOrEmpty(txtPwd.
```

Text))
```
            {
                MessageBox.Show("用户名和密码不能为空！"," 提醒 ", MessageBoxButtons.OK, MessageBoxIcon.Warning);
                return;
            }
            // 创建事件参数对象
            UserVerifiedEventArgs uve = newUserVerifiedEventArgs();

            // 验证用户名和密码是否匹配
            if (txtName.Text = = "admin"&& txtPwd.Text = = "123")
            { uve.Authorized = true; }
            else
            { uve.Authorized = false; }
            // 触发事件
            OnUserVerified(uve);
        }
    }

    // 定义事件参数类
    public class UserVerifiedEventArgs :EventArgs
    { public bool Authorized { get; set; } }

    // 定义事件委托
    public delegate void UserVerifiedHandler(object sender, UserVerifiedEventArgs e);
}
```

4. 使用用户控件

用户控件设计好后编译项目，则用户控件自动出现在"工具箱"面板中，如图 5-58 所示。

将 Login 控件拖入到主窗体中，选中 Login 控件，通过"属性"面板设置 Login 控件的 UserVerified 事件的处理方法，如图 5-59 所示。

图 5-58 "工具箱"面板中的用户控件

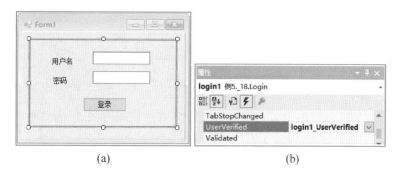

图 5-59 设置用户控件的自定义事件

窗体 Form1 中的 UserVerified 事件的处理方法代码如下：

```
private void login1_UserVerified(object sender, UserVerifiedEventArgs e)
```

```
        {
            if (e.Authorized)
                MessageBox.Show(" 登录成功 !");
            else
                MessageBox.Show(" 用户名或密码错误 !");
        }
```

5. 调试运行

按 F5 键调试运行项目，运行结果如图 5-60 所示。

图 5-60 【例 5.18】运行结果

任务实施

本例综合运用了多种控件，其中涉及的要点，一是控件的布局，二是控件事件的处理，三是控件数据的获取。特别要注意的是，ListBox 控件和 CheckedListBox 控件多选的处理。

微课任务解决 5.2
综合控件应用

源代码任务 5.2
综合控件应用

```
using System;
using System.Windows.Forms;

namespace RegisterUI
{
    public partial class Form1 : Form
    {
        public Form1()
        { InitializeComponent(); }

        private void lnkProtocol_LinkClicked(object sender, LinkLabelLinkClickedEventArgs e)
        {
            Form f = new Form();
            f.Text = " 用户协议 ";
            f.ShowDialog();
        }
```

```csharp
private void chkAgree_CheckedChanged(object sender, EventArgs e)
{
    btnOK.Enabled = chkAgree.Checked;
}

private void btnEixt_Click(object sender, EventArgs e)
{ this.Close(); }

private void Form1_Load(object sender, EventArgs e)
{ comboDateType.SelectedIndex = 0;/* 初始化时选中"公历" */ }

private void btnOK_Click(object sender, EventArgs e)
{
    if (!this.ValidateInput()) return;

    string info = "";
    info += " 用户名：" + txtName.Text.Trim() + "\n";
    info += " 密码：" + txtPwd.Text.Trim() + "\n";
    info += " 性别：" + this.GetSexInput() + "\n";
    info += " 生 日：" + comboDateType.Text + " " + dtpDayOfBirth.Value.ToShortDateString() + "\n";
    info += " 电子邮件：" + txtEmail.Text.Trim() + "\n";
    info += " 喜爱的编程语言：" + this.GetFavorLangInput() + "\n";
    info += " 爱好：" + this.GetHobbiesInput() + "\n";

    MessageBox.Show(info, " 确认你的注册信息 ");
}

bool ValidateInput()
{
    if (string.IsNullOrEmpty(txtName.Text))
    {
        MessageBox.Show(" 用户名必须填写 !");
        return false;
    }

    if (txtPwd.Text.Trim() != txtPwd2.Text.Trim())
    {
        MessageBox.Show(" 两次输入的密码不一致 !");
        return false;
    }

    return true; ;
}
// 获取性别输入
string GetSexInput()
```

```csharp
{
    if (rdoFemale.Checked)
        return rdoFemale.Text;
    else if (rdoMale.Checked)
        return rdoMale.Text;
    else
        return rdoSexUnkown.Text;
}
// 获取"你喜欢的编程语言"输入
string GetFavorLangInput()
{
    string str = "";
    foreach (object item in lstbxFavorLang.SelectedItems)
    { str += item.ToString() + ","; }

    if (str.LastIndexOf(',') > 0)
    { str = str.Remove(str.LastIndexOf(','));/* 移除最后一个逗号 */ }

    return str;
}
// 获取"你的爱好"输入
string GetHobbiesInput()
{
    string str = "";
    foreach (object item in chklstHobbies.CheckedItems)/* 注意 Checked 和 Selected 之间的差别 */
    { str += item.ToString() + ","; }

    if (str.LastIndexOf(',') > 0)
    { str = str.Remove(str.LastIndexOf(','));/* 移除最后一个逗号 */ }

    return str;
}
}
}
```

项目实训

【实训题目】

制作考试系统界面。

【实训目的】

1. 掌握如何创建 Windows 窗体应用程序。
2. 掌握常用控件的用法和布局技巧。
3. 能设计人机交互的流程。

【实训内容】

制作简单的考试系统界面,能够呈现单选题、多选题、判断题,并能定时自动提交试卷和阅卷。参考设计界面如图 5-61 所示。

图 5-61 考试系统参考设计界面

任务 5.3 菜单、工具栏、状态栏、对话框和消息框

本任务综合运用菜单、工具栏、状态栏、对话框以及 RichTextBox 等控件,实现一个功能简单的记事本软件,从中能够进行文本文件的创建、编辑和保存,效果如图 5-62 所示。

图 5-62 记事本

 知识储备

5.3.1 菜单

菜单的主要作用是把软件的各种功能的调用命令集中在一起并分层组织起来。从结构来看,菜单由若干个菜单项构成,菜单项又可以包含自己的子菜单项,从而形成层次化的多级菜单结构。从行为上看,菜单作用是通过单击菜单

项来执行一个命令，如同单击一个按钮引起 Click 事件处理一样。

菜单有两种基本类型：一种是下拉式菜单（MenuStrip）；另一种是弹出式的上下文菜单（ContextMenuStrip），即右击鼠标弹出来的快捷菜单。

从"工具箱"面板中找到 MenuStrip 和 ContextMenuStrip 控件，把它们拖到窗体设计器中，并进行设计，如图 5-63 所示。

在菜单中可以插入 4 种条目，它们所对应的类分别是 MenuItem、ComboBox、Separator 和 TextBox，如图 5-64 所示。ComboBox 和 TextBox 基本不在菜单里使用，它们通常用在工具栏中。菜单中最常用的构成元素是 MenuItem。

(a) 设计 MenuStrip　　(b) 设计 ContextMenuStrip

图 5-63　菜单的可视化设计

图 5-64　插入菜单项

菜单（MenuStrip）的重要属性是 Items 集合，该集合保存着菜单的各种类型的条目。

菜单项（ToolStripMenuItem）的常见属性、事件和方法如下。

① Text 属性：菜单项所显示的文本。可以在 Text 属性中为菜单项定义加速键（又叫"热键"或"访问键"）。具体做法是，在字母前加一个"&"号。对于顶级菜单的加速键，使用时要按住 Alt 键，比如按 Alt+F 组合键就像用鼠标单击了"文件"菜单一样。而对于下拉子菜单中的加速键，在使用时则不能按 Alt 键。该菜单项显示出来后直接按下对应的加速键就可以访问了。如果在菜单项的文本里面输入一个减号"-"则该项将成为一条分割线。

② Checked 属性：菜单项可以模拟 CheckBox 控件的功能。该属性用来获取或设置一个值，通过该值指示选中标记是否出现在菜单项文本的旁边，如 ☑ 自动换行。如果要在菜单项文本的旁边放置选中标记，则属性值为 true，否则属性值为 false。默认值为 false。

③ Enabled 属性：用来获取或设置一个值，通过该值指示菜单项是否可用。值为 true，表示可用；值为 false，表示当前禁止使用，菜单项呈灰色。

④ ShortcutKeys 属性：获取或设置与 ToolStripMenuItem 关联的快捷键。

⑤ ShowShortcutKeys 属性：该值指示与菜单项关联的快捷键是否在菜单项标题的旁边显示。如果快捷组合键在菜单项标题的旁边显示，该属性值为 true，如果不显示快捷键，该属性值为 false。默认值为 true。

⑥ MdiWindowListItem 属性：将一个顶级菜单项的下拉式子菜单显示为 MDI 子窗口列表。

⑦ DisplayStyle 属性：获取或设置是否在菜单项中显示文本和图像。其值是 ToolStripItemDisplayStyle 类型的枚举值，该枚举类型包含以下几个值：

❑ None。指定既不为此 ToolStripItem 显示图像，也不显示文本。

- Text。指定只为此 ToolStripItem 显示文本。
- Image。指定只为此 ToolStripItem 显示图像。
- ImageAndText。指定同时为此 ToolStripItem 显示图像和文本。

⑧ Selected 属性：获取一个值，该值指示该项是否处于选定状态。

⑨ Click 事件：该事件在用户单击菜单项时发生。Click 事件是菜单项最常用的事件。

⑩ PerformClick 方法：鼠标单击菜单项时调用菜单项的该方法。在代码中调用该方法作用如同用鼠标单击了该菜单项。

【例 5.19】 使用 MenuStrip 和 ContextMenuStrip。

本例仅需在窗体设计器中进行设计即可，不需要编写代码。MenuStrip 的设置可以参考图 5-63 的设计方式。在图 5-63 中，顶级菜单"文件 F"的 Text 属性值是"文件 &F"，F 是该菜单的加速键。图 5-64 中的"打开"菜单项，先单击"文件"菜单弹出下拉式菜单项列表，然后按下 O 键就可以了。

设计好 ContextMenuStrip 后，需要设置窗体的 ContextMenuStrip 属性将上下文菜单对象和控件关联起来，如图 5-65 所示。

运行结果如图 5-66 所示。

图 5-65　窗体的 ContextMenuStrip 属性设置

图 5-66　【例 5.19】运行结果

5.3.2　工具栏和状态栏

工具栏控件（ToolStrip）可用于设计一个 Windows 标准的工具栏。它的功能非常强大，可以将一些常用的控件单元作为工具栏的子项放在其中，通过各个子项与应用程序发生联系。常用的子项有 Button、Label、SplitButton、DropDownButton、Separator、ComboBox、TextBox 和 ProgressBar 等，如图 5-67 所示。

状态栏控件（StatusStrip）用于创建 Windows 标准的状态栏。它与工具栏相似，同样也可以将一些常用的控件单元作为子项放在工具栏中，通过各个子项与应用程序发生联系。状态栏常用的子项有 StatusLabel、ProgressBar、DropDownButton 和 SplitButton 等。状态栏用来显示软件执行中的一些信息，一般不接受数据输入。状态栏控件如图 5-68 所示。

微课 5-20
工具栏和状态栏

图 5-67　工具栏控件子项

图 5-68　状态栏控件子项

【例 5.20】 使用工具栏改变状态栏信息。

源代码例 5.20

```
public partial class Form1 :Form
{
    public  Form1()
    {
        InitializeComponent();
    }

    private void btnBold_Click(object sender, EventArgs e)
    {
        lblMessage.Text = " 你点击了加粗按钮 ";
    }

    private void btnItalic_Click(object sender, EventArgs e)
    {
        lblMessage.Text = " 你点击了斜体按钮 ";
    }

    private void btnUnderline_Click(object sender, EventArgs e)
    {
        lblMessage.Text = " 你点击了下画线按钮 ";
    }
}
```

运行结果如图 5-69 所示。

教学课件 5-3-3 对话框

图 5-69　【例 5.20】运行结果

微课 5-21 对话框

5.3.3　对话框

在 Visual Studio 的 "工具箱" 面板中，颜色对话框、文件夹浏览对话框、字体对话框、打开文件对话框和保存文件对话框这 5 个控件被放在一起，形成了一个单独的分组，如图 5-70 所示。这几个组件都是派生于 CommonDialog 类的，所以也常把它们称为"通用对话框"。

尽管这几个对话框本身的构造较为复杂，但它们的核心功能非常简单。ColorDialog 作用是获得一个颜色，即 Color 类型的数据。FolderBrowserDialog 是以图形化的方式获得一个文件夹的路径字符串。FontDialog 的目的是生成一个 Font 结构类型的数据，OpenFileDialog 和 SaveFileDialog 是为了得到文件的完整路径。

图 5-70 "工具箱"面板中的对话框控件

1. OpenFileDialog 控件

OpenFileDialog 控件的常用成员如下。

① Title 属性：用来获取或设置对话框标题，默认值为空字符串（""）。如果标题为空字符串，则系统将使用默认标题"打开"。

② Filter 属性：用来获取或设置当前文件名筛选器字符串，该字符串决定对话框的"另存为"或"文件类型"下拉列表框中出现的选择内容。对于每个筛选选项，筛选器字符串都包含筛选器说明、垂直线条（|）和筛选器模式。不同筛选选项的字符串由垂直线条隔开，例如，文本文件 (*.txt)|*.txt| 所有文件 (*.*)|*.*。还可以通过用分号来分隔各种文件类型，可以将多个筛选器模式添加到筛选器中，例如，图像文件 (*.BMP; *.JPG; *.GIF)|*.BMP;*.JPG; *.GIF| 所有文件 (*.*)|*.*。

③ FilterIndex 属性：用来获取或设置文件对话框中当前选定筛选器的索引。第 1 个筛选器的索引为 1。默认值为 1。

④ FileName 属性：用来获取在打开文件对话框中选定的文件名的字符串。文件名既包含文件路径，也包含扩展名。如果未选定文件，该属性将返回空字符串（""）。

⑤ InitialDirectory 属性：用来获取或设置文件对话框显示的初始目录，默认值为空字符串（""）。

⑥ ShowReadOnly 属性：用来获取或设置一个值，该值指示对话框是否包含只读复选框。如果对话框包含只读复选框，则属性值为 true，否则属性值为 false。默认值为 false。

⑦ ReadOnlyChecked 属性：用来获取或设置一个值，该值指示是否选定只读复选框。如果选中了只读复选框，则属性值为 true，反之，属性值为 false。默认值为 false。

⑧ Multiselect 属性：用来获取或设置一个值，该值指示对话框是否允许选择多个文件。如果对话框允许同时选定多个文件，则该属性值为 true，反之，属性值为 false。默认值为 false。

⑨ FileNames 属性：用来获取对话框中所有选定文件的文件名。每个文件名都既包含文件路径又包含文件扩展名。如果未选定文件，该方法将返回空数组。

⑩ RestoreDirectory 属性：用来获取或设置一个值，该值指示对话框在关闭前是否还原当前目录。假设用户在搜索文件的过程中更改了目录，且该属性值为 true，那么，对话框会将当前目录还原为初始值；若该属性值为 false，则不还原成初始值。默认值为 false。

⑪ OpenFile 方法：打开用户选定的具有只读权限的文件。该文件由 FileName 属性指定。

⑫ ShowDialog 方法：该方法的作用是显示通用对话框，其一般调用形式为"通用对话框对象名.ShowDialog();"，该方法返回值是 DialogResult 枚举值。如果用户在对话框中单击"确定"按钮，则为 DialogResult.OK；否则为 DialogResult.Cancel。

⑬ FileOk 事件：当用户单击文件对话框中的"打开"或"保存"按钮时发生。

如图 5-71 所示是"打开"对话框。

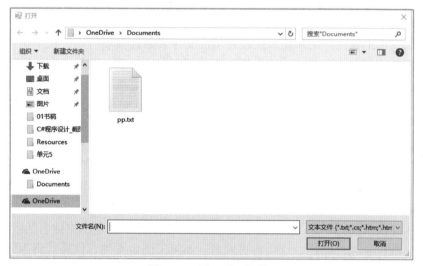

图 5-71 "打开"对话框

2. SaveFileDialog 控件

SaveFileDialog 控件，主要用来弹出 Windows 中标准的"保存文件"对话框。

SaveFileDialog 控件也具有 FileName、Filter、FilterIndex、InitialDirectory、Title 等属性，这些属性的作用与 OpenFileDialog 控件基本一致，此处不再赘述。

需注意的是，上述两种对话框控件只返回要打开或保存的文件名，并没有真正提供打开或保存文件的功能，程序员必须自己编写文件打开或保存程序才能真正实现文件的打开和保存功能。

如图 5-72 所示是"另存为"对话框。

3. FontDialog 控件

FontDialog 控件用来弹出 Windows 中标准的"字体"对话框。"字体"对话框的作用是显示当前安装在系统中的字体列表，供用户进行选择。下面介绍"字体"对话框的主要属性。

① Font 属性：该属性是"字体"对话框的最重要属性，通过它可以设定或获取字体信息。

② Color 属性：用来设定或获取字符的颜色。

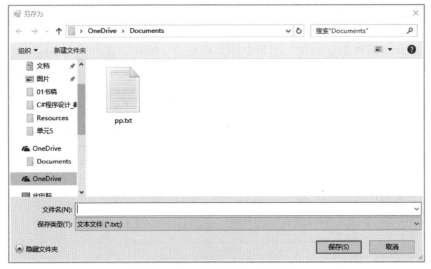

图 5-72 "另存为"对话框

③ MaxSize 属性：用来获取或设置用户可选择的最大磅值。
④ MinSize 属性：用来获取或设置用户可选择的最小磅值。
⑤ ShowColor 属性：用来获取或设置一个值，该值指示对话框是否显示颜色选择框。如果对话框显示颜色选择框，属性值为 true，反之，属性值为 false。默认值为 false。
⑥ ShowEffects 属性：用来获取或设置一个值，该值指示对话框是否包含允许用户指定删除线、下划线和文本颜色选项的控件。如果对话框包含设置删除线、下画线和文本颜色选项的控件，属性值为 true，反之，属性值为 false。默认值为 true。

如图 5-73 所示是"字体"对话框。

图 5-73 "字体"对话框

4. ColorDialog 控件

ColorDialog 控件主要用来弹出 Windows 中标准的"颜色"对话框。"颜色"对话框的作用是供用户选择一种颜色，并用 Color 属性记录用户选择的颜色值。下面介绍"颜色"对话框的主要属性。

① AllowFullOpen 属性：用来获取或设置一个值，该值指示用户是否可以使用该对话框自定义颜色。如果允许用户自定义颜色，属性值为 true，否则属性值为 false。默认值为 true。

② FullOpen 属性：用来获取或设置一个值，该值指示用于创建自定义颜色的控件在对话框打开时是否可见。值为 true 时可见，值为 false 时不可见。

③ AnyColor 属性：用来获取或设置一个值，该值指示对话框是否显示基本颜色集中可用的所有颜色。值为 true 时，显示所有颜色，否则不显示所有颜色。

④ Color 属性：用来获取或设置用户选定的颜色。

如图 5-74 所示是"颜色"对话框。

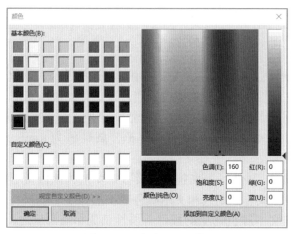

图 5-74　"颜色"对话框

5. FolderBrowserDialog 控件

FolderBrowserDialog 组件用来弹出 Windows 中标准的"浏览文件夹"对话框。下面介绍该组件的常用成员。

① SelectedPath 属性：用于设置对话框中最先显示的文件夹或用户最后选择的文件夹的路径。默认值为空字符串（""）。

② ShowNewFolderButton 属性：用于设置在对话框中是否显示"新建文件夹"按钮。

③ Description 属性：用于设置对话框目录树上显示的提示信息。

④ ShowDialog 方法：用于显示对话框。如果 ShowDialog 返回 OK，意味着用户单击了"确定"按钮，则 SelectedPath 属性将返回一个字符串，该字符串包含选定文件夹的路径。如果 ShowDialog 返回 Cancel，表明用户退出了对话框，则此属性的值与它在显示对话框前的值相同。如果用户选择的文件夹（如"我的电脑"）没有物理路径，则对话框上的"确定"按钮将被禁用。

若将 SelectPath 属性设置为 "D:\\"，将 ShowNewFolderButton 属性设置为 true，Description 属性设置为 "请选择："，则调用对话框的 ShowDialog 方法将显示如图 5-75 所示的"浏览文件夹"对话框。

图 5-75 "浏览文件夹"对话框

5.3.4 消息框

System.Windows.Forms.MessageBox 类表示消息框,消息框是一种常用的窗体,用来向用户显示信息或者向用户发出询问,以决定接下来该程序该如何执行。调用 MessageBox 的静态 Show 方法可将消息框显示在屏幕上,该方法的返回值是 DialogResult 类型的枚举值。Show 方法提供了多种重载,常用的重载形式见表 5-8。

微课 5-22
消息框

表 5-8 MessageBox.Show 的常用重载方法

名称	说明
MessageBox.Show (String)	显示具有指定文本的消息框
MessageBox.Show (String, String)	显示具有指定文本和标题的消息框
MessageBox.Show (String, String, MessageBoxButtons)	显示具有指定文本、标题和按钮的消息框
MessageBox.Show (String, String, MessageBoxButtons, MessageBoxIcon)	显示具有指定文本、标题、按钮和图标的消息框
MessageBox.Show (String, String, MessageBoxButtons, MessageBoxIcon, MessageBoxDefaultButton)	显示具有指定文本、标题、按钮、图标和默认按钮的消息框

要给消息框指定所包含的按钮,应该将 MessageBoxButtons 类型的枚举值作为参数传递给 Show 方法。消息框包含的按钮类型不同,其返回值也不同。如果指定对话框包含的按钮是 MessageBoxButtons.OKCancel,则返回值可能是 DialogResult 枚举值中的 OK 或者 Cancel,而不是 Yes 或者 No,在使用时要注意二者的区别。要指定消息框的图标应使用 MessageBoxIcon 枚举值,MessageBoxDefaultButton 枚举类型参数指定消息框中哪个按钮是默认被选中的,MessageBoxOptions 枚举型参数提供一些其他选项。各枚举类型的成员见表 5-9。

【例 5.21】 消息框的使用。

表 5-9　与 MessageBox.Show 方法有关的几个枚举类型

DialogResult 枚举	
Abort	对话框的返回值是 Abort（通常从标签为"中止"的按钮发送）
Cancel	对话框的返回值是 Cancel（通常从标签为"取消"的按钮发送）
Ignore	对话框的返回值是 Ignore（通常从标签为"忽略"的按钮发送）
No	对话框的返回值是 No（通常从标签为"否"的按钮发送）
None	从对话框返回了 Nothing。这表明有模式对话框继续运行
OK	对话框的返回值是 OK（通常从标签为"确定"的按钮发送）
Retry	对话框的返回值是 Retry（通常从标签为"重试"的按钮发送）
Yes	对话框的返回值是 Yes（通常从标签为"是"的按钮发送）
MessageBoxButtons 枚举	
AbortRetryIgnore	消息框包含"中止""重试"和"忽略"按钮
OK	消息框包含"确定"按钮
OKCancel	消息框包含"确定"和"取消"按钮
RetryCancel	消息框包含"重试"和"取消"按钮
YesNo	消息框包含"是"和"否"按钮
YesNoCancel	消息框包含"是""否"和"取消"按钮
MessageBoxIcon 枚举	
Asterisk	星号，消息框图标由一个圆圈及其中的小写字母 i 组成，即
Error	错误，消息框图标由一个红色背景的圆圈及其中的白色 × 组成，即
Exclamation	感叹号，消息框图标由一个黄色背景的三角形及其中的一个感叹号组成的，即
Hand	手型，消息框图标由一个红色背景的圆圈及其中的白色 × 组成的，即
Information	信息，消息框图标由一个圆圈及其中的小写字母 i 组成的，即
None	无，消息框未包含图标符号
Question	提问，消息框图标由一个圆圈和其中的一个问号组成的，即
Stop	停止，消息框图标由一个红色背景的圆圈及其中的白色 × 组成的，即
Warning	警告，消息框图标由一个黄色背景的三角形及其中的一个感叹号组成的，即
MessageBoxDefaultButton 枚举	
Button1	消息框上的第一个按钮是默认按钮
Button2	消息框上的第二个按钮是默认按钮
Button3	消息框上的第三个按钮是默认按钮

源代码例 5.21

```
public partial class Form1 :Form
{
    public Form1()
```

```
        {
            InitializeComponent();
        }

        private void btnOK_Click(object sender, EventArgs e)
        {
            DialogResult result;
            result = MessageBox.Show(" 真的要退出程序？ "," 退出 ",
MessageBoxButtons.YesNo, MessageBoxIcon.Question, MessageBoxDefaultButton.Button2);
            if (result == DialogResult.Yes)
                Application.Exit();
        }
}
```

要运行上面的代码，需要先创建 Windows 窗体应用程序项目，在窗体里面放入一个按钮控件，将上述代码用作按钮的 Click 事件处理方法。运行结果如图 5-76 所示。

图 5-76 【例 5.21】运行结果

5.3.5 将窗体显示为对话框

对话框是有模式的窗体。其特点是对话框显示以后能够阻塞用户对同一程序中其他窗体的交互操作。除了可以使用系统提供的标准对话框外，读者还可以根据需要自己定义对话框。通过调用窗体的 ShowDialog 方法可以将任何窗体显示为对话框。

教学课件 5-3-5
将窗体显示为对话框

微课 5-23
将窗体显示为对话框

【例 5.22】 自定义一个对话框，用来接收用户输入的宽度和高度数据。

操作步骤如下：
① 创建窗体项目，将窗体命名为 SetSizeForm（设置大小）。
② 设计 SetSizeForm 界面，如图 5-77 所示。将其中的两个 NumericUp-Down 控件的 Maximum 属性都设置为 1 000，这里也可以直接使用 TextBox 来接收输入。

选中窗体 SetSizeForm，将窗体的 AcceptButton 设置为 btnOK（"确定"按钮），将 CancelButton 设置为 btnCancel（"取消"按钮），如图 5-78 所示。设置完成以后，如果按 Enter 键则相当于在 btnOK 按钮上单击，按 Esc 键相当于在 btnCancel 按钮上单击。

源代码例 5.22

图 5-77 对话框界面设计　　　图 5-78 设置 Enter 键和 Esc 键所对应的按钮

将 btnOK 按钮的 DialogResult 值设置为 OK，如图 5-79 所示。至于 btnCancel 按钮，在设置窗体的 CancelButton 的时，Visual Studio 已经将其的 DialogResult 值设置为 Cancel 了。

当为按钮设置了 DialogResult 值后，如果单击按钮则会关闭对话框，对话框窗体的 ShowDialog 方法将返回按钮的 DialogResult 值，因此并不需要处理按钮的 Click 事件以关闭对话框窗体。

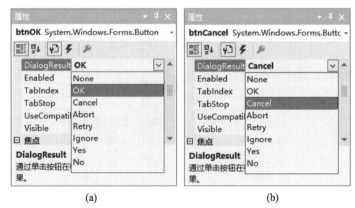

图 5-79 设置按钮对应的 DialogResult 值

③ 将 SetSizeForm 中接收的数据公开为属性。代码如下：

```csharp
public partial class SetSizeForm :Form
{
    public SetSizeForm()
    {
        InitializeComponent();
    }

    public int WidthValue
    {
        get{ return Convert.ToInt32(numWidth.Value); }
        set{ numWidth.Value = value; }
    }

    public int HeightValue
```

```
        {
            get{ return Convert.ToInt32(numHeight.Value); }
            set{ numHeight.Value = value; }
        }
    }
```

④ 在主窗体中测试。在窗体中通过调用对话框窗体的 ShowDialog 方法来显示对话框，通过该方法的返回值来判断用户单击了哪个按钮，通过对话框的公开属性来获取用户在对话框中的数据输入。

窗体 Form1 中按钮的 Click 事件处理：

```
private void button1_Click(object sender, EventArgs e)
{
    SetSizeForm f = new SetSizeForm();
    if (f.ShowDialog()= = DialogResult.OK)
    { textBox1.Text = " 宽度 :" + f.WidthValue + ", 高度 :" + f.HeightValue; }
    f.Dispose();// 释放窗体所占资源
}
```

运行结果如图 5-80 所示。

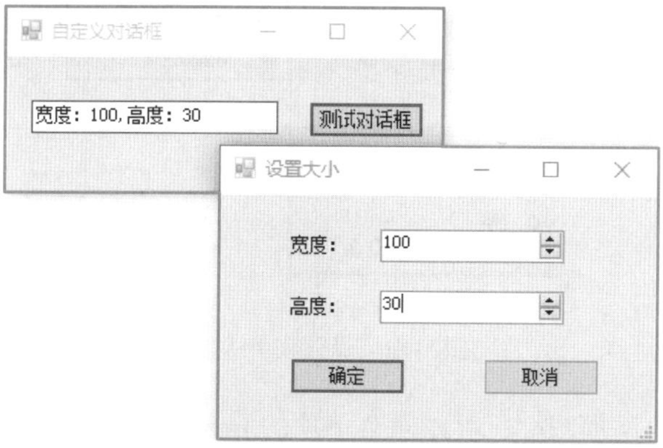

图 5-80 【例 5.22】运行结果

任务实施

本任务要求设计与制作一个带有主菜单、工具栏和状态栏的记事本，并实现文本文件的保存、打开、编辑功能，其中涉及的控件主要有 MenuStrip、ToolStrip、StatusStrip、RichTextBox、OpenFileDialog、SaveFileDialog 等。

具体设计过程如下。

1. 界面设计

（1）设置窗体属性

窗体属性见表 5-10。

微课任务解决 5.3
记事本

源代码任务 5.3
记事本

表 5-10 窗体属性

属性	属性值	说明
(Name)	frmMain	窗体控件 ID
Size	620, 470	窗体大小
Text	简易记事本	标题栏显示的文本

（2）添加控件与设置控件属性

① 添加菜单栏（MenuStrip）。从"工具箱"面板中找到 MenuStrip 控件，并拖动到窗体上，添加 menuStrip1 控件后，在窗体的最上方将出现菜单设计器和"请在此处输入"的操作提示。在菜单设计器中输入第一个菜单标题"文件(&F)"后会出现进一步提示，右侧为下一个菜单标题，下方为第一个菜单标题的第一个菜单项。依次类推，按屏幕提示可以十分方便地完成菜单标题和菜单项的设置。

添加完主菜单后，向窗体里拖放一个快捷菜单 contextMenuStrip1。

按照如图 5-81 所示设计菜单结构。

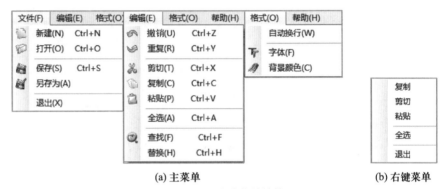

图 5-81 设计菜单结构

要为菜单项添加图标，可以对菜单项的 Image 属性进行设置。一般来说，设置的图标与后面要添加的工具栏一致。

菜单结构及菜单项的属性设置见表 5-11。

表 5-11 菜单结构及菜单项的属性设置

菜单标题	菜单项	Name 属性	Text 属性	ShortCutKeys 属性
文件	新建	MenuItemNew	新建 (&N)	Ctrl+N
	打开	MenuItemOpen	打开 (&O)	Ctrl+O
	保存	MenuItemSave	保存 (&S)	Ctrl+S
	另存为	MenuItemSaveAs	另存为 (&A)	
	退出	MenuItemExit	退出 (&X)	
编辑	撤销	MenuItemUndo	撤销 (&U)	Ctrl+Z
	重复	MenuItemRedo	重复 (&R)	Ctrl+Y

续表

菜单标题	菜单项	Name 属性	Text 属性	ShortCutKeys 属性
编辑	剪切	MenuItemCut	剪切 (&T)	Ctrl+X
	复制	MenuItemCopy	复制 (&C)	Ctrl+C
	粘贴	MenuItemPaste	粘贴 (&P)	Ctrl+V
	全选	MenuItemSelectAll	全选 (&A)	Ctrl+A
	查找	MenuItemFind	查找 (&F)	Ctrl+F
	替换	MenuItemReplace	替换 (&H)	Ctrl+H
格式	自动换行	MenuItemWordWrap	自动换行 (&W)	
	字体	MenuItemFont	字体 (&F)	
	背景颜色	MenuItemBackColor	背景颜色 (&C)	
帮助	关于	MenuItemAbout	关于 (&A)...	

ContextMenuStrip 菜单项设置见表 5-12。

表 5-12 ContextMenuStrip 菜单项

菜单项	Name 属性	Text 属性
剪切	ContextMenuItemCut	剪切
复制	ContextMenuItemCopy	复制
粘贴	ContextMenuItemPaste	粘贴
全选	ContextMenuItemSelectAll	全选
退出	ContextMenuItemExit	退出

② 添加工具栏（ToolStrip）和状态栏（StatusStrip）。从"工具箱"面板中添加 ToolStrip 控件及 StatusStrip 控件，分别使用默认命名 toolStrip1 及 statusStrip1。添加的工具栏如图 5-82 所示。

图 5-82 添加工具栏

ToolStrip 控件添加后，可以在设计视图中通过工具栏的添加按钮控件的下拉列表选择要添加的按钮类型，如图 5-83 所示。添加后单击某一按钮，即可在"属性"面板中设置其属性。其中 DisplayStyle 属性设置有 4 种情况，即 None（无）、Image（图片）、Text（文本）和 ImageAndText（图片和文本）。

toolStrip1 控件的属性见表 5-13。

图 5-83 选择在工具栏中要添加的按钮

表 5-13 toolStrip1 控件的属性

对象	Name 属性	Text 属性	DisplayStyle 属性	说明
Button	toolNew	新建	Image	新建文件
Button	toolOpen	打开	Image	打开已有文本文件
Button	toolSave	保存	Image	保存文本
Button	toolCopy	复制	Image	复制所选文本
Button	toolCut	剪贴	Image	剪贴所选文本
Button	toolPaste	粘贴	Image	粘贴复制板内容
Button	toolUndo	撤销	Image	撤销前面操作
Button	toolRedo	重做	Image	撤销撤销操作
Button	toolSelectAll	全选	Text	选择全部内容
ComboBox	ComboBoxFontStyle			字体样式选择
ComboBox	ComboBoxFontSize			字体大小选择
Button	toolBold	B	Text	字体加粗
Button	toolItalic	I	Text	字体倾斜
Button	toolUnderline	U	Text	字体下画线

StatusStrip 控件添加后，默认位置是在窗体的底端。和 ToolStrip 控件相似，它也拥有多个对象。这里仅添加一个 StatusLabel 对象，将名称修改为 msg1，设置 Text 初值为"制作人:xxx"。该标签用来显示插入点的所处的行号和列号。

③ 添加并设置 RichTextBox 控件。通过"工具箱"面板添加 richTextBox 后，设置其 Dock 属性为 Fill，使它填充满整个空白区域，效果如图 5-84 所示。

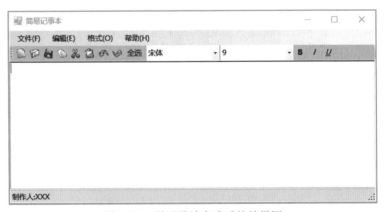

图 5-84 界面设计完成后的效果图

④ 添加对话框。向窗体中拖放"字体"对话框、"颜色"对话框、"打开"对话框、"保存"对话框，以便在代码中直接使用。

2. 代码编写

① 添加窗体级变量（窗体类字段），以及和文件打开、保存相关的自定义方法。

```csharp
using System;
using System.Drawing;
usingSystem.Windows.Forms;

namespace MyNotepad
{
    public partial class frmMain :Form
    {
        #region 字段定义

        public string fname = "";// 当前文档的存盘路径
        public bool modified = false;// 文档内容是否已经更改
        string fileDialogFilter = " 文本文件 |*.txt;*.cs;*.htm;*.html;*.vb| 所有文件 |*.*";

        #endregion

        public frmMain()
        {
            InitializeComponent();
        }

        //打开文件
        private void Open()
        {
            openFileDialog1.Title = " 打开 ";
            openFileDialog1.FileName = "";
            openFileDialog1.Filter = this.fileDialogFilter;
            openFileDialog1.FilterIndex = 1;

            if (openFileDialog1.ShowDialog() == DialogResult.OK)
            {
                fname = openFileDialog1.FileName;
                rtb1.LoadFile(fname, RichTextBoxStreamType.PlainText);
                modified = false;
            }
        }

        //检查文件是否需要保存
        private DialogResult NeedSave()
        {
            DialogResult result = DialogResult.None;

            if (modified)
```

```csharp
        {
            result = MessageBox.Show(" 是否保存数据 ", " 提示 ",
MessageBoxButtons.YesNoCancel, MessageBoxIcon.Question);

            if (result == DialogResult.Yes)
            {
                Save();
            }
        }

        return result;
    }

    // 保存文件
    private void Save()
    {
        if (fname == "")
        {
            SaveAs();
        }
        else
        {
            rtb1.SaveFile(fname, RichTextBoxStreamType.PlainText);
            modified = false;
        }
    }

    // 另存文件
    private void SaveAs()
    {
        saveFileDialog1.Title = " 另存为 ";
        this.saveFileDialog1.Filter = " 文本文件 |*.txt;";

        if (this.saveFileDialog1.ShowDialog() == DialogResult.OK)
        {
            if (saveFileDialog1.FileName != "")
            {
                rtb1.SaveFile(saveFileDialog1.FileName,
RichTextBoxStreamType.PlainText);
                fname = saveFileDialog1.FileName;
                modified = false;
            }
        }
    }}
```

② 窗体事件处理。

```csharp
private void FormMain_Load(object sender, EventArgs e)
{
    // 用系统字体填充字体组合框
    cbxFontName.Items.Clear();

    foreach (FontFamily ff in FontFamily.Families)
    {
        // 检查字体是否支持相应字体样式
        if (ff.IsStyleAvailable(FontStyle.Regular & FontStyle.Underline & FontStyle.Bold & FontStyle.Italic & FontStyle.Strikeout))
        {
            cbxFontName.Items.Add(ff.Name);
        }
    }

    cbxFontName.Text = rtb1.Font.Name;
    // 填充字体大小组合框
    for (int i = 5; i <= 20; i++)
        cbxFontSize.Items.Add(i);

    for (int i = 22; i < 72; i += 2)
        cbxFontSize.Items.Add(i);

    // 设置字体组合框和字体大小组合框的初值
    cbxFontName.Text = rtb1.Font.Name;
    cbxFontSize.Text = ((int)(rtb1.Font.Size)).ToString();

    MenuItemNew.PerformClick();
}

// 窗体退出事件
private void FormMain_FormClosing(object sender, FormClosingEventArgs e)
{
    if (NeedSave() == DialogResult.Cancel)
        e.Cancel = true;
}
```

③ "文件"菜单的菜单项单击处理。

```csharp
// 新建文件
private void MenuItemNew_Click(object sender, EventArgs e)
{
    if (NeedSave() != DialogResult.Cancel)
    {
        rtb1.ResetText();
```

```csharp
            modified = false;
            fname = "";
        }
    }

    // 打开文件
    private void MenuItemOpen_Click(object sender, EventArgs e)
    {
        Open();
    }

    // 保存文件
    private void MenuItemSave_Click(object sender, EventArgs e)
    {
        Save();
    }

    // 文件另存为
    private void MenuItemSaveAs_Click(object sender, EventArgs e)
    {
        SaveAs();
    }

    // 退出
    private void MenuItemExit_Click(object sender, EventArgs e)
    {
        Application.Exit();
    }
```

④ "编辑"菜单项处理。

"编辑"菜单项的功能调用 RichTextBox 的相应方法来实现，此处只给出"撤销"菜单项的 Click 事件代码，其他的菜单命令可参考此代码实现。

```csharp
    // 撤销
    private void MenuItemUndo_Click(object sender, EventArgs e)
    {
        rtb1.Undo();
    }
```

⑤ "格式"菜单项处理。

```csharp
    // 自动换行
    private void MenuItemWordWrap_Click(object sender, EventArgs e)
    {
        rtb1.WordWrap = MenuItemWordWrap.Checked;
    }
```

```csharp
//字体设置
private void MenuItemFont_Click(object sender, EventArgs e)
{
    if (fontDialog1.ShowDialog() == DialogResult.OK)
    {
        rtb1.SelectionFont = fontDialog1.Font;
    }
}

//背景颜色设置
private void MenuItemBackColor_Click(object sender, EventArgs e)
{
    //使用自定义颜色
    colorDialog1.AllowFullOpen = true;
    //显示基本颜色集中的可用的所有颜色
    colorDialog1.AnyColor = true;
    //打开自定义颜色控件
    colorDialog1.FullOpen = true;

    if (colorDialog1.ShowDialog() == DialogResult.OK)
    {
        rtb1.BackColor = colorDialog1.Color;
    }
}
```

⑥ 工具栏命令的实现。

工具栏大部分命令可以直接调用相应菜单项的事件处理函数来实现。下面是其中的几个工具栏按钮的 Click 事件处理代码：

```csharp
// "新建" 按钮
private void toolNew_Click(object sender, EventArgs e)
{
    MenuItemNew_Click(null, null);
}

// "打开" 按钮
private void toolOpen_Click(object sender, EventArgs e)
{
    MenuItemOpen.PerformClick();
}

// "保存" 按钮
private void toolSave_Click(object sender, EventArgs e)
{
    MenuItemSave_Click(sender, e);
}
```

文本字体及大小设置相关的代码如下：

```csharp
// "字形"设置
private void cbxFontName_SelectedIndexChanged(object sender, EventArgs e)
// 字体样式选择
{
    this.SetSelectionTextFont(cbxFontName.Text.Trim());
}

// "字号"设置
private void cbxFontSize_SelectedIndexChanged(object sender, EventArgs e)
// 字体大小选择 float.Parse(cbxFontSize.Text)
{
    float size;

    if (float.TryParse(cbxFontSize.Text, out size))
    {
        if (size >= 5.0)
            this.SetSelectionTextFont(size);
    }
}

// "粗体"按钮
private void toolboldface_Click(object sender, EventArgs e)
{
    this.SetSelectionTextFont(FontStyle.Bold);
}

// "斜体"按钮
private void toolItalic_Click(object sender, EventArgs e)
{
    this.SetSelectionTextFont(FontStyle.Italic);
}

// "下画线"按钮
private void toolUnderline_Click(object sender, EventArgs e)
{
    this.SetSelectionTextFont(FontStyle.Underline);
}

// 重载 SetSelectionTextFont()：设置 RichTextBox 的被选中文本的字体、大小和样式
private void SetSelectionTextFont(RichTextBox rtb, string fontname, float fontsize, FontStyle fontstyle)
{
    int currentPosition = rtb.SelectionStart;
    int length = rtb.SelectionLength;
```

```csharp
    RichTextBox temp = newRichTextBox();

    temp.Rtf = rtb.SelectedRtf;

    for (int i = 0; i < length; i++)
    {
        temp.Select(i, 1);
        temp.SelectionFont = newFont(fontname = = null || fontname = = "" ? temp.Selection Font.Name : fontname,
            fontsize <5 ? temp.SelectionFont.Size : fontsize, temp.SelectionFont.Style ^ fontstyle);
    }

    temp.Select(0, length);
    rtb.SelectedRtf = temp.SelectedRtf;

    rtb.SelectionStart = currentPosition;
    rtb.Select(currentPosition, length);
    rtb.Focus();
}

// 重载 SetSelectionTextFont(): 设置选中文本字体
private void SetSelectionTextFont(string fontname)
{
    this.SetSelectionTextFont(rtb1, fontname, 0, FontStyle.Regular);
}

// 重载 SetSelectionTextFont(): 设置选中文本大小
private void SetSelectionTextFont(float fontsize)
{
    this.SetSelectionTextFont(rtb1, "", fontsize, FontStyle.Regular);
}

// 重载 SetSelectionTextFont(): 设置选中文本样式
private void SetSelectionTextFont(FontStyle fontstyle)
{
    this.SetSelectionTextFont(rtb1, "", 0, fontstyle);
}
```

⑦ RichTextBox 控件的 TextChanged 事件和 SelectionChanged 事件的处理。

```csharp
// rtb1 文本改变事件处理
private void rtb1_TextChanged(object sender, EventArgs e)
{
    modified = true;
```

```
}
//rtb1 的文本选择改变事件
private void rtb1_SelectionChanged(object sender, EventArgs e)
{
    int  lineNum = rtb1.GetLineFromCharIndex(rtb1.SelectionStart);
    int  colNum = rtb1.SelectionStart - rtb1.GetFirstCharIndexFromLine(lineNum);

    try
    {
        msg1.Text = String.Format(" 行 :{0}, 列 :{1}", lineNum, colNum);
    }
    catch (Exception x)
    {
        msg1.Text = x.Message;
    }

    if (rtb1.SelectionType == RichTextBoxSelectionTypes.Text)
    {
        cbxFontName.Text = rtb1.SelectionFont.Name;
        cbxFontSize.Text = rtb1.SelectionFont.Size.ToString();
    }
}
```

此处并未给出查找和替换功能的实现，此部分内容放在"项目实训"中由读者实现，也可参考本书配套资源中对应的项目源代码。

项目实训

【实训题目】
为"简单记事本"增加功能：
1. 实现查找和替换功能。
2. 实现颜色设置功能。
3. 实现选项功能。

【实训目的】
1. 掌握窗体程序的编写、调试、运行方法。
2. 掌握菜单、工具栏、状态栏的相应事件的编码方法。

【实训内容】
先创建简单记事本，然后实现查找和替换功能，查找的关键字用另一个窗体输入。颜色设置功能要求能够设置被选中文本的颜色。选项功能用以设置和保存记事本是否启用自动换行，以及新建文档的默认背景色、前景色、字体等信息。

单元小结

借助 Windows Forms，人们可以为用户提供界面友好的软件。窗体程序的开发可以分成两个步骤：一是在窗体中放置各种控件和组件，设计程序界面；二是为控件和组件的一些相关事件编写代码，以实现这些控件和组件的功能或者响应用户在窗体上的操作。

Visual Studio 为人们提供了所见即所得的开发环境，大大简化了窗体程序的开发过程。本单元介绍了窗体、控件、菜单、工具栏、状态栏、对话框等常用的窗体设计元素。通过本单元的学习，读者可以进行设计与开发各种窗体程序。

单元 6
数据访问

学习目标

【知识目标】

- 理解流式输入/输出
- 掌握流的用法,能使用流读写文本文本文件和二进制文件
- 掌握 System.IO 中的几个常用类,能编写管理文件系统的代码
- 理解 ADO.NET 模型中的五大对象
- 掌握并使用 ADO.NET 对象在线访问数据库
- 掌握数据适配器和数据集的使用
- 理解数据库事务处理机制

【能力目标】

- 能读写文本文件
- 能读写二进制文件
- 能够编程实现对文件系统的管理
- 能从代码中实现对数据库的增加、删除、查询、修改等操作
- 能开发以数据库为中心的窗体程序

文本
单元 6 电子教案

场景描述

阿蔡终于摆脱了控制台程序运行时黑漆漆的命令行窗口,学会了如何创建图形化的用户界面,也知道了如何使用控件接收用户输入的数据,还知道了如何显示数据。

阿蔡:小强哥,数据保存在对象中,而对象是程序在运行时创建的,对象一旦销毁了,其中的数据也就不在了。怎样才能长久保存数据呢?

小强:这就需要将数据保存到外存储器上呀!操作系统以文件为单位管理外存中的数据,也就是说要把数据保存在文件中,这样数据就不会丢失了。

阿蔡:如果我将联系人信息保存到文件中,那么下次读取时怎么区分哪些是联系人的姓名、哪些是联系人的电话呢?

小强:这些数据是有格式的数据,一个联系人的信息叫作一条记录,每个联系人的记录又是由姓名、电话、性别等数据项组成的。如果要把它保存在文本文件中,就要设计一下存储的形式,比如用逗号将数据项隔开,以换行作为一条记录的结束,程序读取的时候再根据这些特殊的字符将数据分离出来。也可将这样的数据用 XML 格式表示出来,然后通过标准的 DOM 接口去访问。不过呢,这样的数据更应该保存在数据库中。目前常用的数据库都是以表格的形式存储数据的,表格里的一行就是一条记录,每行的列就是数据项。需要哪一行哪一列的数据,通过 SQL 语句告诉数据库管理系统就可以了。

阿蔡:我知道了,长久保存数据主要有 3 种方案,一是保存到文本文件;二是保存在 XML 文件中;三是存储到数据库中。

小强:嗯!不错!还可以将数据直接保存为二进制形式的文件!另外,XML 文件本身也是文本文件,只不过它用一些"标签"把数据标注出来,然后使用 DOM 去读取这些标签,从而提取出数据项。你有空的话就去了解一下 XML 和 DOM 吧。这几种存储数据的方式都有各自的优缺点,在使用时注意体会。

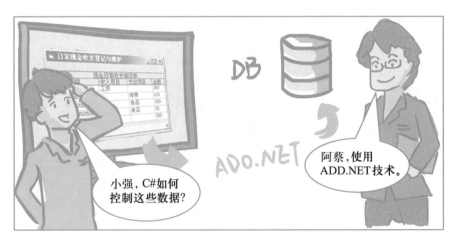

任务 6.1 访问文件

制作一个简单的通讯录,效果如图 6-1 所示。该通讯录将联系人数据保存在二进制文件中,实现添加、删除联系人和清空通讯录的功能。

图 6-1 任务 6.1 实现效果图

 知识储备

6.1.1 文件和流

1. 文件和流的基本概念

文件是指在各种存储介质(如可移动磁盘、硬盘、CD 等)上永久存储的数据的有序集合,是操作系统进行数据读写操作的基本对象。通常情况下,文件按照树状目录进行组织。每个文件都有文件名、文件所在路径、创建时间、访问权限等属性。

流是一种负责向后备存储写入字节和从后备存储读取字节的对象。除了磁盘,其他的多种存储介质都可作为后备存储区。类似地,除文件流之外也存在多种流。例如,网络流、内存流和磁带流等。

流好比是在应用程序和存储媒介之间架设的管道,数据可以通过这个管道流动到程序的内存中,也可以从程序的内存流动到存储媒介中。应用程序不用关心管道另一头是什么样的存储媒介,也不需要知道数据在存储媒介中是连续存储的还是离散存储的。通过流读写的数据就是连续的字节序列。在使用 C# 语言进行文件操作时,只要利用 .NET 框架结构所封装的文件操作的统一接口,就可以保证程序在不同的文件系统上能够良好地被移植。

按照流的方向可把流分为两种:输入流和输出流。.NET 框架 System.IO 命名空间中提供了多种类型,用于读写数据文件和数据流。这些操作可以同步进行,也可以异步进行。流式输入 / 输出如图 6-2 所示。

图 6-2 流式输入 / 输出

2. System.IO 命名空间

System.IO 命名空间包含了和输入 / 输出有关的许多类型,可以用它们来读写文件、操作基本文件和目录。如图 6-3 所示为表示流的类以及读写器类,文件类和目录类没有列出。下面简单介绍一下该命名空间中的类型。

(1) 流类型

System.IO.Stream 类是所有流的基类,它是抽象的,所以不能直接实例化 Stream 类的对象。Stream 类定义了流的基本属性和操作。其他流的类都由 Stream 类派生而来,Stream 类及其子类共同构成了一个数据源和数据存储的视图,从而封装了操作系统和底层存储的各个细节,使程序员把注意力集中到程序的应用逻辑上来。

从 Stream 类派生的流比较多,其中基本的流有以下 FileStream 类(文件流)、MemoryStream 类(内存流)、NetworkStream 类(网络流)、BufferedStream 类(缓冲流)等多个。

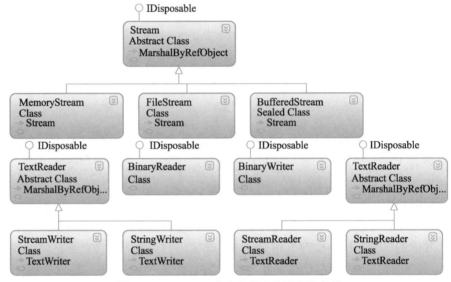

图 6-3　System.IO 命名空间中和流相关的类

表 6-1 列出了 Stream 类的常用成员。Stream 是一个抽象基类,用来定义派生类的共同特征,其成员方法和属性大多数都使用了 abstract 或者 virtual 修饰符,这要求派生类根据自己的情况重写或覆盖这些成员。

表 6-1　Stream 类常用成员

类型	名称	说明
虚方法	Close	关闭当前流并释放与之关联的所有资源(如套接字和文件句柄等)
抽象方法	Flush	清除该流的所有缓冲区,将所有缓冲数据写入到基础设备
抽象方法	Read	从当前流读取字节序列
虚方法	ReadByte	从流中读取一个字节;如果已到达流的末尾,则返回 -1
抽象方法	Seek	设置当前流中的位置
抽象方法	SetLength	设置当前流的长度
抽象方法	Write	向当前流中写入字节序列
虚方法	WriteByte	流内的当前位置写入一个字节
只读/抽象属性	CanRead	获取指示当前流是否支持读取的值
只读/抽象属性	CanSeek	获取指示当前流是否支持查找功能的值
只读/抽象属性	CanWrite	获取指示当前流是否支持写入功能的值
只读/抽象属性	Length	获取用字节表示的流长度
抽象属性	Position	获取或设置当前流中的位置

（2）读写器类型

读写器是用来向流读写数据的对象。直接从流读写的数据是字节形式的，而使用读写器向流读写数据时会进行某种处理。例如，使用 StreamReader 对象从流中读取字节，将按照某种字符编码规则把若干个字节解读成一个字符；StreamWriter 则要把表示字符的编码按照某种规则拆解成字节后再放入流中。表 6-2 列出了 System.IO 命名空间中的读写器类。

表 6-2　System.IO 命名空间中的读写器类

类名	说明
BinaryReader	将从流中读取的字节序列解读成字符串或者其他基本类型的数据
BinaryWriter	将字符串和基本类型数据转换成字节序列后写入流中
StreamReader	使用指定的字符编码规则将流中字节序列解读成字符
StreamWriter	将指定编码的字符转换为字节序列写入流中
StringReader	实现一个用于将信息写入字符串的 TextWriter 类。该信息存储在 StringBuilder 对象中
StringWriter	实现从字符串进行读取的 TextReader 类
TextReader	StreamReader 类和 StringReader 类的抽象基类。表示可读取连续字符序列的读取器
TextWriter	StreamWriter 类和 StringWriter 类的抽象基类。表示可以写入字符序列的编写器

（3）管理文件系统的类

System.IO 命名空间还提供了几个类来管理文件系统，见表 6-3。Directory 类和 DirectoryInfo 类主要提供有关目录的各种操作，它们包含的方法功能相同，Directory 类以静态方法的形式提供，而 DirectoryInfo 以实例方法的形式提供。File 类和 FileInfo 类用来操作文件，它们之间的关系与前面两个类相似。使用 File 类或 FileInfo 类所提供的方法创建或打开一个文件，它们总是会创建一个 FileStream 对象。

表 6-3　与文件系统管理相关的类

类名	说明
File	提供用于创建、复制、删除、移动和打开文件的静态方法，并协助创建 FileStream
FileInfo	提供用于创建、复制、删除、移动和打开文件的实例方法，并协助创建 FileStream
Directory	提供通过目录和子目录进行创建、移动和枚举的静态方法
DirectoryInfo	提供通过目录和子目录进行创建、移动和枚举的实例方法
FileSystemInfo	FileInfo 和 DirectoryInfo 的抽象基类
Path	提供以跨平台的方式处理目录字符串的方法和属性
DriveInfo	提供访问有关驱动器信息的实例方法

6.1.2　读写文本文件和二进制文件

1. FileStream 类

FileStream 类（文件流）主要用来对文件系统上的文件进行读取、写入、

教学课件 6-1-2
读写文本文件和二进制文件

打开和关闭操作。读写操作可以指定为同步或异步。FileStream 支持通过其 Seek() 方法随机访问文件。

使用文件流来读写文件,首先需要创建 FileStream 对象。可以通过 FileStream 类的构造方法来创建文件流对象,也可以使用 File 类或 FileInfo 类的创建或打开文件的方法来创建文件流对象。

FileStream 类在实例化后可以用于读写文件中的数据,而要构造 FileStream 实例,需要以下 4 个方面的信息:

- 要访问的文件的路径。可以是相对路径,也可以是绝对路径。
- 创建/打开文件的模式。是指创建一个新文件再打开,还是打开一个现有的文件。如果打开一个现有的文件,写入操作可以覆盖文件原来的内容,也可以是添加到文件的末尾。在创建文件流时用 FileMode 枚举值来指定打开文件的方式。
- 访问文件的权限。是指只读、只写,还是读写。在创建文件流时用 FileAccess 枚举值来指定打开文件的方式。
- Access。表示其他流如何访问当前打开的文件,其他流对于当前打开的文件的权限是只读、只写,还是读写。在创建文件流时用 FileShare 枚举值来指定打开文件的方式。

(1) 创建 FileStream 对象

① 使用 FileStream 类的构造方法创建文件流对象。FileStream 类的构造方法提供了 15 种重载,下面是比较典型的 3 种:

- FileStream(string path, FileMode mode) 该构造方法使用指定的路径和文件打开模式来初始化 FileStream 类的新实例。
- FileStream(string path, FileMode mode, FileAccess access) 使用指定的路径、创建模式和读/写权限初始化 FileStream 类的新实例。
- FileStream(string path,FileMode mode,FileAccess access,FileShare share) 使用指定的路径、创建模式、读/写权限和共享权限创建 FileStream 类的新实例。

System.IO 命名空间不是 Visual Studio 默认引用的命名空间,因此在代码中处理文件时,最好使用 using 指令引用该空间。创建文件流对象的示例如下:

```
FileStream fs1 = new FileStream("temp.dat", FileMode.Create);
FileStream fs2 = new FileStream("c:\\temp.bin", FileMode.CreateNew,
                    FileAccess.Write, FileShare.None);
```

在 FileStream 的构造方法中,参数 path 是文件的绝对路径或相对路径,如 "c:\mydir\test.dat" "..\aDir\temp.bin"。如果 path 参数中的路径不存在,则会抛出 DirectoryNotFoundException 异常;如果路径正确而文件不存在,则会抛出 FileNotFoundException 异常;如果要打开的文件被其他进程占用,或者 mode 的值是 FileMode.CreateNew 而 path 指定的文件已经存在,则出抛出 IOException 异常。

在 FileStream 的构造方法中,如果没有 FileShare 参数,则 FileShare.Read 是默认值。如果没有 FileAccess 参数,则将 FileMode 的值设置为 FileMode.

Append 时，FileAccess.Write 为默认访问权限，可将访问权限设置为 FileAccess.ReadWrite。

FileMode、FileAccess 和 FileShare 都是 System.IO 命名空间中的枚举类型。使用它们的不同组合来创建文件流将得到不同的效果。这 3 种枚举类型的取值及说明见表 6-4、表 6-5 和表 6-6。值得注意的是，FileAccess 和 FileShare 是标志枚举，也就是说可以通过位运算符组合使用它们，如"FileShare.Write | FileShare.Delete"。

表 6-4 FileMode 枚举值及说明

成员名称	说明
CreateNew	指定操作系统应创建新文件。此操作需要 FileIOPermissionAccess.Write。如果文件已存在，则将引发 IOException
Create	指定操作系统创建新文件。如果文件已存在，则将被覆盖。此操作需要 FileIOPermissionAccess.Write。System.IO.FileMode.Create 等效于这样的请求：如果文件不存在，则使用 CreateNew；否则使用 Truncate。如果该文件已存在但为隐藏文件，则将引发 UnauthorizedAccessException
Open	指定操作系统打开现有文件。打开文件的能力取决于 FileAccess 所指定的值。如果该文件不存在，则引发 System.IO.FileNotFoundException
OpenOrCreate	指定操作系统打开文件（如果文件存在），否则创建新文件。如果用 FileAccess.Read 打开文件，则需要 FileIOPermissionAccess.Read。如果文件访问为 FileAccess.Write，则需要 FileIOPermissionAccess.Write。如果用 FileAccess.ReadWrite 打开文件，则同时需要 FileIOPermissionAccess.Read 和 FileIOPermissionAccess.Write。如果文件访问为 FileAccess.Append，则需要 FileIOPermissionAccess.Append
Truncate	指定操作系统应打开现有文件。文件一旦打开，就将被截断为零字节大小。此操作需要 FileIOPermissionAccess.Write。尝试从使用 Truncate 打开的文件中进行读取将导致异常
Append	若存在文件，则打开该文件并查找到文件尾，或者创建一个新文件。FileMode.Append 只能与 FileAccess.Write 一起使用。尝试查找文件尾之前的位置时会引发 IOException，并且任何尝试读取的操作都会失败并引发 NotSupportedException

表 6-5 FileAccess 枚举值及说明

成员名称	说明
Read	对文件的读访问。可从文件中读取数据。同 Write 组合即构成读/写访问权
Write	文件的写访问。可将数据写入文件。同 Read 组合即构成读/写访问权
ReadWrite	对文件的读访问和写访问。可从文件读取数据和将数据写入文件

表 6-6 FileShare 枚举值及说明

成员名称	说明
None	谢绝共享当前文件。文件关闭前，打开该文件的任何请求（由此进程或另一进程发出的请求）都将失败
Read	允许随后打开文件读取。如果未指定此标志，则文件关闭前，任何打开该文件以进行读取的请求（由此进程或另一进程发出的请求）都将失败。即使指定了此标志，仍可能需要附加权限才能够访问该文件

续表

成员名称	说明
Write	允许随后打开文件写入。如果未指定此标志,则文件关闭前,任何打开该文件以进行写入的请求(由此进程或另一进过程发出的请求)都将失败。即使指定了此标志,仍可能需要附加权限才能够访问该文件
ReadWrite	允许随后打开文件读取或写入。如果未指定此标志,则文件关闭前,任何打开该文件以进行读取或写入的请求(由此进程或另一进程发出)都将失败。即使指定了此标志,仍可能需要附加权限才能够访问该文件
Delete	允许随后删除文件
Inheritable	可使文件句柄由子进程继承。Win32 操作系统不直接支持此功能

注意:在处理文件时,容易产生多种类型的异常,编码时应根据需要捕获并处理相应的异常。将鼠标悬停在要使用的方法名称上,Visual Studio 将弹出方法的说明,其中包括该方法可能抛出的异常的列表,如图 6-4 所示。如果要进一步查看关于异常的说明,可将鼠标定位到所使用的方法上,按 F12 键转到该方法的定义处,此时可从方法前面的注释中进一步了解方法的信息,如图 6-5 所示。

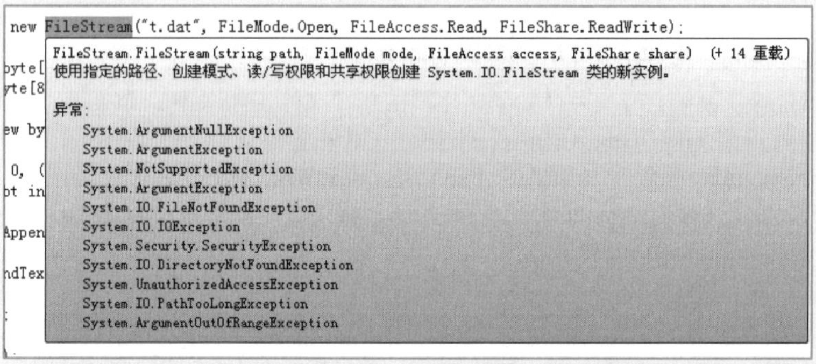

图 6-4 查看方法的说明

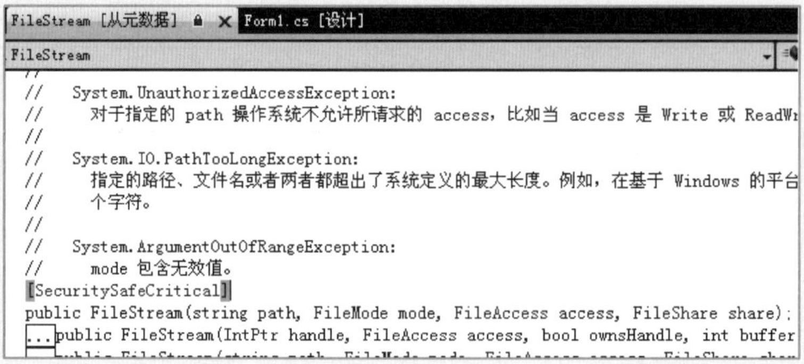

图 6-5 查看方法的定义

② 使用 File 类的方法创建文件流对象。File 类提供了几个静态方法以协助创建文件流对象,很多时候使用 File 类更加方便。下面是使用 File 类创建文件流的示例:

```
FileStream fs1 = File.Create(@"c:\t1.bin");
FileStream fs2 = File.Create("t2.bin",4096,FileOptions.DeleteOnClose);
```

```
FileStream fs3 = File.Open("d1.dat", FileMode.OpenOrCreate);
FileStream fs4 = File.Open("d2.dat", FileMode.Open,
                FileAccess.ReadWrite, FileShare.Read);
FileStream fs5 = File.OpenRead(@"d:\temp.bin");
FileStream fs6 = File.OpenWrite(@"d\temp.dat");
```

（2）使用 FileStream 处理文件

FileStream 以二进制字节序列的形式读写文件，用它可以读写任何文件。不过这些字节的含义就需要通过代码来做进一步的解释。

【例 6.1】 使用 FileStream 读写文件，如图 6-6 所示。单击"创建文件"按钮后，创建一个文件，并将一个整数和一个字符串写入到文件中；单击"读取文件"按钮后，在下面的文本框中以字节形式显示之前创建的文件内容，然后从文件中读取先前写入的整数和字符串，接着显示字符串所对应的二进制数据，最后删除文件。

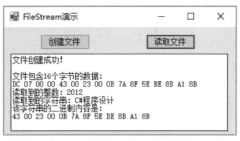

图 6-6 【例 6.1】运行结果

微课 6-1
使用 File Stream 类
实现文件读写

"创建文件"按钮的 Click 事件处理代码如下：

源代码例 6.1

```csharp
private void btnCreate_Click(object sender, EventArgs e)
{
    //使用构造方法创建文件流对象
    FileStream fs = new FileStream("temp.dat", FileMode.Create);

    //将基本类型数据转换成字节数组
    byte[] a = BitConverter.GetBytes(2012);

    //按照 Unicode 编码规则将字符串转换成字节数组
    byte[] b = Encoding.Unicode.GetBytes("C# 程序设计 ");

    fs.Write(a, 0, a.Length);      //将字节数组写入文件
    fs.Write(b, 0, b.Length);
    fs.Close();                    //关闭文件流
    textBox1.AppendText(" 文件创建成功！  \r\n\r\n");
}
```

"读取文件"按钮的 Click 事件处理代码如下：

```csharp
private void btnRead_Click(object sender, EventArgs e)
{
    //判断文件是否存在
```

```csharp
if (!File.Exists("temp.dat"))
{
    MessageBox.Show(" 文件不存在 , 请先创建文件 ");
    return;
}
// 使用 File.OpenRead 方法创建文件流对象
FileStream fs = File.OpenRead("temp.dat");
byte[] a = new byte[10];
byte[] b = new byte[50];
byte[] buff = new byte[50];

// 使用 Read 方法将文件流中的所有字节读取到 buff 数组中
for (int i = 0, temp = 0; (temp = fs.ReadByte()) != -1; i++)
        buff[i] = (byte)temp;

// 在文本框中显示读到的字节数据
textBox1.AppendText(String.Format(" 文件包含 {0} 个字节的数据：\r\n", fs.Length));
for (int i = 0; i < fs.Length; i++)
    textBox1.AppendText(buff[i].ToString("X2") + " ");
textBox1.AppendText("\r\n");

// 前面的读取动作使得 fs.Position 指向了文件的末尾 , 现在将流的当前位置重置
// 为文件的开头
fs.Seek(0, SeekOrigin.Begin);

// 读取 4 个字节放入数组 a, 然后将数组 a 转换成整数
fs.Read(a, 0, 4);
textBox1.AppendText(" 读取到的整数： " + BitConverter.ToInt32(a, 0).ToString() + "\r\n");

// 读取剩余的字节放入数组 b, 将数组 b 转换成字符串
fs.Read(b, 0, (int)(fs.Length - 4));
textBox1.AppendText(" 读取到的字符串： " + Encoding.Unicode.GetString(b));
textBox1.AppendText(Environment.NewLine);

// 输出数组 b 的二进制数组
textBox1.AppendText(" 该字符串的二进制内容是：\r\n");
for (int i = 0; i < fs.Length - 4; i++)
    textBox1.AppendText(b[i].ToString("X2") + " ");

fs.Close();// 关闭文件流
File.Delete("temp.dat");// 删除文件
}
```

通过本例可以看到，FileStream 以字节形式读写文件，字节的含义需要代码进一步解读。如果读取文件时的规则和写入文件时的规则不一致，则会出现

错误。本例中,如果先读取 12 个字节当作字符串,再读取 4 个字节当作整数
，则不会得到正确结果。特别要注意的是,字符串在编码和解码时采用的编
码器也要一致。

> 注意:文件流对象使用完之后应该调用其 close 方法,以释放对文件的占用:
>
> fs.Close();// 关闭文件流
>
> 或者使用 using 语句块,保证资源的释放:
>
> using(FileStream fs = new FileStream("temp.bin", FileMode.Open))
> {
>   // 使用文件
> }

2. StreamReader 类和 StreamWriter 类

StreamReader 类派生于 TextReader,它使用一种特定的编码读取字符,而 FileStream 类用于字节的输入和输出。参考【例 6.1】的代码,StreamReader 类的作用相当于从文件流中读取字节序列后再用指定的字符编码器将其转换成字符串。除非另外指定,StreamReader 的默认编码为 UTF-8。

要创建 StreamReader 类型的对象,可以使用其构造方法,也可以借助 File 类的 OpenText 方法。下面是一些创建 StreamReader 对象的示例:

```
StreamReader sr1 = new StreamReader(@"d:\temp.txt");
StreamReader sr2 = new StreamReader(@"d:\t2.txt", Encoding.ASCII);
StreamReader sr3 = new StreamReader(new FileStream("t3.txt",
                   FileMode.Open, FileAccess.Read));
StreamReader sr4 = File.OpenText("t4.txt");
```

类似的,StreamWriter 类以指定的字符编码将数据写入流中。除了使用自身的构造方法外,File 类的 AppendText 方法和 CreateText 方法可以协助创建 StreamWriter 对象。

【例 6.2】 使用 StreamReader 和 StreamWriter。在【例 6.1】的基础上重写"创建文件"和"读取文件"按钮的单击事件处理代码。

源代码例 6.2

```
private void btnCreate_Click(object sender, EventArgs e)
{
    // 使用构造方法创建 StreamWriter 对象
    FileStream fs = new FileStream("temp.dat", FileMode.Create);
    StreamWriter sw = new StreamWriter(fs);

    sw.WriteLine(2012);
    sw.WriteLine(" 程序设计 ");

    sw.Close();// 关闭 sw 对象和基础流 fs 对象
```

微课 6-2
使用 StreamReader
和 StreamWriter 类实现文件读写

```
        textBox1.AppendText(" 文件创建成功！ \r\n\r\n");
    }

    private void btnRead_Click(object sender, EventArgs e)
    {
        // 判断文件是否存在
        if (!File.Exists("temp.dat"))
        {
            MessageBox.Show(" 文件不存在 , 请先创建文件 ");
            return;
        }

        // 使用 File 类创建 StreamReader 对象
        StreamReader sr = File.OpenText("temp.dat");
        string str="";
        while ((str = sr.ReadLine() )!= null)
        {
            textBox1.AppendText(str);// 读取一行文本
            textBox1.AppendText(Environment.NewLine);
        }

        textBox1.AppendText(" 文件共有 "+sr.BaseStream.Length+" 个字节 ");
        // 包括回车符和换行
        sr.Close();
    }
```

本例运行结果如图 6-7 所示。

图 6-7 【例 6.2】运行结果

StreamReader 类和 StreamWriter 类的常用属性和方法见表 6-7 和表 6-8。

表 6-7　StreamReader 类的常用属性和方法

类型	成员	说明
属性	BaseStream	返回基础流
属性	CurrentEncoding	获取当前 StreamReader 对象正在使用的当前字符编码
属性	EndOfStream	获取一个值，该值表示当前的流位置是否在流的末尾
方法	Close	关闭 StreamReader 对象和基础流，并释放与读取器关联的系统资源

续表

类型	成员	说明
方法	Peek	返回下一个可用的字符，但不使用
方法	Read()	读取输入流中的下一个字符
方法	Read(Char[], Int32, Int32)	从 index 开始，从当前流中将 count 个字符读入 buffer
方法	ReadLine	从当前流中读取一行并将数据作为字符串返回
方法	ReadToEnd	从流的当前位置到末尾读取流

表 6-8 StreamWriter 类的常用属性和方法

类型	成员	说明
属性	AutoFlush	获取或设置一个值，该值指示 StreamWriter 是否在每次调用 StreamWriter.Write 之后将其缓冲区刷新到基础流
属性	BaseStream	获取同后备存储区连接的基础流
属性	Encoding	已重写。获取将输出写入到其中的 Encoding
方法	Close	关闭当前的 StreamWriter 对象和基础流
方法	Flush	清理当前编写器的所有缓冲区，并使所有缓冲数据写入基础流
方法	Write	已重载。将基元类型、字符数组、字符串写入文本文件中
方法	WriteLine	已重载。写入重载参数指定的某些数据，后跟行结束符

3. BinaryReader 类和 BinaryWriter 类

BinaryReader 类和 BinaryWriter 类用来读写二进制数据。BinaryWriter 的 Write 方法具有多种重载形式，可以将基元类型和字符串的二进制编码写入流中。相应的，BinaryReader 提供了一系列以 Read 为名称前缀的读取方法，如 ReadInt32、ReadDouble、ReadString 等，这些读取方法将读到的字节再还原成原来的类型。

【例 6.3】 使用 BinaryReader 和 BinaryWriter。在【例 6.1】的基础上重写 "创建文件" 和 "读取文件" 按钮的单击事件处理代码。

```
private void btnCreate_Click(object sender, EventArgs e)
{
    //使用构造方法创建 BinaryWriter 对象
    FileStream fs = new FileStream("temp.dat", FileMode.Create);
    BinaryWriter bw = new BinaryWriter(fs);

    bw.Write(2012);
    bw.Write(" 程序设计 ");

    bw.Close();//关闭 bw 对象和基础流 fs 对象
    textBox1.AppendText(" 文件创建成功！ \r\n\r\n");
}
```

源代码例 6.3

微课 6-3
使用 BinaryReader 和 BinaryWriter 类实现文件读写

```csharp
private void btnRead_Click(object sender, EventArgs e)
{
    //判断文件是否存在
    if (!File.Exists("temp.dat"))
    {
        MessageBox.Show(" 文件不存在 , 请先创建文件 ");
        return;
    }

    // 使用 File 类创建 StreamReader 对象
    BinaryReader br = new BinaryReader(File.OpenRead("temp.dat"));

    textBox1.AppendText(br.ReadInt32().ToString());// 读取整数
    textBox1.AppendText(Environment.NewLine);
    textBox1.AppendText(br.ReadString());// 字符串
    textBox1.AppendText(Environment.NewLine);

    textBox1.AppendText(" 文件共有 " + br.BaseStream.Length + " 个字节 ");
    br.Close();
}
```

本例运行结果如图 6-8 所示。

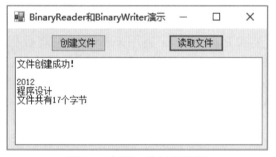

图 6-8 【例 6.3】运行结果

6.1.3 读写内存流

MemoryStream 类用来创建内存流，内存流以内存作为后备存储区，而不是磁盘或网络连接。MemoryStream 类封装以无符号字节数组形式存储的数据，该数组在创建 MemoryStream 对象时被初始化，或者该数组可创建为空数组。可在内存中直接访问这些封装的数据。内存流可降低应用程序中对临时缓冲区和临时文件的需要。

FileStream 对象与 MemoryStream 对象有很大区别，主要体现在以下方面：
- ❑ FileStream 对象的数据来自文件，而 MemoryStream 对象的数据来自内存缓冲区。这两个类都继承自 Stream 类。
- ❑ MemoryStream 的数据来自内存中的一块连续区域，这块区域称为缓冲区（Buffer）。可以把缓冲区视为一个数组，每个数组元素存放一个字节的数据。
- 在创建 MemoryStream 对象时,可以指定缓冲区的大小,并且可以在需要的时候更改。

MemoryStream 类的构造方法有 7 种重载,这里重点介绍其中 3 种,见表 6-9。

表 6-9　MemoryStream 类的常用构造方法

名称	说明
MemoryStream ()	创建的内存流容量可扩展,初值为 0
MemoryStream (byte[])	根据指定的字节数组初始化 MemoryStream 对象,无法调整新实例的大小
MemoryStream (byte[], Boolean)	创建大小无法调整的新实例,第 2 个参数设置流的 CanWrite 属性

内存流对象还有一些重要的属性。其中 Length 属性代表了内存流对象存放的数据的真实长度,而 Capacity 属性则代表了分配给内存流的内存空间大小。可以使用字节数组创建一个固定大小的 MemoryStream。

在下面的示例代码中,首先使用 FileStream 将一个图片读取到字节数组中,然后基于字节数组创建 MemoryStream 对象,接着 Image.FromStream 方法以 MemoryStream 对象作为输入流创建图像。

```
FileStream fs = new FileStream(@"c:\test.jpg", FileMode.Open);
byte[] data = new byte[fs.Length];// 把文件读取到字节数组
fs.Read(data, 0, data.Length);
fs.Close();
// 实例化一个内存流 , 把从文件流中读取的内容 [ 字节数组 ] 放到内存流中
MemoryStream ms = new MemoryStream(data);
System.Drawing.Image img = System.Drawing.Image.FromStream(ms);
```

如果要把图像存入数据库或者写入到自定义格式的二进制文件,则先要将图像放入字节数组,然后再进行存储。从数据库或二进制文件中读取图像时,先将图像的二进制数据读到字节数组,然后按照上面代码的做法,把二进制数据包装成 Image 对象,在程序中需要的地方使用这个 Image 对象即可。

6.1.4　读写缓存流

教学课件 6-1-4
读写缓存流

BufferedStream 类用来给另一个流上的读写操作添加一个缓冲区。它通常和 NetworkStream 这样的没有缓存的流结合使用。缓冲区是内存中的字节块,用于缓存数据,从而减少对操作系统的调用次数。因此,缓冲区可提高读取和写入性能。使用缓存流可进行读取或写入操作,但不能同时进行这两种操作。BufferedStream 的 Read 和 Write 方法自动维护缓冲区的读写过程。使用 BufferedStream 时要注意,如果读取和写入的大小始终大于内部缓冲区的大小,那么反而会降低性能。

BufferedStream 类的构造方法有两种重载,见表 6-10。

表 6-10　BufferedStream 类的常用构造方法

名称	说明
BufferedStream (Stream)	使用默认的缓冲区大小，即 4096 字节，初始化 BufferedStream 类的新实例
BufferedStream (Stream, Int32)	使用指定的缓冲区大小初始化 BufferedStream 类的新实例

下面的代码使用缓存流来进行文件的复制。

```csharp
static void CopyFile(string sourceFile, string destinationFile)
{
    Stream output = File.Create(destinationFile);
    Stream input = File.OpenRead(sourceFile);
    BufferedStream bufdInput = new BufferedStream(input);
    BufferedStream bufOutput = new BufferedStream(output);
    byte[] buffer = new Byte[8192];
    int bytesRead;

    while ((bytesRead = bufdInput.Read(buffer, 0, 8192)) > 0)
    { bufOutput.Write(buffer, 0, bytesRead); }

    bufOutput.Flush();
    bufdInput.Close();
    bufOutput.Close();
}
```

在上面的代码中，bufdInput 不断地从 input 文件流中读取数据并放入 buffer，bufOutput 不断地将 buffer 中的数据写入到输出流 output。

微课任务解决 6.1 通讯录（文件）

源代码任务 6.1 通讯录（文件）

任务案例

任务实施

任务 6.1 要求制作一个简单的通讯录程序，将联系人数据保存在二进制文件中，并实现添加、删除联系人和清空通讯录的功能。

在本任务中，要保存的联系人由姓名、出生年月日和电话 3 个数据项构成。因此需要定义一个类或结构将这 3 个数据封装起来表示一个联系人。如图 6-9 所示，这里定义了一个 Person 类来表示联系人。为了进一步封装对通讯录数据文件的操作，添加了静态类 ContactsBook。ContactsBook 负责实现添加、删除、清空等读写文件的操作。ContactsBook 类所提供的静态属性 Contacts 是一个泛型列表 List<Person>，该列表是联系人数据在内存中的缓存。在窗体中使用 ContactsBook 类来实现各个功能，在 Form1 的代码中并不直接访问数据文件。

1. 设计界面

创建 Windows 窗体应用程序，根据如图 6-1 所示的设计界面，参照表 6-11 来设置主要控件的属性。

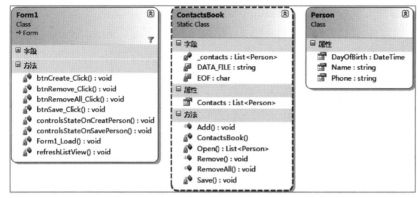

图 6-9 任务 6.1 的类图

表 6-11 设置主要控件的属性

控件类型	控件名称	属性	设置值
TextBox	txtName	Enabled	False
DateTimePicker	dtpDayOfBirth	Enabled	False
TextBox	txtPhone	Enabled	False
Button	btnCreate	Text	新建
Button	btnSave	Text Enabled	保存 False
Button	btnRemove	Text	删除
Button	btnClear	Text	清空
ListView	listView1	View FullRowSelect	Details True
Form1	(Form1)	Text	通讯录

选中 ListView 控件，单击其右上角三角形按钮，弹出该控件的任务菜单，选择"编辑列"选项，通过弹出的"ColumnHeader 集合编辑器"对话框为 ListView 添加"姓名""出生年月日"和"电话"3 个列，如图 6-10 所示。

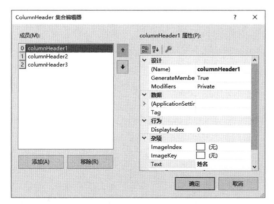

图 6-10 为 ListView 增加列

2. 编写 ContactsBook 类和 Person 类

向项目中添加 ContactsBook.cs，在该文件中编写 ContactsBook 类和 Person 类，代码如下。

```csharp
//ContactsBook.cs
//联系人类
public class Person
{
    public string Name { get; set; }
    public DateTime DayOfBirth { get; set; }
    public string Phone { get; set; }
}

public static class ContactsBook
{
    const string DATA_FILE = "contacts.dat";       // 文件位置
    const char EOF = '\0';                         // 定义文件结束的标志字符
    static List<Person> _contacts;                 // 存储联系人的列表
    static ContactsBook()                          // 静态构造方法
    { _contacts = ContactsBook.Open(); }

    // 对外公开 Contacts 属性
    public static List<Person> Contacts
    { get { return _contacts; } }

    // 私有静态方法，读取文件数据到泛型列表中
    private static List<Person> Open()
    {
        List<Person> list = new List<Person>();
        if (!File.Exists(DATA_FILE)) return list;

        using (BinaryReader br = new BinaryReader(File.OpenRead(DATA_FILE)))
        {
            while (br.PeekChar() != EOF)
            {
                string name = br.ReadString();     // 读取姓名
                // 读取表示时间的长整数，再将其转换成 DateTime
                DateTime dayOfBirth = new DateTime( br.ReadInt64() );
                string phone = br.ReadString();    // 读取电话
                // 将联系人对象存入列表
                Person person = new Person() { Name = name, DayOfBirth = dayOfBirth, Phone = phone };
                list.Add(person);
            }
        }
        return list;
```

```csharp
        }

        // 私有静态方法，将泛型列表中的数据写入文件
        private static void Save()
        {
            FileStream fs = new FileStream(DATA_FILE, FileMode.OpenOrCreate, FileAccess.Write);
            BinaryWriter bw = new BinaryWriter(fs);

            foreach (Person p in ContactsBook.Contacts)
            {
                bw.Write(p.Name);
                bw.Write(p.DayOfBirth.Ticks);// 保存日期时间对象的 Tick 数
                bw.Write(p.Phone);
            }

            bw.Write(EOF);
            bw.Close();
        }

        // 实现增加联系人功能
        public static void Add(string name, DateTime dayOfBirth, string phone)
        {
            Person person = new Person();
            person.Name = String.IsNullOrEmpty(name) ? " 未命名 " : name;
            person.DayOfBirth = dayOfBirth;
            person.Phone = phone;
            ContactsBook.Contacts.Add(person);
            ContactsBook.Save();
        }

        // 实现删除联系人功能
        public static void Remove(int index)
        {
            ContactsBook.Contacts.RemoveAt(index);
            ContactsBook.Save();
        }

        // 实现清空通讯录功能
        public static void RemoveAll()
        {
            ContactsBook.Contacts.Clear();
            ContactsBook.Save();
        }
    }
```

3. 处理控件事件

在窗体代码 Form1.cs 中编写功能按钮的 Click 事件代码。

```csharp
private void Form1_Load(object sender, EventArgs e)
{
    RefreshListView();
}

private void btnCreate_Click(object sender, EventArgs e)
{
    txtName.Text = "";
    txtPhone.Text = "";
    ControlsStateOnCreatePerson();
}

private void btnSave_Click(object sender, EventArgs e)
{
    // 创建联系人
    ContactsBook.Add(txtName.Text, dtpDayOfBirth.Value, txtPhone.Text);

    ControlsStateOnSavePerson();
    RefreshListView();
}

private void btnRemove_Click(object sender, EventArgs e)
{
    if (listView1.SelectedIndices.Count > 0)
    {
        ContactsBook.Remove(listView1.SelectedIndices[0]);
        RefreshListView();
    }
}

private void btnRemoveAll_Click(object sender, EventArgs e)
{
    ContactsBook.RemoveAll();
    RefreshListView();
}

// 刷新 ListView 以显示更新后的联系人列表
void RefreshListView()
{
    listView1.Items.Clear();
    foreach (Person p in ContactsBook.Contacts)
    {
        ListViewItem item = newListViewItem(p.Name);
        item.SubItems.Add(new ListViewItem.ListViewSubItem(item, p.DayOfBirth.ToLongDateString()));
```

```
            item.SubItems.Add(new ListViewItem.ListViewSubItem(item, p.Phone));
            listView1.Items.Add(item);
        }
    }

    // 在点击"新建"按钮时设置各个控件的状态
    private void ControlsStateOnCreatePerson()
    {
        btnCreate.Enabled = false;
        btnSave.Enabled = true;
        txtName.Enabled = true;
        txtPhone.Enabled = true;
        dtpDayOfBirth.Enabled = true;
    }

    // 在点击"保存"按钮时设置各个控件的状态
    private void ControlsStateOnSavePerson()
    {
        btnCreate.Enabled = true;
        btnSave.Enabled = false;
        txtName.Enabled = false;
        txtPhone.Enabled = false;
        dtpDayOfBirth.Enabled = false;
    }
```

项目实训

【实训题目】

读写文本文件。

【实训目的】

1. 掌握 FileStream、StreamReader、StreamWriter 等类的使用。
2. 掌握泛型列表 List<T> 的使用。

【实训内容】

使用 StreamReader 和 StreamWriter 改造任务 6.1，使用文本文件存储联系人数据，实现添加、删除、编辑联系人以及清空通讯录的功能。

步骤：

① 启动 Visual Studio，创建 Windows 窗体应用程序项目，项目名称设为"项目实训 6_1"。

② 在 Form1 的界面设计视图中，根据图 6-1，设置主要控件的属性。

③ 使用 StreamReader 和 StreamWriter 改写静态类 ContactsBook 中的代码，实现添加、删除、清空等读写文件的操作。

④ 直接使用已有代码，给 Form1 窗体中的按钮添加 Click 事件代码。

按 F5 键或 F10 键或 F11 键，调试运行程序，确保程序实现了正确的功能。

任务 6.2　管理文件和目录

制作一个简单资源管理器，界面如图 6-11 所示。左窗格是一个 Treeview 控件，显示系统磁盘目录。当选中某个文件夹时，在右窗格的 ListView 中显示该文件夹中所有文件的信息（文件名、类型、访问时间、创建时间、修改时间以及文件大小）。在 ListView 中右击文件，从弹出的快捷菜单中可以选择剪切、复制、粘贴和删除等操作。窗口标题栏显示的是当前文件夹的完整路径。状态栏显示的是当前文件夹中所包含的第 1 级子文件夹数量和文件数量。"向上"按钮能够实现从当前文件夹回退到上一层文件夹。

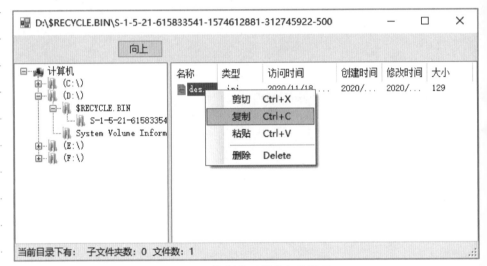

图 6-11　资源管理器程序的界面

 知识储备

操作系统以文件系统来管理众多的文件，一个文件的存储位置包含驱动器名、路径和文件名。System.IO 命名空间提供了几个类，使得人们能通过代码管理文件系统中的文件和目录。如图 6-12 所示为与文件系统管理相关的类。

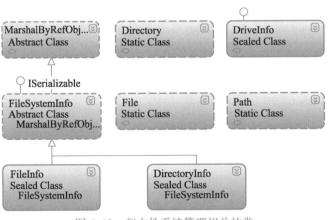

图 6-12　和文件系统管理相关的类

6.2.1 File 类和 Directory 类

File 类用于操作文件，它提供用于创建、复制、删除、移动和打开文件的静态方法，并协助创建 FileStream 对象。File 类不能直接读写文件，需要借助 FileStream 类或其派生类。Directory 类具有许多和 File 类功能相同的方法，因为目录可以看成是文件系统中用来记录其他文件和目录信息的特殊文件。不过要注意的是，尽管方法名称和功能是相同的，但可能用法上存在差异。这两个类也不是从同一基类派生的。

1. File 类和 Directory 类的同名方法

（1）Exists 方法

该方法用于判断指定的文件/目录是否存在。对于"c:\mydir\abc"这样的字符串，不能断定它就是一个文件夹路径，因为"abc"有可能是一个没有扩展名的文件名。同样，文件夹的名称也可以为"abc.txt"。当处理文件系统对象时，应使用 File.Exists 或 Directory.Exists 方法来判断参数所指定的文件或目录是否存在。

（2）Delete 方法

该方法删除指定的文件/文件夹。如果指定的文件不存在，则不引发异常；但若文件是只读的，则会引发 UnauthorizedAccessException 异常。删除时，若指定的文件夹不存在，则引发 DirectoryNotFoundException 异常。使用 Directory.Delete 删除指定文件夹时，若该文件不为空，则会引发 IOException。要删除文件以及它所包含的子文件夹和文件，则该用重载的删除方法，即 static void Delete(string path, bool recursive)，且参数 recursive 的取值为 true。例如，下面的代码可删除"D:\test\"路径下的所有内容：

```
if (Directory.Exists(@"d:\test"))
{
    try
    { Directory.Delete(@"d:\test", true); }
    catch (Exception ex)
    { MessageBox.Show(ex.Message); }
}
```

（3）Move 方法

该方法将指定文件/目录移到新位置，并提供指定新名称的选项。如果源路径和目标路径相同，而目标文件/目录名不同，则实现重命名的效果。下面是关于 Move 方法的几个相互独立的示例，假设方法中第一个参数指定的文件或文件夹已经存在。

```
//将文件 t.txt 从 D 盘根目录移动到 C 盘根目录，若已存在 c:\t.txt 则引发异常
File.Move(@"d:\t.txt", @"c:\t.txt");
//路径相同，实现文件重命名，并不真正移动文件
File.Move(@"c:\t.txt", @"c:\my.txt");

//移动文件并重命名
```

```
File.Move( @"c:\my.txt",@"c:\t.txt");

// 引发异常，文件夹移动不能跨越逻辑驱动器
Directory.Move(@"c:\test", @"d:\test");

// 将文件夹 test 重命名为 mydir
Directory.Move(@"c:\test", @"c:\mydir");

// 将 test 文件夹移动到 c:\mydir 文件夹中，并且重命名为 test2
// 如果 "c:\mydir" 文件夹不存在，或者在 "c:\mydir" 中已经存在 test2
// 则会引发异常
Directory.Move(@"c:\test", @"c:\mydir\test2");
```

（4）GetCreationTime 方法和 SetCreationTime 方法

这两个方法分别用来获取或设置文件和文件夹的创建时间。与此类似的方法还有 GetLastAccessTime 和 SetLastAccessTime、GetLastWriteTime 和 SetLastWriteTime，它们分别用来读写文件和文件夹的最近访问时间和最近修改时间。它们的用法如下：

```
string file = @"c:\t.txt";
// 获取文件的创建时间保持在 DateTime 类型的变量中
DateTime createTime = File.GetCreationTime(file);
// 将最近访问时间修改为创建时间的 3 天前的同一时刻
File.SetLastAccessTime(file,createTime.Subtract(TimeSpan.FromDays(3)));
```

（5）GetAccessControl 方法和 SetAccessControl 方法

这两个方法用于读写文件或文件夹的访问控制列表（ACL）。下面是一段简单的示例（需要引用 System.Security.AccessControl 命名空间）。Windows 系统的权限管理机制可自行做进一步了解。

```
string fileName = "c:\\temp.txt";
string account = @"Mypc\administrator";// 操作系统账号
// 获取文件的 ACL
FileSecurity fSecurity = File.GetAccessControl(fileName);
// 增加访问规则 " 允许 |Mypc\administrator| 读取数据 "
fSecurity.AddAccessRule(new FileSystemAccessRule(account,
    FileSystemRights.ReadData, AccessControlType.Allow));
// 将新的访问控制表施加在文件上
File.SetAccessControl(fileName, fSecurity);
```

2. File 类和 Directory 类的特有方法

File 类拥有多个创建文件流以及读写文件的方法，如 Create、Open、OpenRead、ReadAllBytes、WriteAllText 等，其中一些方法在前面已经介绍过了，不再一一叙述。以下是 File 类和 Directory 类各自独有的一些方法。

（1）File 类的 GetAttributes 和 SetAttributes 方法

获取、设置在此路径上的文件的 FileAttributes。FileAttributes 是一个标

志枚举类型,用来指示文件或目录是否具有只读、隐藏、存档等文件属性,其常用的值有 ReadOnly(只读)、Hidden(隐藏)、System(文件为系统文件)、Directory(文件为一个目录)、Archive(存档)、Normal(文件正常,没有设置其他属性)、Temporary(文件是临时文件)、Compressed(文件已压缩)、NotContentIndexed(操作系统的内容索引服务不会创建此文件的索引)、Encrypted(该文件或目录是加密的)。

下面的代码是使用 FileAttributes 的一段简单示例。其功能是,先判断文件是否为只读的,若不是则在文件上附加上"只读"属性和"隐藏"属性。

```
string path = @"c:\temp\MyTest.txt";
if (!File.Exists(path)) File.Create(path);

if ((File.GetAttributes(path) &FileAttributes.ReadOnly)
        !=FileAttributes.ReadOnly)
{
   File.SetAttributes(path, File.GetAttributes(path)
     | FileAttributes.ReadOnly | FileAttributes.Hidden);
}
```

(2)File 类的 Decrypt 方法和 Encrypt 方法

使用当前操作系统账户对文件进行加密、解密。文件加密后,使用其他账户登录操作系统则不能打开文件。它们的用法如下:

```
string path = @"c:\temp\MyTest.txt";
File.Encrypt(path);// 加密
File.Decrypt(path);// 解密
```

(3)Directory 类的特有方法

Directory 类的特有方法见表 6-12。

表 6-12 Directory 类的特有方法

名称	说明
CreateDirectory	创建指定路径中的所有目录
GetCurrentDirectory	获取当前工作目录。工作目录是相对路径的参照位置
GetDirectories	返回指定目录中的子目录名称所构成的字符串数组
GetDirectoryRoot	返回指定路径的卷信息、根信息,或两者同时返回
GetFiles	返回指定目录中的文件名称所构成的字符串数组
GetLogicalDrives	返回包含本机所有驱动器名称(如"C:\")的字符串数组
GetParent	检索指定路径的父目录,参数可以是绝对路径和相对路径
SetCurrentDirectory	设置当前工作目录为指定目录
GetFileSystemEntries	已重载。返回指定目录中所有文件和子目录的名称

【例 6.4】 使用 Directory 类。

源代码例 6.4

微课 6-4
使用 Directory 类

```
static void Main(string[] args)
{
    string path = @"c:\mydir";

    Directory.CreateDirectory(path);
    Console.WriteLine(" 当前工作路径 :" + Directory.GetCurrentDirectory());

    Directory.SetCurrentDirectory(path);
    Console.WriteLine(" 重设后的工作路径 :" + Directory.GetCurrentDirectory());

    Directory.CreateDirectory("subdir1");
    Directory.CreateDirectory("subdir2");

    File.CreateText("temp.txt");
    File.CreateText("temp.bin");

    Console.WriteLine("\n'subdir1' 的 Parent：" + Directory.GetParent("subdir1"));
    Console.WriteLine("'subdir2' 的 DirectoryRoot：" + Directory.GetDirectoryRoot("subdir2"));

    string[] files = Directory.GetFiles(Directory.GetCurrentDirectory(), "*.txt");
    string[] subdirs = Directory.GetDirectories(path);
    string[] entries = Directory.GetFileSystemEntries(path);
    string[] drives = Directory.GetLogicalDrives();

    Console.WriteLine("\n" + Directory.GetCurrentDirectory() + " 目录下的 *.txt 文件：");
    foreach (string file in files)
        Console.WriteLine(file);

    Console.WriteLine("\n'c:\\mydir' 目录下的子文件夹 ");
    foreach (string dir in subdirs)
        Console.WriteLine(dir);

    Console.WriteLine("\n'c:\\mydir' 目录下的子文件夹和文件 ");
    foreach (string entry in entries)
        Console.WriteLine(entry);}

    Console.WriteLine("\n' 计算机中的逻辑驱动器：");
    foreach (string drv in drives)
        Console.Write(drv + " ");
}
```

运行结果如图 6-13 所示。

```
当前工作路径:C:\Users\Administrator\Desktop\源代码\单元6\例6.4\例6.4\bin\Debug
重设后的工作路径:c:\mydir
'subdir1'的Parent: c:\mydir
'subdir2'的DirectoryRoot: c:\

c:\mydir目录下的*.txt文件:
c:\mydir\temp.txt

'c:\mydir'目录下的子文件夹
c:\mydir\subdir1
c:\mydir\subdir2

'c:\mydir'目录下的子文件夹和文件
c:\mydir\subdir1
c:\mydir\subdir2
c:\mydir\temp.bin
c:\mydir\temp.txt

计算机中的逻辑驱动器:
C:\  D:\  E:\  F:\
```

图 6-13 【例 6.4】运行结果

6.2.2 FileInfo 类和 DirectoryInfo 类

FileInfo 类和 DirectoryInfo 类是从抽象基类 FileSystemInfo 派生的。FileSystemInfo 类包含文件和目录操作所共有的方法。FileSystemInfo 对象可以表示文件或目录,从而可以作为 FileInfo 或 DirectoryInfo 对象的基础。当分析许多文件和目录时,应使用该基类。

教学课件 6-2-2
FileInfo 类和
DirectoryInfo 类

FileInfo 和 File、DirectoryInfo 和 Directory 作用相似。不过 File 和 Directory 是静态的,其所包含的方法直接通过类名调用。FileInfo 和 DirectoryInfo 则需要先实例化,然后通过对象名称调用方法来处理文件或目录。如果要获得文件和文件夹的更多信息,应该使用 FileInfo 类和 DirectoryInfo 类。

FileSystemInfo 类的常用成员、FileInfo 类和 Directory 类的专有成员分别见表 6-13、表 6-14 和表 6-15。

表 6-13 FileSystem 的常用成员

类型	成员	说明
方法	Delete	删除文件或目录
属性	Attributes	获取或设置当前 FileSystemInfo 的 FileAttributes
属性	Name	对于文件,获取该文件的名称。对于目录,如果存在层次结构,则获取层次结构中最后一个目录的名称。否则,Name 属性获取该目录的名称
属性	Exists	获取指示文件或目录是否存在的值
属性	Extension	获取表示文件扩展名部分的字符串
属性	FullName	获取目录或文件的完整目录
属性	CreationTime,CreationTimeUtc	获取或设置当前 FileSystemInfo 对象的创建时间
属性	LastAccessTime,LastAccessTimeUtc	获取或设置上次访问当前文件或目录的时间
属性	LastWriteTime,LastWriteTimeUtc	获取或设置上次写入当前文件或目录的时间

表 6-14 FileInfo 类的专有成员

类型	成员	说明
属性	DirectoryName	获取表示目录的完整路径的字符串
属性	Extension	获取表示文件扩展名部分的字符串
属性	Length	获取当前文件的大小（字节）
属性	Directory	获取父目录的实例
属性	IsReadOnly	获取或设置确定当前文件是否为只读的值

表 6-15 DirectoryInfo 类的专有成员

类型	成员	说明
方法	Create	已重载。创建目录
方法	CreateSubdirectory	已重载。在指定路径中创建一个或多个子目录。指定路径可以是相对于 DirectoryInfo 类的此实例的路径
方法	Delete	已重载。从路径中删除 DirectoryInfo 及其内容
方法	GetDirectories	已重载。返回当前目录的子目录
方法	GetFiles	已重载。返回当前目录的文件列表
方法	MoveTo	将 DirectoryInfo 实例及其内容移动到新路径
属性	Parent	获取指定子目录的父目录
属性	Root	获取路径的根部分

【例 6.5】 使用 FileInfo 类和 DirectoryInfo 类。

源代码例 6.5

微课 6-5
使用 FileInfo 类和 DirectoryInfo 类

```
static void Main(string[] args)
{
    string path = @"c:\mydir";
    DirectoryInfo dir = new DirectoryInfo(path);

    if (!dir.Exists)
        dir.Create();

    Directory.SetCurrentDirectory(path);

    DirectoryInfo subdir1 = new DirectoryInfo("subdir1");
    DirectoryInfo subdir2 = new DirectoryInfo("subdir2");
    FileInfo file1 = new FileInfo("temp.txt");
    FileInfo file2 = new FileInfo("temp.bin");
    subdir1.Create();
    subdir2.Create();
    file1.Create().Close();
    file2.Create().Close();

    FileInfo[] files = dir.GetFiles("*.txt");
```

```
        DirectoryInfo[] subdirs = dir.GetDirectories();
        FileSystemInfo[] fs = dir.GetFileSystemInfos();

        Console.WriteLine(dir.FullName + " 目录下的 *.txt 文件： ");
        foreach (FileInfo file in files)
            Console.WriteLine(file.Name);

        Console.WriteLine("\nc:\\mydir 目录下的子文件夹 :");
        foreach (DirectoryInfo subdir in subdirs)
            Console.WriteLine(subdir.Name);

        Console.WriteLine("\n" + dir.Name + " 目录下的子文件夹和文件 :");
        Console.WriteLine(" 【完整名称】\t\t【名称】\t【类型】");
        foreach (FileSystemInfo info in fs)
            Console.WriteLine("{0}\t{1}\t{2}", info.FullName, info.Name, info.Extension);
    }
```

运行结果如图 6-14 所示。

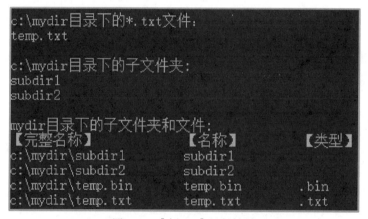

图 6-14 【例 6.5】运行结果

6.2.3 Path 类

教学课件 6-2-3
Path 类

Path 类提供静态方法来处理包含文件或目录路径信息的字符串，其常用方法见表 6-16。

表 6-16 Path 类的常用方法

名称	说明
ChangeExtension	更改路径字符串的扩展名
Combine	合并两个路径字符串
GetDirectoryName	返回指定路径字符串的目录信息。例如，将路径"C:\Directory\ SubDirectory\test.txt"传入 GetDirectoryName 方法，将返回"C:\ Directory\SubDirectory"。将该字符串"C:\Directory\SubDirectory"传入 GetDirectoryName，将返回"C:\Directory"

续表

名称	说明
GetExtension	返回指定的路径字符串的扩展名
GetFileName	返回指定路径字符串的文件名和扩展名
GetFileNameWithoutExtension	返回不具有扩展名的指定路径字符串的文件名
GetFullPath	返回指定路径字符串的绝对路径
GetInvalidFileNameChars	获取包含不允许在文件名中使用的字符的数组
GetInvalidPathChars	获取包含不允许在路径名中使用的字符的数组
GetPathRoot	获取指定路径的根目录信息
GetRandomFileName	返回随机文件夹名或文件名
GetTempFileName	创建磁盘上唯一命名的零字节的临时文件并返回该文件的完整路径
GetTempPath	返回当前系统的临时文件夹的路径
HasExtension	确定路径是否包括文件扩展名
IsPathRooted	指示指定的路径字符串是包含绝对路径信息还是包含相对路径信息

【例 6.6】 Path 类使用示例。

源代码例 6.6

```
static void Main(string[] args)
{
    string path1, path2;
    path1 = @"c:\mydir\subdir\test";
    path2 = @"temp\data.bin";
    Console.WriteLine("GetDirectoryName: {0}, {1}", Path.GetDirectoryName(path1), Path. GetDirectoryName(path2));
    Console.WriteLine("GetExtension: {0}, {1}", Path.GetExtension(path1), Path. GetExtension(path2));
    Console.WriteLine("GetFileName: {0}, {1}", Path.GetFileName(path1), Path. GetFileName(path2));
    Console.WriteLine("GetFullPath: {0}, {1}", Path.GetFullPath(path1), Path. GetFullPath(path2));
    Console.WriteLine("IsPathRooted: {0}, {1}", Path.IsPathRooted(path1), Path.IsPathRooted(path2));
    Console.WriteLine("GetTempPath:{0}", Path.GetTempPath());
    Console.WriteLine("GetTempFileName:{0}", Path.GetTempFileName());
    Console.WriteLine("GetRandomFileName: {0}", Path.GetRandomFileName());
    Console.WriteLine("Combine: {0}", Path.Combine(path1, path2));
    Console.WriteLine("ChangeExtension: {0}", Path.ChangeExtension(path1, "EXT"));
    Console.WriteLine("ChangeExtension: {0}", Path.ChangeExtension(path2, "EXT"));
}
```

运行结果如图 6-15 所示。

```
GetDirectoryName: c:\mydir\subdir, temp
GetExtension: , .bin
GetFileName: test, data.bin
GetFullPath: c:\mydir\subdir\test, C:\Users\Administrator\Desktop\源代码\单元6\例6.6\例6.6\bin\Debug\temp\data.bin
IsPathRooted: True, False
GetTempPath:C:\Users\Administrator\AppData\Local\Temp\
GetTempFileName:C:\Users\Administrator\AppData\Local\Temp\tmpDD19.tmp
GetRandomFileName: t30m3ysr.1wy
Combine: c:\mydir\subdir\test\temp\data.bin
ChangeExtension: c:\mydir\subdir\test.EXT
ChangeExtension: temp\data.EXT
```

图 6-15 【例 6.6】运行结果

6.2.4 DriveInfo 类

DriveInfo 类提供方法和属性以查询驱动器信息。使用 DriveInfo 类来确定可用的驱动器及其类型，还可以通过查询来确定驱动器的容量和可用空闲空间。DriveInfo 类有一个静态方法 GetDrives，该方法返回一个 DriveInfo 实例数组，表示计算机中的所有驱动器。DriveInfo 类的常用属性见表 6-17。

教学课件 6-2-4
DriveInfo 类

表 6-17　DriveInfo 类的常用属性

属性	说明
AvailableFreeSpace	指示驱动器上的可用空闲空间量
DriveFormat	获取文件系统的名称，如 NTFS 或 FAT32
DriveType	获取驱动器类型
IsReady	获取一个指示驱动器是否已准备好的值
Name	获取驱动器的名称
RootDirectory	获取驱动器的根目录
TotalFreeSpace	获取驱动器上的可用空闲空间总量
TotalSize	获取驱动器上存储空间的总大小
VolumeLabel	获取或设置驱动器的卷标

【例 6.7】 使用 DriveInfo 类。

源代码例 6.7

```
static void Main(string[] args)
{
    DriveInfo[] drives = DriveInfo.GetDrives();
    Console.WriteLine(" 名称 \t 类型 \t 卷标 \t 格式 \t 可用空间 \t 总大小 ");
    foreach (DriveInfo d in drives)
    {
        Console.Write("{0}\t{1}\t", d.Name,d.DriveType);
        // 光驱为插入光盘时不能访问卷标、文件系统格式等属性
        if (d.IsReady)
            Console.Write("{0}\t{1}\t{2}\t{3}", d.VolumeLabel, d.DriveFormat, d.AvailableFreeSpace, d.TotalSize);
        Console.WriteLine();
    }
}
```

运行结果如图 6-16 所示。

图 6-16 【例 6.7】运行结果

  任务实施

本任务需要使用 Treeview 控件来显示文件夹结构，在生成文件夹树时要注意，不要把所有的文件夹都装载到该控件中，因为系统中的文件夹数量众多，这将消耗大量时间和资源。在 Treeview 控件中展开节点之前，把当前节点的第一层和第二层子文件装载到该控件就可以了。本任务的实现步骤如下。

1. 设计界面

（1）创建项目

创建 Windows 窗体应用程序项目，在窗体中放置相应控件并重新命名，界面设计如图 6-17 所示。

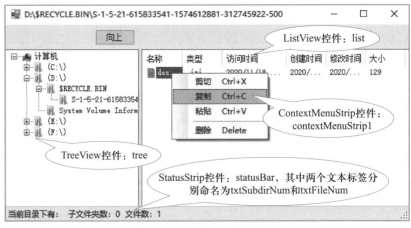

图 6-17 任务 6.2 界面设计

（2）添加 ImageList

向窗体设计器添加一个 ImageList 控件，在 ImageList 控件中保存要用到的图标，如图 6-18 所示。将 Treeview 控件的 ImageList 属性以及 ListView 控件的 SmallImageList 属性设置为 imageList1。

（3）设置 ListView 控件

然后为 ListView 控件添加列，列的 Text 属性分别设置为"名称""类型""访问时间""创建时间""修改时间"和"大小"。具体操作参考图 6-10。将 ListView 的 View 属性设置为 Details。

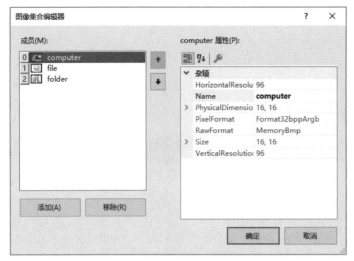

图 6-18 设置 ImageList

（4）设计快捷菜单

向窗体中拖放 ContextMenuStrip 控件，Visual Studio 自动将其命名为 contextMenuStrip1，根据图 6-17 所示的界面设计菜单项，然后将 ListView 控件的 ContextMenu 属性值设置为 contextMenuStrip1。

再适当添加一些容器控件以帮助布局，至此完成界面设计。

2. 编写代码

本任务中，一是要处理 Treeview 控件的节点展开事件，在展开节点时装载子节点；二是处理节点的选择事件，选择节点后要将当前节点所对应的文件夹中的文件显示在 ListView 控件中；三是要实现 contextMenuStrip1 的菜单项的单击事件，以实现相应的功能；最后是处理 ListView 的 AfterLabelEdit 事件，以实现对文件的重命名。Form1.cs 的代码如下：

```csharp
public partial class Form1 : Form
{
    public Form1()
    {   InitializeComponent(); }

    private void Form1_Load(object sender, EventArgs e)
    {
        InitTree();// 初始化 Treeview
    }

    #region 处理树视图控件的事件
    // 初始化 Treeview 控件
    void InitTree()
    {
        TreeNode root = new TreeNode(" 计算机 ");
        root.Tag = " 计算机 ";
        root.SelectedImageKey = root.ImageKey = "computer";
```

```csharp
        tree.Nodes.Add(root);

        try
        {
            string[] drives = Directory.GetLogicalDrives();
            foreach (string drv in drives)
            {
                DriveInfo drvInfo = new DriveInfo(drv);
                if (drvInfo.DriveType == DriveType.Fixed)
                {
                    TreeNode node = new TreeNode();
                    node.Tag = drvInfo.Name;
                    node.Text = drvInfo.VolumeLabel + "(" + drvInfo.Name + ")";
                    node.SelectedImageKey = node.ImageKey = "folder";
                    root.Nodes.Add(node);
                    LoadTree(node, node.Tag.ToString(), 1);
                }
            }
        }
        catch (Exception ex)
        { MessageBox.Show(ex.Message); }

        root.Expand();
    }

    //文件夹 dir 和树上节点 node 对应，采用递归算法把 dir 下面的 level 层子文件夹装
    //载到树上的 node 节点下
    void LoadTree(TreeNode node, string dir, int level)
    {
        if (level <= 0 || dir == " 计算机 ") { return; }
        node.Nodes.Clear();

        try
        {
            string[] subdirs = Directory.GetDirectories(dir);
            foreach (string subdir in subdirs)
            {
                TreeNode temp = newTreeNode();
                //将文件夹名称显示为节点文本
                temp.Text = Path.GetFileName(subdir);
                //将文件夹完整路径作为 object 存储在 Tag 属性中备用
                temp.Tag = subdir;
                node.Nodes.Add(temp);
                temp.SelectedImageKey = temp.ImageKey = "folder";
                LoadTree(temp, subdir, level - 1);
            }
```

```csharp
    }
    catch (UnauthorizedAccessException)
    { /* 捕获但不处理文件夹无法访问的异常 */ }
    catch (Exception ex)
    { MessageBox.Show(ex.Message); }
}

// 在展开节点之前将该节点下面的两层子节点载入
private void tree_BeforeExpand(object sender, TreeViewCancelEventArgs e)
{
    tree.BeginUpdate();
    LoadTree(e.Node, e.Node.Tag.ToString(), 2);
    tree.EndUpdate();
}

// 显示 Treeview 指定节点下的子文件夹数和文件数
private void tree_AfterSelect(object sender, TreeViewEventArgs e)
{
    if (e.Node.Tag.ToString() != " 计算机 ")
    {
        string dir = e.Node.Tag.ToString();
        this.Text = dir;// 将当前文件夹路径显示在窗口标题栏中
        FillListView(e.Node);
        txtSubdirNum.Text = " 子文件夹数: " + Directory.GetDirectories(dir).Length;
        txtFileNum.Text = " 文件数: " + Directory.GetFiles(dir).Length;
    }
    else
    {
        FillListView(e.Node);
        txtFileNum.Text = " 文件数: 0";
        txtSubdirNum.Text = " 子文件夹数: 0";
    }

    if (e.Node.Parent == null)
        btnUp.Enabled = false;
    else
        btnUp.Enabled = true;
}

// 将 Treeview 指定节点下的文件显示在 ListView 中
void FillListView(TreeNode node)
{
    if (node.Tag == null) return;

    string dir = node.Tag.ToString();
    list.Items.Clear();
```

```csharp
        if (!Directory.Exists(dir)) return;
        try
        {
            string[] files = Directory.GetFiles(dir);
            FileSystemInfo fs = new FileInfo(node.Tag.ToString());

            foreach (string path in files)
            {
                if (File.Exists(path))
                {
                    FileInfo info = new FileInfo(path);
                    ListViewItem item = new ListViewItem(info.Name);
                    item.SubItems.Add(info.Extension == "" ? ".file" : info.Extension);
                    item.SubItems.Add(info.LastAccessTime.ToString());
                    item.SubItems.Add(info.CreationTime.ToString());
                    item.SubItems.Add(info.LastWriteTime.ToString());
                    item.SubItems.Add(info.Length.ToString());
                    item.ImageKey = "file";
                    item.Tag = path;
                    list.Items.Add(item);
                }
            }
        }
        catch (Exception ex)
        { MessageBox.Show(ex.Message); }
    }
    #endregion

    #region 右键菜单功能实现

    string selectedFile = "";  // 保存在剪切、复制时的文件路径
    bool cutFlag = true;
    bool copyFlag = false;

    // 实现剪切功能
    private void 剪切ToolStripMenuItem_Click(object sender, EventArgs e)
    {
        cutFlag = true;
        copyFlag = false;
        粘贴ToolStripMenuItem.Enabled = true;
        if (list.SelectedItems.Count > 0)
            this.selectedFile = list.SelectedItems[0].Tag.ToString();
    }

    // 实现复制功能
```

```csharp
private void 复制ToolStripMenuItem_Click(object sender, EventArgs e)
{
    cutFlag = false;
    copyFlag = true;
    粘贴ToolStripMenuItem.Enabled = true;

    if (list.SelectedItems.Count > 0)
        this.selectedFile = list.SelectedItems[0].Tag.ToString();
}

// 实现粘贴功能
private void 粘贴ToolStripMenuItem_Click(object sender, EventArgs e)
{
    if (selectedFile == "")return;

    try
    {
        string newFilePath = Path.Combine(tree.SelectedNode.Tag.ToString(),
            Path.GetFileName(selectedFile));

        if (cutFlag)
        {
            File.Move(selectedFile, newFilePath);
            cutFlag = false;
        }
        else if (copyFlag)
        {
            File.Copy(selectedFile, newFilePath);
            copyFlag = false;
        }
    }
    catch (Exception ex)
    { MessageBox.Show(ex.Message, " 操作失败： "); }
    finally
    {
        selectedFile = "";
        粘贴ToolStripMenuItem.Enabled = false;
        FillListView(tree.SelectedNode);
    }
}

// 实现删除功能
private void 删除ToolStripMenuItem_Click(object sender, EventArgs e)
{
    try
    {
```

```csharp
            selectedFile = list.SelectedItems[0].Tag.ToString();

            if (MessageBox.Show(" 你确定要删除文件 "+Path.GetFileName(selectedFile)+"?",
              " 删除文件 ?", MessageBoxButtons.YesNo) == DialogResult.Yes)
            {
                File.Delete(selectedFile);
            }
            selectedFile = "";
            FillListView(tree.SelectedNode);
        }
        catch (Exception ex)
        {
                MessageBox.Show("Unable to delete file. The following exception" +
" occurred:\n" + ex.Message, "Failed");
        }
    }
    #endregion

    // "向上" 按钮功能实现
    private void btnUp_Click(object sender, EventArgs e)
    {
      if (tree.SelectedNode != null && tree.SelectedNode.Parent != null)
      { tree.SelectedNode = tree.SelectedNode.Parent; }
    }

    //实现重命名功能
    private void list_AfterLabelEdit(object sender, LabelEditEventArgs e)
    {
      if (e.Label == null) return;
      try
      {
        string oldFilename = list.SelectedItems[0].Tag.ToString();
        string newFilename = Path.Combine(Path.GetDirectoryName(oldFilename),
e.Label);

        File.Move(oldFilename, newFilename);
        list.SelectedItems[0].Tag = newFilename;

        FillListView(tree.SelectedNode);// 刷新
      }
      catch (Exception ex)
      {
        MessageBox.Show(ex.Message);
        e.CancelEdit = true;
      }
    }
```

```
// 实现在列表视图控件中双击打开文件功能
private void list_DoubleClick(object sender, EventArgs e)
{
    foreach (ListViewItem file in list.SelectedItems)
        Process.Start(file.Tag.ToString());
}
```

项目实训

【实训题目】

批量重命名文件。

【实训目的】

1. 掌握 File、FileInfo、Directory、DirectoryInfo 等类的使用。
2. 掌握 Treeview、ListBox 控件的使用。

【实训内容】

修改任务 6.2 的代码，编写一个文件批量重命名的程序。界面如图 6-19 所示。例如编号起始值为 1，编号位数为 2，前缀为 "Test"，则被选择的第一个文件的新名称为 "Test01.LOG1"。

步骤：

① 启动 Visual Studio，创建 Windows 窗体应用程序项目，项目名称设为 "项目实训 6_2"。

② 在 Form1 的界面设计视图中，根据图 6-19，设置主要控件的属性。

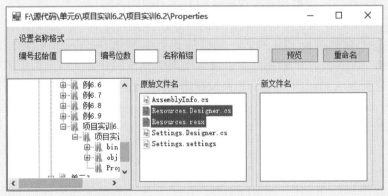

图 6-19 批量重命名

③ 使用已有代码，将 TreeList 控件中指定节点下的文件显示在原始文件名对应的 ListView 控件中。

④ 给 Form1 窗体中的 "预览" 按钮添加 Click 事件代码，实现文件重命名后的效果。

⑤ 给 Form1 窗体中的 "重命名" 按钮添加 Click 事件代码，实现文件的重命名。按 F5 键或 F10 键或 F11 键，调试运行程序，确保程序完成了正确的功能。

任务 6.3　访问数据库

关系型数据库是信息系统最常用的数据存储技术，它以二维表的形式存储数据。应用程序使用 SQL（结构化查询语言）向数据库管理系统发出命令，数据库管理系统负责读写数据库文件。

对任务 6.1 中的通讯录进行改造，使用 SQL Server 数据库存储联系人信息，在程序中实现新建、删除、编辑联系人和清空通讯录的功能，界面如图 6-20 所示。

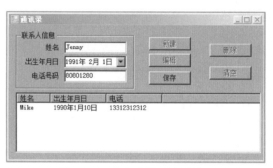

教学课件 6-3-1
在 Visual Studio 中使用数据库

图 6-20　改造后的通讯录界面

微课 6-6
在 Visual Studio 2019 中通过应用程序访问 SQL Server 数据库

 知识储备

6.3.1　在 Visual Studio 中使用数据库

可以通过 Visual Studio 的连接向导创建到各种数据库的连接，连接字符串的格式因为数据库类型和连接数据库的方式不同而不同。

Visual Studio 内置了访问数据库的客户端，尤其是对 SQL Server 提供了丰富的支持。微软推出 SQL Server 超级简化版本 SQL Server LocalDB，它是一个轻量级、易于使用的数据库，能够最大限度地节省开发人员的数据库管理精力，以便开发人员可以专注于开发数据库应用。在 Visual Studio 中，可以使用 SQL Server LocalDB 来创建、连接、管理 SQL Server 数据库。

源代码例 6.8

【例 6.8】在 Visual Studio 2019 中通过应用程序访问 SQL Server 数据库。

1. 创建数据库

创建窗体应用程序 ShowStuInfo，在"工具"菜单选择"连接到数据库"选项，打开"添加连接"窗口，如图 6-21 所示。点击"浏览"按钮，打开"选择 SQLServer 数据库文件"窗口，找到 ShowStuInfo 项目的 bin\Debug 路径，输入数据库名称 StuDB，点击"打开"按钮后返回上一界面，点击"确定"按钮，弹出消息框询问是否创建 StuDB.mdf 文件，点击"是"。与此同时，打开"服务器资源管理器"。如果在"添加连接"窗口没有通过"浏览"选择数据库文件存放位置，直接输入新建数据库名，则该数据库文件会被放在 Visual Studio 2019 的默认位置，该位置与 ShowStuInfo 项目文件所在的位置无关。

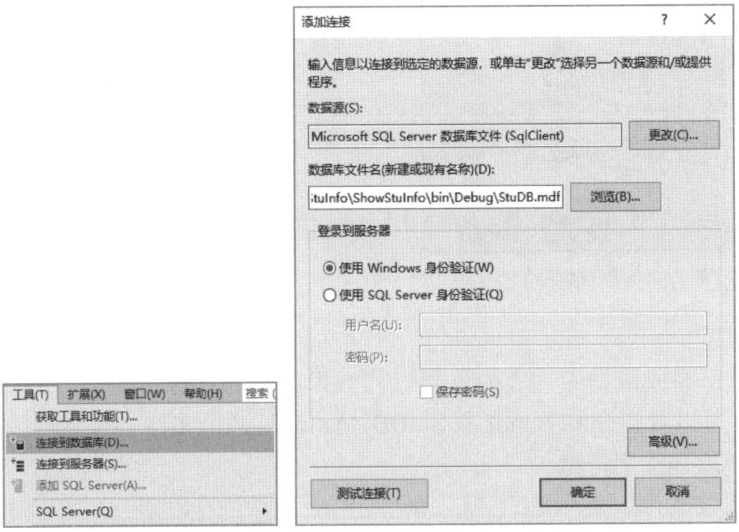

图 6-21 在项目中创建数据库 StuDB

在"服务器资源管理器"里的数据库 StuDB 下找到"表",右击,在弹出的快捷菜单中选择"添加新表"命令,打开表的设计界面。找到"CREATE TABLE [dbo].[Table]",此 SQL 语句说明新表名称是 Table,为便于识别同一数据库中不同的表,将之改为 T_Stu,如图 6-22 所示。在表设计视图的上半部分,列出了一个默认字段,其名称为 Id,根据需要进行修改,以及添加新字段。T_Stu 表用来存储学生的基本信息,为简化起见,此处只添加 3 个字段:ID(int 类型,且为表的主键)、name(nvarchar 类型)、age(int 类型)。字段添加后,单击表设计视图左上角的"更新"按钮,打开"预览数据库更新"窗口,单击该窗口右下方"更新数据库"按钮。回到"服务器资源管理器"里的数据库 StuDB 下找到"表",右击,在弹出的快捷菜单中选择"刷新"命令,则在"表"下方,出现了刚才新建的表 T_Stu,此时,表 T_Stu 的结构定义完毕。

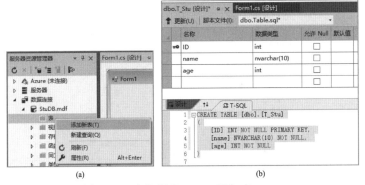

图 6-22 为数据库 StuDB 添加表 T_Stu

在"服务器资源管理器"选中表 T_Stu,右击,在弹出的快捷菜单中选择"显示表数据"命令,在打开的表数据视图中添加学生信息数据,如图 6-23 所示。

(a) 在"服务器资源管理器"中选中表 T_Stu　　(b) 在表数据视图中添加学生信息

图 6-23　向表 T_Stu 添加数据

至此，完成数据库、表的建立以及数据的录入。打开本项目的 bin\Debug 文件夹，可以看到 StuDB.mdf 和 StuDB_log.ldf 这两个文件。

2. 获取连接字符串

有了数据库，就可以连接数据库并访问其中的数据。现在要将数据库 StuDB 的表 T_Stu 的数据显示在本项目的窗体 Form1 中，这需要先获得连接数据库的连接字符串。

在 Form1 的设计视图界面，从工具箱找到 DataGridView 控件，将之拖到窗体中。单击 DataGridView 控件右上角的三角形小按钮，打开"选择数据源"下拉列表框，选择"添加项目数据源"。

① 随后打开"数据源配置向导"，在"选择数据源类型"中，默认选择"数据库"类型，保持此选择，单击"下一步"按钮。

② 在"选择数据库模型"中保持默认项"数据集"，单击"下一步"按钮。

③ 由于之前在项目中创建了数据库 StuDB，故在选择数据库连接时，出现了 StuDB.mdf，勾选"显示将保存在应用程序中的连接字符串"，出现了连接字符串，如图 6-24 所示。将整个字符串选中后拷贝，留待后续使用。单击"取消"按钮，关闭"数据源配置向导"窗口。返回到窗体 Form1，此时 DataGridView 控件恢复为未设置任何属性的状态。

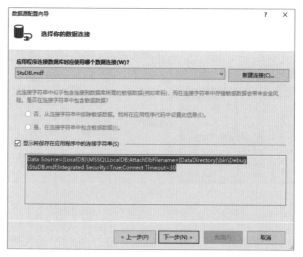

图 6-24　找到连接字

3. 访问数据库

获得连接数据库的连接字后，可编写程序访问数据库并获取数据。

为窗体 Form1 添加 Load 事件，将以下代码（此段代码包含了前述步骤中获取的连接字）粘贴到事件中，并引入命名空间 System.Data.SqlClient：

```
string strcon = @"Data Source=(LocalDB)\MSSQLLocalDB; AttachDbFilename=|DataDirectory|\StuDB.mdf;Integrated Security=True;Connect Timeout=30";
string strsql = "select * from T_Stu";
SqlDataAdapter da = new SqlDataAdapter(strsql,strcon);
DataSet dt = new DataSet();
da.Fill(dt);
dataGridView1.DataSource = dt.Tables[0];
```

在 Windows 应用程序，Data Directory 默认代表 bin\Debug 文件夹，故代码里删除了图 6-24 中连接字的 "bin Debug"，运行结果如图 6-25 所示。

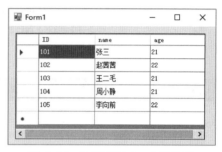

图 6-25　显示表 T_Stu 中的数据

如果要连接到其他的数据库，可以在图 6-24 中点击"新建连接"按钮，打开"添加连接"对话框，单击"更改"按钮可以打开"更改数据源"对话框，以选择其他的数据库提供程序，如图 6-26 所示。这里选择 SQL Server 提供程序。在图 6-27 的"服务器名"下拉列表框中手工输入服务器名，然后选择身份认证方式。如果选择 SQL Server 认证方式，则要输入 SQL Server 登录名和密码。在"连接到数据库"选项组中选择"选择或输入数据库名称"单选按钮，则表示要连接到某个当前正处于 SQL Server 服务器管理下的数据库；如果选择"附加数据库文件"单选按钮，则可以把一个"独立"的数据库文件附加到当前的数据库服务器上，并可以在下面的文本框设置数据库逻辑名称。

图 6-26　更改数据源　　　　图 6-27　添加连接

单击"测试连接"按钮可以检查 Visual Studio 能否正常连接到数据库。单击"高级"按钮可以打开"高级属性"对话框，在该对话框中可以设置更多的连接参数，这些参数构成了连接字。

以上展示了在应用程序中创建、连接并访问数据库的基本过程，在程序中使用了负责访问数据库的类及其方法，在下面的内容中将详细介绍。

6.3.2 ADO.NET 模型

ADO.NET 是 .NET 平台上的一组用来访问数据的类集，为创建分布式数据共享应用程序提供了一组丰富的组件。它提供了对关系数据（数据库）、XML 和应用程序数据的访问。ADO.NET 支持多种开发需求，是 .NET Framework 中不可缺少的一部分。ADO.NET 包含用于连接数据库、执行命令和检索结果的 .NET Framework 提供程序。ADO.NET 相关的类主要包含在 System.Data.dll 中，和 ADO.NET 相关的命名空间见表 6-18。

表 6-18 和 ADO.NET 相关的几个命名空间

命名空间	说明
System.Data	ADO.NET 基础类、核心类
System.Data.Common	由 .NETFramework 数据提供程序共享的类
System.Data.OleDb	用于 OLEDB 的 .NETFramework 数据提供程的类
System.Data.SqlClient	用于 SQL Server 的 .NETFramework 数据提供程序的类，为访问 SQL Server 7.0 和更高版本进行了优化
System.Data.Sql	支持特定于 SQL Server 的功能的类
System.Data.SqlTypes	提供用于 SQL Server 中的本机数据类型的类
System.Data.Odbc	用于 ODBC 的 .NETFramework 数据提供程序的类
System.Data.OracleClient	用于 Oracle 的 .NETFramework 数据提供程序的类，在 System.Data.OracleClient.dll 中

ADO.NET 区别于 ADO 的最大特点是提供了断开式数据库访问。用户可以利用连接对象取得数据源中的原始数据，然后缓存在离线数据集对象（DataSet）中，再由缓存对象提供给前台用户。前台用户在处理数据的过程中，并不需要保持与数据库的连接，当对所有数据完成操作之后，通过连接对象一次性地将数据返回到数据库。因为不需要时时保持与数据库的连接，所以能够极大地降低系统资源的消耗。

如图 6-28 所示为 ADO.NET 对象模型。可将 ADO.NET 分成两大组成部分：

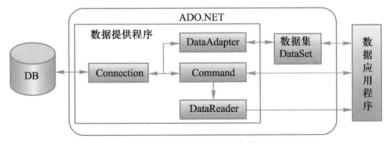

图 6-28 ADO.NET 对象模型

- 数据提供程序（.NET DataProvider）。又称托管提供程序，负责访问物理数据源（如 SQL Server、Access 等）。数据提供程序主要由连接对象、命令对象、数据读取器对象和数据适配器对象构成。
- 数据集（DataSet）。代表离线式的数据，相当于一个存在于内存中的小型关系型数据库。可以通过数据提供程序将数据库中的数据提取到数据集，再将数据集作为数据源向应用程序提供数据，从而实现离线式数据访问。数据集也可以脱离数据库而直接使用。DataSet 类位于 System.Data 命名空间。

6.3.3 数据提供程序

教学课件 6-3-3
数据提供程序

.NET Framework 数据提供程序是物理数据源和应用程序的桥梁，用于连接到数据库、执行命令和检索结果。对于检索到的结果可以直接处理，也可以将其放入 ADO.NET 的 DataSet 对象中再做进一步处理。ADO.NET 提供了 4 种版本的数据提供程序，用于访问不同类型的物理数据源，而且可根据需要开发适用于其他物理数据源的数据提供程序，数据提供程序的核心对象见表 6-19，尽管存在多个版本的数据提供程序，但每个版本都提供 4 个功能相同、用法相似的核心对象。

- SQL Server .NET Framework 数据提供程序。提供对 Microsoft SQL Server 7.0 版或更高版本的数据访问。
- OLE DB .NET Framework 数据提供程序。适合于使用 OLE DB 公开的数据源。使用 OLE DB 版本的提供程序也可以连接到 SQL Server、Oracle 等数据库，但需要通过相应的 OLE DB 提供程序中转，因而性能比不上专门为它们优化设计的数据提供程序。
- ODBC .NET Framework 数据提供程序。适合于使用 ODBC 公开的数据源。使用 System.Data.Odbc 命名空间。
- Oracle .NET Framework 数据提供程序。适用于访问 Oracle 数据库。

表 6-19 数据提供程序的核心对象

对象	说明
xxxConnection	表示与一个数据源的物理连接，它有一个 ConnectionString 属性，用于设置打开数据库的字符串。所有 Connection 对象的基类均为 DbConnection 类
xxxCommand	代表在数据源上执行的 SQL 语句或存储过程，它有一个 CommandText 属性，用于设置针对数据源执行的 SQL 语句或存储过程。所有 Command 对象的基类均为 DbCommand 类
xxxDataReader	用于从数据源获取只向前的、只读的数据流，它是一种快速、低开销的对象，注意，它不能用代码直接创建，只能通过 Command 对象的 ExecuteReader 方法来获得。所有 DataReader 对象的基类均为 DbDataReader 类
xxxDataAdapter	是数据提供程序组件中功能最复杂的对象，它是 Connection 对象和数据集之间的桥梁，它包含 4 个 Command 对象：SelectCommand、UpdateCommand、InsertCommand 和 DeleteCommand。所有 DataAdapter 对象的基类均为 DbDataAdapter 类

以 Connection 类为例，各种版本的数据提供程序都需要从 System.Data.

Common.DbConnection 类派生出自己的 Connection 类。在命名风格上，各版本的连接类都用表示自身的缩略词为前缀，以 Connection 为后缀，如图 6-29 所示。Command、DataReader 和 DataAdapter 也是如此。

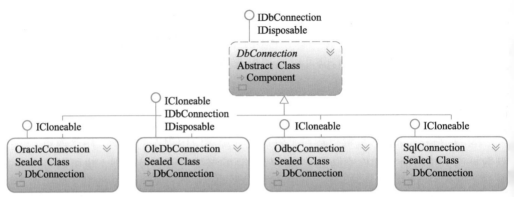

图 6-29　DbConnection 的派生结构

使用提供程序中的连接对象、命令对象、数据读取器对象几乎可以完成对数据库的所有操作。使用它们访问数据库的基本步骤如下：

① 创建连接对象、命令对象，并设置相应的属性。
② 调用连接对象的打开方法，建立到数据库的连接。
③ 调用命令对象的执行方法，向数据库发送命令。
④ 如果是查询，通过读取器对象处理查询结果。
⑤ 关闭数据读取器和数据库连接。

1. Connection 对象

要与物理数据源进行数据通信，首先要建立连接，该任务由连接对象来完成。连接对象的常用属性和方法见表 6-20。

表 6-20　DbConnection 的常用属性和方法

类型	成员	说明
属性	ConnectionString	获取或设置用于打开连接的字符串
属性	State	获取连接的状态，它的值是 ConnectionState 枚举值之一
属性	ConnectionTimeout	获取在建立连接时终止尝试并生成错误之前所等待的时间
方法	Open	使用 ConnectionString 所指定的设置打开数据库连接
方法	Close	关闭与数据库的连接。这是关闭任何打开连接的首选方法
方法	CreateCommand	创建并返回与当前连接关联的 DbCommand 对象

ConnectionString（连接字符串）用来描述如何连接到数据源，它由一系列用分号分隔的名称/值对构成，它们包含连接的服务器对象、账号、密码和所访问的数据库对象等信息。Open 方法执行具体的连接动作，Close 方法用来关闭连接。应用程序与数据源的通信过程，可比作两个人之间打电话的过程。连接字符串相当于电话号码，有了电话号码才知道打给谁。Open 方法相当于拨号，而 Close 方法就相当于挂断电话。双方通电话，首先要建立话机之间的连

路，即建立连接。ConnectionString 中包含的信息见表 6-21。

表 6-21 ConnectionString 中包含的信息

信息	说明
Provider	用于提供连接驱动程序的名称。仅用于 OleDBConnnection 对象，如 SQL OLEDB、Microsoft.ACE.OLEDB.12.0
Data Source	指明所需访问的数据源。若访问 SQL Server，则指服务器名称；若访问 Access，则指数据库文件名
Initial Catalog	所需访问数据库的名称
Password 或 PWD	访问对象所需的密码
User ID 或 UID	访问对象所需的用户名
ConnectionTimeOut	访问对象所持续的时间，以秒为单位。如果在指定时间内连接不到所访问的对象，则返回失败信息，默认值为 15
Integrated Security 或 TrustedConnection	集成连接（信任连接），可选 True 或 False。如果为 True 表示集成 Windows 验证，不需要提供用户名和密码即可登录

对于不同的物理数据源，采用不同的连接方式，则其连接字符串也是不同的。如前面介绍的，可借助 Visual Studio 的数据源连接向导来获取正确的连接字符串。

微课 6-7
在 Visual Studio 中连接不同的数据源

下面是几个连接字符串示例：

❑ 连接到 SQL Server 数据库（采用 SQL Server 版数据提供程序）：

Data Source=myServerAddress;Initial Catalog=myDataBase;User Id=myUsername;Password =myPassword;
Data Source=myServerAddress;Initial Catalog=myDataBase;Integrated Security=SSPI;

❑ 连接到 SQL Server 数据文件（采用 SQL Server 版数据提供程序）：

Data Source=(LocalDB)\MSSQLLocalDB;AttachDbFilename=|DataDirectory|\myDataBase.mdf;
Integrated Security=True;

❑ 连接到 Excel 2016（采用 OLE DB 版数据提供程序）：

Provider=Microsoft.ACE.OLEDB.12.0;Data Source=C:\MyExcel.xls; Extended Properties= "Excel 8.0; HDR=Yes;IMEX=1";

❑ 连接到 Access 2016（采用 OLE DB 版数据提供程序）：

Provider=Microsoft.ACE.OLEDB.12.0;Data Source=C:\mydatabase.mdb; User Id=admin; Password=;

❑ 连接到 Oracle 11g：

Data Source=(DESCRIPTION=(ADDRESS=(PROTOCOL=TCP) (HOST=XX.XX.XX.XX)(PORT=1521))(CONNECT_DATA=(SERVICE_NAME=XX)));Persist Security Info=True;User ID=XX;Password=XX;

ConnectionStrings 对于不同的数据库来说是不同的，格式是数据库提供厂商定义的。可在 www.connectionstrings.com 查询连接到不同数据库的连接字符串格式。

下面是使用 SqlConnection 对象的示例：

```
string constr = @" Data Source=.; Initial Catalog=Northwind;Integrated Security=True";
// SqlConnection conn = new SqlConnection(constr);// 构造方法的重载
SqlConnection conn = new SqlConnection();
conn.ConnectionString = constr;
try
{
   conn.Open();// 打开连接
   /* 这里写操作数据库的代码 */
}
catch (Exception ex)
{ MessageBox.Show(ex.Message); }
finally
{ conn.Close();/* 关闭连接，释放对数据库的占用 */}
```

2. Command 对象

使用 Connection 对象与数据源建立连接之后，可以使用 Command 对象来对数据源执行查询、添加、删除和修改等各种操作。操作的实现可以使用 SQL 语句，也可以使用存储过程。

Command 对象的常用属性及方法见表 6-22。

表 6-22 Command 对象的常用属性和方法

类型	成员	说明
属性	CommandText	获取或设置针对数据源运行的命令的文本。当将 CommandType 设置为 CommandType.StoredProcedure 时，应将 CommandText 属性设置为存储过程的名称。当调用 Execute 方法之一时，该命令将执行此存储过程。若 CommandType 设置为 Text，则该属性设置为需要执行的 SQL 语句
属性	CommandTimeout	获取或设置在终止执行命令的尝试并生成错误之前的等待时间（秒数），默认值为 30
属性	CommandType	指示或指定如何解释 CommandText 属性。默认值为 CommandType.Text
属性	Connection	获取或设置此 DbCommand 使用的 DbConnection
属性	Parameters	获取 DbParameter 对象的集合。DbParameter 对象是 SQL 语句或存储过程的参数
属性	Transaction	获取或设置将在其中执行此 DbCommand 对象的 DbTransaction
方法	Cancel	尝试取消 DbCommand 对象的执行
方法	ExecuteNonQuery	对连接执行 SQL 语句并返回受影响的行数
方法	ExecuteReader	针对 Connection 执行 CommandText，并返回 DbDataReader
方法	ExecuteScalar	执行标量查询，返回查询结果集中第一行的第一列。忽略其他列或行

可以通过 Command 类的多个重载的构造方法来创建命令对象，也可以通过连接对象的 CreateCommand 方法来创建。命令对象最重要的属性是 Connection 和 CommandText。下面是创建命令对象的示例。

```
string cs = @"Data Source=.;Initial Catalog=ContactsDB;Integrated Security=True";
string sql = @"SELECT Name, ID, DayOfBirth, Phone FROM Contacts";

SqlConnection sqlConn = new SqlConnection(cs);
DbConnection oledbConn = new OleDbConnection(cs);

// 使用无参构造方法，然后分别设置 CommandText 和 Connection 属性
DbCommand cmd1 = new OleDbCommand();
cmd1.CommandText = sql;
cmd1.Connection = sqlConn;

// 通过构造方法传递值给 CommandText 和 Connection 属性
SqlCommand cmd2 = new SqlCommand(sql, sqlConn);

// 使用连接对象的 CreateCommand 方法
// 自动将当前连接对象设置为所创建命令的 Connection 属性值
DbCommand cmd3 = oledbConn.CreateCommand();
cmd3.CommandText = sql;
```

Command 对象最常用方法主要有以下 3 种。

① ExecuteNonQuery 方法。通过连接对象执行 SQL 语句，并返回受影响的行数。

返回值：受影响的行数。

说明：可以使用 ExecuteNonQuery 执行编录操作（例如查询数据库的结构或创建诸如表等的数据库对象），或通过执行 UPDATE、INSERT 或 DELETE 语句更改数据库中的数据。

对于 UPDATE 语句、INSERT 语句和 DELETE 语句，返回值为该命令所影响的行数。对于所有其他类型的语句，返回值为 –1。如果发生回滚，返回值也为 –1。

② ExecuteScalar 方法。执行标量查询，并返回查询结果集中第一行的第一列，忽略其他列或行。

返回值：结果集中第一行的第一列或空引用（即结果集为空）。

说明：使用 ExecuteScalar 方法从数据库中检索单个值（一般为一个聚合值）比 ExecuteReader 方便，系统开销也要小一些。

③ ExecuteReader 方法。将 CommandText 属性发送到 Connection 对象，并生成一个 SqlData Reader 结果集。

返回值：一个 SqlDataReader 对象。

说明：当将 CommandType 属性设置为 StoredProcedure 值时，CommandText 属性应设置为存储过程的名称。调用 ExecuteReader 方法时，该命令将执行此存储过程。

Command 对象必须与数据库保持连接并进行沟通，Command 对象返回的数据集可以通过 DataSet 类对象获取。在 Command 对象较为重要的属性有 CommandText、CommandType 和 Connetion，其中 CommandText 属性用于获取或设置数据源运行的文本命令；Command Type 属性用于指定 Command 对象操作数据的方式，是使用 SQL 语句，还是使用存储过程。

下面是使用 SqlCommand 的一个示例代码：

```
static int InsertStu()
{
    string sql = @"INSERT INTO T_Stu(ID, name, age)VALUES (106,N' 林立 ', 20)";
    string connStr = @"Data Source=(LocalDB)\MSSQLLocalDB;  AttachDbFilename=|DataDirectory|\StuDB.mdf;Integrated Security=True";
    using (SqlConnection conn = new SqlConnection(connStr))
    {
        // 使用 using 语句可保证调用 conn 的 Close 方法
        SqlCommand cmd = new SqlCommand(sql, conn);
        conn.Open();
        int rowsAffected = cmd.ExecuteNonQuery();
        return rowsAffected;
    }
}
```

【例 6.9】 用户名和密码存储在 SQL Server 数据库的表中，编写登录程序。

源代码例 6.9

微课 6-8
使用 Connection 和 Command

```
private void btLogin_Click(object sender, EventArgs e)
{
    string connstr = @"Data Source=(LocalDB)\MSSQLLocalDB; AttachDbFilename=|DataDirectory| \DB.mdf;Integrated Security=True";
    string sqlstr=string.Format("select count(*) from T_User where ID='{0}' and pwd='{1}'",txtID.Text,txtPwd.Text);
    using (SqlConnection conn = new SqlConnection(connstr))
    {
        // 使用 using 语句可保证调用 conn 的 Close 方法
        SqlCommand cmd = new SqlCommand(sqlstr, conn);
        conn.Open();
        if((int)cmd.ExecuteScalar()>0)
            MessageBox.Show(" 登录成功！ ");
        else
            MessageBox.Show(" 登录失败！ ");
    }
}
```

运行结果如图 6-30 所示。

在【例 6.9】中，通过读取文本框的 Text 属性获得用户输入的用户名和密码后，再来组织查询语句。采用 string.Format() 方法来拼接查询语句的方式非常危险，常常给 SQL 注入攻击带来机会。例如，在密码文本框中的输入内容是"' OR '1'='1", 则最终合成的查询条件是 "where ID='admin' and pwd="OR '1'='1', 很显然这个条件总为真, 则不论输入的用户名是否存在或密码是否正确, 都总能登录。

采用 DbParameter 向数据库传递参数可以进行类型检查, 从而极大地减少了遭受注入式攻击的风险（更严谨做法是, 在接受用户输入的文本时过滤像单引号、百分号这样的敏感字符, 然后再将用户输入传递给参数对象）。此外, 如果要向数据库中存入二进制对象, 也需要借助 DbParameter。

图 6-30 登录界面

修改【例 6.9】, 得到以下代码:

```csharp
private void btLogin_Click(object sender, EventArgs e)
{
    string connstr = @"Data Source=(LocalDB)\v11.0; AttachDbFilename= |Data Directory|\DB.mdf;Integrated Security=True";
    string sqlstr="select count(*) from T_User where ID=@id and pwd=@pwd";
    using (SqlConnection conn = new SqlConnection(connstr))
    {
        //使用 using 语句可保证调用 conn 的 Close 方法
        SqlCommand cmd = new SqlCommand(sqlstr, conn);
        //第一个参数
        SqlParameter param1 = new SqlParameter("@id", txtID.Text);
        cmd.Parameters.Add(param1);
        //第二个参数
        cmd.Parameters.Add("@pwd",SqlDbType.NVarChar).Value=txtPwd.Text;
        conn.Open();
        if((int)cmd.ExecuteScalar()>0)
            MessageBox.Show(" 登录成功！ ");
        else
            MessageBox.Show(" 登录失败！ ");
    }
}
```

微课 6-9
使用 DbParameter

SqlParameter 的作用是记录程序中数据值和 SQL 语句中的变量（T-SQL 变量是以 @ 符号开头的标识符, 如 "@id"）之间的对应关系, 并在向 SQL 变量传递数据前检查程序中的数据值能否转换成 SQL 变量所对应的数据库数据类型。

3. DataReader 对象

DataReader 对象是逐行读取数据的一个只进流。DataReader 对象只允许以只读、只进不退的方式查看查询结果集。同时, DataReader 对象还是一种非常节省资源的数据对象。DataReader 可被视为一个 "记录行" 的缓存, 每次调用其 Read 方法, 就能从数据源读取一行（即查询结果中的一条记录）放入到 DataReader 对象中。数据集对象用来保存一个或多个查询结果集, 相比之下, DataReader 只缓存一条记录, 所需的系统开销比较小。在查询大批量数据时采用 DataReader 比较适合。

> 注意：当打开一个新对象时，必须关闭前一个 DataReader 对象，因为它是以独占方式和数据库交互的。否则，会接收到其抛出的异常。

DataReader 对象没有公开的构造方法，不能通过 new 关键字调用构造方法的形式来创建 DataReader 对象，只能由 Command 对象的 ExecuteReader 方法返回创建好的 DataReader 实例。

DataReader 对象拥有字符串索引器和整数索引器，使用索引器可以很方便地获取某个字段的值。不过，索引器的返回值是 Object 类型，在使用时要注意类型转换。

DataReader 对象的常用属性及方法见表 6-23。

表 6-23 DataReader 对象的常用属性和方法

类型	成员	说明
属性	FieldCount	获取当前行的字段数。如果未放在有效的记录集中，则为 0；否则为当前行中的列数。默认值为 -1
属性	RecordsAffected	如果 DbDataReader 包含一行或多行，则为 true；否则为 false
属性	HasRows	指示查询结果集是否为空
方法	Read	读取一条记录，并返回布尔值指示读取成功还是失败
方法	Close	关闭 DataReader 对象
方法	GetValue	用来读取数据集的当前行的某一列的数据（返回值为 Object 类型）

修改【例 6.8】中的代码，使用 Command 和 DataReader 对象，实现如图 6-25 所示的效果，将表 T_Stu 中的数据显示在 DataGridView 控件中：

微课 6-10
使用 Command 和 DataReader

```
string strcon = @"Data Source=(LocalDB)\MSSQLLocalDB;AttachDbFilename=|DataDirectory|
    \StuDB.mdf;Integrated Security=True;Connect Timeout=30";
string strsql = "select * from T_Stu";
int index;

using (SqlConnection conn = new SqlConnection(strcon))
{
    SqlCommand cmd = new SqlCommand(strsql, conn);
    conn.Open();
    SqlDataReader rd = cmd.ExecuteReader();

    //设置表头
    dataGridView1.ColumnCount = 3;
    dataGridView1.Columns[0].HeaderText = rd.GetName(0);// 获取指定列的名称
    dataGridView1.Columns[1].HeaderText = rd.GetName(1);
    dataGridView1.Columns[2].HeaderText = rd.GetName(2);

    //逐行读取数据
```

```
    while (rd.Read())
    {
        index = dataGridView1.Rows.Add();
        dataGridView1.Rows[index].Cells[0].Value = rd[0];
        dataGridView1.Rows[index].Cells[1].Value = rd["name"];
        dataGridView1.Rows[index].Cells[2].Value = rd.GetValue(2);
    }
    rd.Close();
}
```

4. DataAdapter 对象

DataAdapter（数据适配器）对象是 DataSet（数据集）对象和数据库之间的桥接器，用于检索和保存数据。DataAdapter 对象封装了连接对象和实现对数据库进行增加、删除、查询、修改的命令对象。

DataAdapter 对象通过 Fill 方法将查询命令查询到的结果集填充到 DataSet 对象内部的 DataTable（数据表）对象中。在填充数据时，Fill 方法可以根据结果集的结构去创建数据表或者修改数据表对象的结构。窗体界面将 DataSet 当作数据源进行读写，当确定不再修改数据时，可以调用 DataAdapter 对象的 Update 方法，将 DataSet 中的数据改动并更新到物理数据库中。Update 方法是通过 DataAdapter 内部的插入、更新和删除 3 种命令来实现这一目的的。

使用查询命令查询数据库，用结果集填充 DataSet 对象，以及将 DataSet 中的数据更改并反映到数据库中去，是 DataAdapter 的主要任务。

（1）DataAdapter 对象的常用属性

适配器对象可访问物理数据源，它是数据提供程序的一部分。不同版本的数据提供程序中的适配器对象都需要从 DbDataAdapter 类派生。

DbDataAdapter 的常用属性是 4 个 DbCommand 类型的命令对象，用于描述和设置对数据库的操作。

- ❑ SelectCommand 属性：查询数据库的命令。
- ❑ InsertCommand 属性：向数据库中插入数据的命令。
- ❑ DeleteCommand 属性：用来删除数据库中数据的命令。
- ❑ UpdateCommand 属性：用来更新数据库中数据的命令。

ADO.NET 提供了帮助类 SqlCommandBuilder，它可以根据适配器的 SelectCommand 命令创建其他 3 个命令。

（2）DataAdapter 对象的常用方法

① 构造方法。不同类型的数据提供程序使用不同的构造方法来完成适配器对象的创建。对于 SqlDataAdapter 类，它有 4 个重载的构造方法。

- ❑ SqlDataAdapter()，创建空的 SqlDataAdapter。
- ❑ SqlDataAdapter(SqlCommand selectCommand)，根据一个查询命令创建适配器。
- ❑ SqlDataAdapter(stringselectCommandText, SqlConnection conn)，根据命令文本和连接对象创建适配器。
- ❑ SqlDataAdapter(string selectCommandText, string connStr)，根据命令文

本和连接字符串创建适配器。

② Fill 方法，是把查询结果填充到 DataSet 或 DataTable 中。如果目标 DataTable 对象不存在，则创建这些对象。调用 Fill 方法时，将自动打开一个连接对象，检索数据后再将其关闭。下面是 Fill 方法常用的几个重载。如果将适配器的 MissingSchemaAction 属性设置为 AddWithKey，则还会创建适当的主键和约束。

- public override int Fill(DataSet dataSet)
- public int Fill(DataTable dataTable)
- public int Fill(DataSet dataSet,string srcTable)

③ Update 方法，下面是 DbDataAdapter 类 Update 方法的几个常用重载。

- public override int Update(DataSet dataSet)
- public int Update(DataTable dataTable)
- public int Update(DataSet dataSet, string srcTable)

Update 方法为指定的 DataSet 或 DataTable 中每个已插入、已更新或已删除的行调用相应的 INSERT、UPDATE 或 DELETE 语句。

6.3.4 数据集

教学课件 6-3-4
数据集

DataSet 数据集对象是支持 ADO.NET 的断开式、分布式数据方案的核心对象。DataSet 可以保存多张数据表以及表之间的关系。简单地说，DataSet 就是存在于内存中的小型关系型数据库，它的构成如图 6-31 所示。

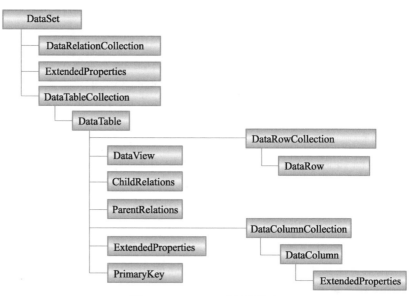

图 6-31　DataSet 对象的结构

DataSet 中的 Tables 属性是一个 DataTableCollection 集合，用来保存多张数据表 DataTable 对象。每个 DataTable 对象中的 Columns 属性是 DataColumnCollection 集合，它存储表中每个列的定义；DataTable 的 Rows 是 DataRowCollection 集合，用来存储表的数据行。在 DataAdapter 对象的 Fill 方法向 DateSet 填充数据时，可以根据查询结果集动态地在 DataSet 中创建相应结构的 DataTable 对象。

DataSet 和 XML 是密不可分的，DataSet 使用 XML Schema 定义表的结构，使用 XML 格式表示数据。DataSet 可以很容易转换成 XML 文件。

DataSet 是独立于数据提供程序的，也就是说不存在像 SqlDataSet 这样名称的类。DataSet 并不访问数据库，也可以在不涉及数据库操作的应用程序里把它当作数据缓存使用。

DataSet 对象常用属性及说明见表 6-24。

表 6-24　DataSet 对象常用属性和方法

类型	成员	说明
属性	CaseSensitive	获取或设置一个值，该值指示 DataTable 对象中的字符串比较是否区分大小写
属性	DataSetName	获取或设置当前 DataSet 对象的名称
属性	IsInitialized	获取一个值，该值表明是否初始化 DataSet 对象
属性	Relations	获取数据表的主外键关系的集合
属性	Tables	获取包含在 DataSet 对象中的表的集合
方法	AcceptChanges	提交自加载此 DataSet 对象或上次调用 AcceptChanges 方法以来对其进行的所有更改
方法	Clear	通过移除所有表中的所有行来清除任何数据的 DataSet 对象
方法	CreateDataReader	为每个 DataTable 对象返回带有一个结果集的 DataTableReader 对象，顺序与 Tables 集合中表的显示顺序相同
方法	GetChanges	获取 DataSet 对象的副本，该副本包含自上次加载以来或自调用 AcceptChanges 方法以来对该数据集进行的所有更改
方法	HasChanges	获取一个值，该值指示 DataSet 对象是否有更改，包括新增行、已删除的行或已修改的行
方法	Load	通过所提供的 IdataReader 接口，用某个数据源的值填充 DataSet 对象
方法	RejectChanges	回滚自创建 DataSet 对象以来或上次调用 DataSet.AcceptChanges 方法以来对其进行的所有更改

【例 6.10】 实现学生信息的添加、修改和删除。

```
public partial class Form1 : Form
{
    SqlDataAdapter da;
    string strcon = @"Data Source=(LocalDB)\MSSQLLocalDB;AttachDbFilename=|DataDirectory|\ StuDB.mdf;Integrated Security=True;";
    string strsql = "select * from T_Stu";

    public Form1()
    {
        InitializeComponent();
        da = new SqlDataAdapter(strsql, strcon);
    }
```

源代码例 6.10

微课 6-11
DataSet 中的数据操作

```csharp
private DataTable getData()
{
    DataSet dt = new DataSet();
    da.Fill(dt);
    return dt.Tables[0];
}

private void Clear()
{
    txtID.Text = "";
    txtName.Text = "";
    txtAge.Text = "";
}

private void Form1_Load(object sender, EventArgs e)
{
    dataGridView1.DataSource = getData();
}

private void dataGridView1_CellClick(object sender, DataGridViewCellEventArgs e)
{
    if (dataGridView1.SelectedRows.Count <= 0)
    // 用于判断是否选中了 DataGridView 中的一行
    {
        MessageBox.Show(" 请选中一行进行操作 ");
        return;
    }
    txtID.Text = dataGridView1.SelectedRows[0].Cells[0].Value.ToString();
    txtName.Text = dataGridView1.SelectedRows[0].Cells[1].Value.ToString();
    txtAge.Text = dataGridView1.SelectedRows[0].Cells[2].Value.ToString();
}

private void btnAdd_Click(object sender, EventArgs e)
{
    try
    {
        DataTable tStu = getData();
        DataRow newRow = tStu.NewRow();
        newRow["ID"] = int.Parse(txtID.Text);
        newRow["name"] = txtName.Text;
        newRow["age"] = int.Parse(txtAge.Text);
        // 将新行添加到 Rows 集合
        tStu.Rows.Add(newRow);
        // 为适配器创建 Insert 命令
        SqlCommandBuilder builder = new SqlCommandBuilder(da);
        // 使用适配器更新数据集
        da.Update(tStu);
        MessageBox.Show(" 数据添加成功 ");
```

```csharp
            dataGridView1.DataSource = getData();
            Clear();
        }
        catch (Exception ex)
        {
            MessageBox.Show(" 添加失败 ");
        }
    }

    private void btnUpdate_Click(object sender, EventArgs e)
    {
        if (dataGridView1.SelectedRows.Count <= 0)
        // 用于判断是否选中了 DataGridView 中的一行
        {
            MessageBox.Show(" 请选中一行进行操作 ");
            return;
        }
        try
        {
            int i=dataGridView1.CurrentRow.Index;// 获取选中行的索引值
            DataTable tStu = getData();
            tStu.Rows[i]["name"] = txtName.Text;
            tStu.Rows[i]["age"] = int.Parse(txtAge.Text);
            // 为适配器创建 Insert 命令
            SqlCommandBuilder builder = new SqlCommandBuilder(da);
            // 使用适配器更新数据集
            da.Update(tStu);
            MessageBox.Show(" 数据修改成功 ");
            dataGridView1.DataSource = getData();
            Clear();
        }
        catch (Exception ex)
        {
            MessageBox.Show(" 修改失败 ");
        }
    }

    private void btnDel_Click(object sender, EventArgs e)
    {
        if (dataGridView1.SelectedRows.Count <= 0)
        // 用于判断是否选中了 DataGridView 中的一行
        {
            MessageBox.Show(" 请选中一行进行操作 ");
            return;
        }
        try
        {
            int i = dataGridView1.CurrentRow.Index;// 获取选中行的索引值
```

```
            DataTable tStu = getData();
            tStu.Rows[i].Delete();
            // 为适配器创建 Insert 命令
            SqlCommandBuilder builder = new SqlCommandBuilder(da);
            // 使用适配器更新数据集
            da.Update(tStu);
            MessageBox.Show(" 数据删除成功 ");
            dataGridView1.DataSource = getData();
            Clear();
        }
        catch (Exception ex)
        {
            MessageBox.Show(" 删除失败 ");
        }
    }
}
```

运行结果如图 6-32 所示。

图 6-32 【例 6.10】运行结果

要说明的是，在执行 Update() 方法时，会检查 DataTable 对象中每一行的状态。如果行状态 RowState 属性是 Added、Modified、Deleted，数据适配器对象会调用相应命令对数据进行增加、修改、删除操作。如果提前调用 DataTable 对象的 AcceptChanges 方法，则会把该表所有行标记为 Unchanged（未更改）。这样，Update 方法就不会把任何信息写入数据库。

【例 6.11】 显示每位学生对应的 5 门单科成绩。

源代码例 6.11

微课 6-12
DataSet 中的
DataRelation

```
public partial class Form2 : Form
{
    string strcon = @"Data Source=(LocalDB)\MSSQLLocalDB;AttachDbFilename=
|DataDirectory|\StuDB.mdf;Integrated Security=True";
    public Form2()     {       InitializeComponent();       }
    private void Form2_Load(object sender, EventArgs e)
    {
        string strsql = "select ID as 学号 , name as 姓名 , age as 年龄 from T_Stu";
        SqlDataAdapter da;
        DataSet ds=new DataSet();
```

```csharp
        da = new SqlDataAdapter(strsql, strcon);
        da.Fill(ds);
        dataGridView1.DataSource = ds.Tables[0];
    }

    private void dataGridView1_CellClick(object sender, DataGridViewCellEventArgs e)
    {
        string strsql1 = "select * from T_Stu";
        string strsql2 = "select * from T_Sc";
        SqlDataAdapter da1, da2;
        DataSet ds = new DataSet();
        DataRelation dr;
        da1 = new SqlDataAdapter(strsql1, strcon);
        da2 = new SqlDataAdapter(strsql2, strcon);
        da1.Fill(ds, " 学生表 ");
        da2.Fill(ds, " 成绩表 ");
        dr = new DataRelation("st_sc", ds.Tables[" 学生表 "].Columns["ID"],
        ds.Tables[" 成绩表 "].Columns["Sno"]);
        ds.Relations.Add(dr);
        int i = dataGridView1.CurrentRow.Index;// 获取选中行的索引值
        DataRow row = ds.Tables[" 学生表 "].Rows[i];
        foreach (DataRow rowc in row.GetChildRows("st_sc"))
        {
            switch (rowc["Cno"].ToString())
            {
                case"001": txtYw.Text = rowc["grade"].ToString(); break;
                case"002": txtSx.Text = rowc["grade"].ToString(); break;
                case"003": txtYy.Text = rowc["grade"].ToString(); break;
                case"004": txtWl.Text = rowc["grade"].ToString(); break;
                case"005": txtHx.Text = rowc["grade"].ToString(); break;
            }
        }
    }
}
```

运行结果如图 6-33 所示。

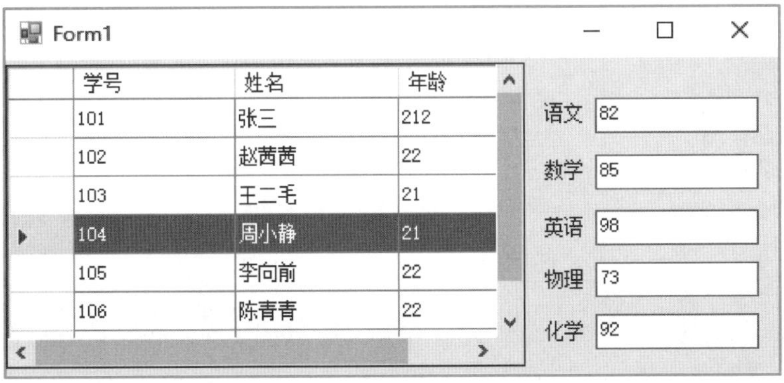

图 6-33 【例 6.11】运行结果

教学课件 6-3-5
事务处理

微课 6-13
事务编程

6.3.5 事务处理

事务将多个操作任务捆绑在一起作为一个整体来执行，这一组操作要么全部成功完成，要么全部失败。典型的例子是从账户 A 转账到账户 B，从账户 A 中减去一定金额是一个操作，向账户 B 增加相应的金额是另一个操作。这两个操作在执行过程中可能产生异常，造成一个操作成功完成而另一个操作失败的情况。如果将这两个操作放在事务中进行处理，则能保证两个账户的一致性。使用成语"同生共死"来形容事务中的操作任务间的关系比较贴切。

在事务执行的过程中，要保证事务具有基本的 ACID 属性（原子性、一致性、隔离性和持久性）。.NET Framework 的事务管理支持多种事务处理方式，包括显性事务和隐性事务、本地事务和分布式事务、事务嵌套、事务升级等。

以下介绍使用 SqlTransaction 和 TransactionScope 两种类来分别实现事务处理。

1. SqlTransaction 类

SqlTransaction 类是对 SQL Server 数据库进行事务处理的类，该类的实例只能由 SqlConnection 类对象的 BeginTransaction 方法创建，表示在该数据库连接实例上开始一个数据库事务。创建 SqlTransaction 类实例后，在程序中使用该实例的 Commit 方法提交事务，或者使用该类的 Rollback 方法回滚事务。将 SqlTransaction 数据库连接作为事务范围时，当事务范围结束，数据库连接将会自动关闭。

使用 SqlTransaction 实现事务处理的代码结构如下：

```
using (SqlConnection conn = new SqlConnection(connentionString))
{
    conn.Open();// 打开连接后才能调用 BeginTransaction 方法创建事务
    SqlTransaction trans = conn.BeginTransaction();
    try
    {
        /* 创建 SqlCommand 对象，并将 trans 设置为命令对象的 Transaction 属性值，
         * 然后调用命令的 Execute 方法执行操作 */
        trans.Commit();// 提交事务
    }
    catch (Exception ex)
    {
        try
        {
            trans.Rollback();
        }
        catch (Exception ex2)
        {
            // 处理回滚时产生的异常
        }
    }
}
```

【例 6.12】 删除一条学生记录时，相应的成绩记录也需要删除。

```csharp
private void btnDel_Click(object sender, EventArgs e)
{
    string strsql1, strsql2;
    int i;
    if (dataGridView1.SelectedRows.Count <= 0)
    {
        MessageBox.Show(" 请选中一行进行操作 ");
        return;
    }
    i = Convert.ToInt16(dataGridView1.SelectedRows[0].Cells[0].Value);
    strsql1 = string.Format("delete from T_Sc where Sno={0}", i);
    strsql2 = string.Format("delete from T_Stu where ID={0}", i);
    using (SqlConnection conn = new SqlConnection(strcon))
    {
        conn.Open();// 打开连接后才能调用 BeginTransaction 方法创建事务
        SqlTransaction trans = conn.BeginTransaction();
        SqlCommand cmd1 = new SqlCommand(strsql1, conn, trans);
        SqlCommand cmd2 = new SqlCommand(strsql2, conn, trans);
        try
        {
            cmd1.ExecuteNonQuery();
            cmd2.ExecuteNonQuery();
            trans.Commit();// 提交事务
            MessageBox.Show(" 删除成功 ");
            dataGridView1.DataSource = getData();
            Clear();
        }
        catch (Exception ex)
        {
            trans.Rollback();
            MessageBox.Show(" 删除失败 \n" + ex.Message);
        }
    }
}
```

源代码例 6.12

此例中，getData() 和 Clear() 两个方法与【例 6.10】中的相同，故省略之。

2. TransactionScope 类

TransactionScope 类表示一个事务范围，位于该范围内的代码块都成为一个事务。在调用 TransactionScope 类中定义的 Complete 方法时将自动提交事务。当事务范围中的数据库操作失败时，TransactionScope 自动回滚数据库操作。

TransactionScope 类位于 System.Transactions.dll 中，使用时要先在【解决方案资源管理器】面板中添加对该程序集的引用，并在代码中使用 using 指令导入 System.Transaction 命名空间。

下面是使用 TransactionScope 的基本代码结构：

```csharp
using (SqlConnection conn = new SqlConnection(connentionString))
{
    conn.Open();// 打开连接
    using (TransactionScope scope = new TransactionScope())
    {
        try
        {
            /* 执行多个数据库操作 */
            scope.Complete();// 指示所有操作都已完成并提交事务
        }
        catch (Exception ex)
        {
            /* 处理异常 */
        }
    }
}
```

用 TransactionScope 对【例 6.12】进行修改，可得：

```csharp
private void btnDel_Click(object sender, EventArgs e)
{
    string strsql1, strsql2;
    int i;
    if (dataGridView1.SelectedRows.Count <= 0)
    {
        MessageBox.Show(" 请选中一行进行操作 ");
        return;
    }
    i = Convert.ToInt16(dataGridView1.SelectedRows[0].Cells[0].Value);
    strsql1 = string.Format("delete from T_Sc where Sno={0}", i);
    strsql2 = string.Format("delete from T_Stu where ID={0}", i);
    using (SqlConnection conn = new SqlConnection(strcon))
    {
        conn.Open();// 打开连接后才能调用 BeginTransaction 方法创建事务
        SqlCommand cmd1 = new SqlCommand(strsql1, conn);
        SqlCommand cmd2 = new SqlCommand(strsql2, conn);
        using (TransactionScope scope = new TransactionScope())
        {
            try
            {
                cmd1.ExecuteNonQuery();
                cmd2.ExecuteNonQuery();
                dataGridView1.DataSource = getData();
                scope.Complete();// 指示所有操作都已完成并提交事务
                MessageBox.Show(" 删除成功 ");
                Clear();
```

```
            }
            catch (Exception ex)
            {
                MessageBox.Show(" 删除失败 \n" + ex.Message);
            }
        }
    }
}
```

 任务实施

1. 创建数据库和数据表

本任务需要先创建一个数据库，然后创建一张数据表以保存联系人信息。创建 Contacts 表如图 6-34 所示。

微课任务解决 6.3
通讯录（数据库）

源代码任务 6.3
通讯录（数据库）

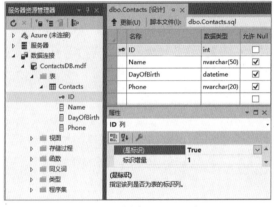

图 6-34 创建 Contacts 表

2. 设计窗体界面

本任务主要是在界面上增加"编辑"按钮。

3. 编写代码

本任务的代码结构与任务 6.1 基本相似。下面是修改过的 Contacts.cs 文件和 Form1.cs 文件。

（1）Contacts.cs 文件中的代码

```
public class Person
{//联系人类
    public int ID { get; set; }//增加一个属性
    public string Name { get; set; }
    public DateTime DayOfBirth { get; set; }
    public string Phone { get; set; }
}

public static class ContactsBook
{
```

```csharp
// 数据库连接字符串
const string connstring=@"Data Source=(LocalDB)\MSSQLLocalDB;" +"AttachDbFilename=|DataDirectory|\ContactsDB.mdf; "
  +"Integrated Security=True";
// 读取所有记录缓存在泛型列表中
public static List<Person> GetAll()
{
    List<Person > list = new List<Person>();
    string sql = @"SELECT ID, Name, Phone, DayOfBirth FROM Contacts";
    using (SqlConnection conn = new SqlConnection(connstring))
    {
        SqlCommand cmd = conn.CreateCommand();
        cmd.CommandText = sql;
        conn.Open();
        using (SqlDataReader reader = cmd.ExecuteReader())
        {
            while (reader.Read())
            {
                // 根据记录创建联系人对象
                Person person = new Person();
                person.ID = reader.GetInt32(0);
                person.Name = reader.GetString(1);
                person.Phone = reader.GetString(2);
                person.DayOfBirth = reader.GetDateTime(3);
                list.Add(person); // 将联系人对象存入列表
            }
        }
    }
    return list;
}

// 更新记录
public static void Save(Person person)
{
    string sql = @"UPDATE Contacts SET Name = @Name, Phone = @Phone, DayOfBirth = @DayOfBirth WHERE (ID = @ID)";
    using (SqlConnection conn = new SqlConnection(connstring))
    {
        SqlCommand cmd = new SqlCommand(sql, conn);
        cmd.Parameters.Add("@Name", SqlDbType.VarChar).Value = person.Name;
        cmd.Parameters.Add("@Phone", SqlDbType.VarChar).Value = person.Phone;
        cmd.Parameters.Add("@DayOfBirth", SqlDbType.DateTime).Value = person.DayOfBirth;
        cmd.Parameters.Add("@ID", SqlDbType.Int).Value = person.ID;

        conn.Open();
```

```csharp
            cmd.ExecuteNonQuery();
        }
    }

    // 添加记录
    public static void Add(Person person)
    {
        string sql = @"INSERT INTO Contacts (Name, Phone, DayOfBirth) VALUES (@Name,@Phone,@DayOfBirth)";
        using (SqlConnection conn = new SqlConnection(connstring))
        {
            SqlCommand cmd = new SqlCommand(sql, conn);
            cmd.Parameters.Add("@Name", SqlDbType.VarChar).Value = person.Name;
            cmd.Parameters.Add("@Phone", SqlDbType.VarChar).Value = person.Phone;
            cmd.Parameters.Add("@DayOfBirth", SqlDbType.DateTime).Value = person.DayOfBirth;

            conn.Open();
            cmd.ExecuteNonQuery();
        }
    }

    // 实现删除联系人功能
    public static void Remove(Person person)
    {
        string sql = @"DELETE FROM Contacts WHERE (ID = @ID)";
        using (SqlConnection conn = new SqlConnection(connstring))
        {
            SqlCommand cmd = new SqlCommand(sql, conn);
            cmd.Parameters.Add("@ID", SqlDbType.Int).Value = person.ID;

            conn.Open();
            cmd.ExecuteNonQuery();
        }
    }

    // 实现清空通讯录功能
    public static void RemoveAll()
    {
        string sql = @"DELETE FROM Contacts";
        using (SqlConnection conn = new SqlConnection(connstring))
        {
            SqlCommand cmd = new SqlCommand(sql, conn);
            conn.Open();
            cmd.ExecuteNonQuery();
        }
```

    }
}
```

（2）Form1.cs 文件中的代码

```csharp
public partial class Form1 : Form
{
    bool isCreate = false;// 指示是在创建新记录还是在编辑原有记录
    public Form1()
    { InitializeComponent(); }

    private void Form1_Load(object sender, EventArgs e)
    {
        BindToListView();
        groupBoxPerson.Enabled = false;
    }

    // 读取所有联系人记录填充 ListView
    void BindToListView()
    {
        listView1.Items.Clear();
        foreach (Person p in ContactsBook.GetAll())
        {
            ListViewItem item = new ListViewItem(p.Name);
            item.SubItems.Add(new ListViewItem.ListViewSubItem(item, p.DayOfBirth.ToLongDateString()));
            item.SubItems.Add(new ListViewItem.ListViewSubItem(item, p.Phone));
            item.Tag = p;// 将联系人对象的引用缓存在 Tag 中
            listView1.Items.Add(item);
        }
    }

    // 新建按钮
    private void btnCreate_Click(object sender, EventArgs e)
    {
        txtName.Text = "";
        txtPhone.Text = "";
        isCreate = true;
        OnBtnCreateClick();
    }

    // 保存按钮
    private void btnSave_Click(object sender, EventArgs e)
    {
        if (isCreate)
        {
            // 创建联系人
```
```

```csharp
        Person person = new Person()
        {
            Name = txtName.Text.Trim(),
            DayOfBirth = dtpDayOfBirth.Value,
            Phone = txtPhone.Text.Trim()
        };

        ContactsBook.Add(person);
        isCreate = false;
    }
    else// 保存编辑后的信息
    {
        if (listView1.SelectedItems.Count > 0)
        {
            Person person = new Person()// 创建联系人
            {
                ID = (listView1.SelectedItems[0].Tag asPerson).ID,
                Name = txtName.Text.Trim(),
                DayOfBirth = dtpDayOfBirth.Value,
                Phone = txtPhone.Text.Trim()
            };
            ContactsBook.Save(person);
        }
    }
    BindToListView();
    OnBtnSaveClick();
}

// 删除按钮
private void btnRemove_Click(object sender, EventArgs e)
{
    if (listView1.SelectedIndices.Count > 0)
    {
        ContactsBook.Remove((Person)(listView1.SelectedItems[0].Tag));
        BindToListView();
    }
    else
        MessageBox.Show(" 请先选中一条记录再删除 ");
}

// 清空按钮
private void btnRemoveAll_Click(object sender, EventArgs e)
{
    if (MessageBox.Show(" 你真的要清空通讯录?", " 清空?", Message BoxButtons.YesNo) == DialogResult.Yes)
    {
```

```csharp
            ContactsBook.RemoveAll();
            BindToListView();
        }
    }

    //ListView 选项改变时
    private void listView1_SelectedIndexChanged(object sender, EventArgs e)
    {
        btnEdit.Enabled = (listView1.SelectedItems.Count == 0) ? false : true;
        btnRemove.Enabled = (listView1.SelectedItems.Count == 0) ? false : true;
        if (listView1.SelectedItems.Count > 0)
        {
            Person person = (Person)listView1.SelectedItems[0].Tag;
            txtName.Text = person.Name;
            txtPhone.Text = person.Phone;
            dtpDayOfBirth.Value = person.DayOfBirth;
        }
    }

    // 编辑按钮
    private void btnEdit_Click(object sender, EventArgs e)
    {
        if (listView1.SelectedItems.Count == 0)
        {
            MessageBox.Show(" 请先选中一条记录再编辑 ");
            return;
        }
        OnBtnEditClick();
    }

    // 在单击 " 新建 " 按钮时设置各个控件的状态
    private void OnBtnCreateClick()
    {
        btnCreate.Enabled = false;
        btnSave.Enabled = true;
        btnRemove.Enabled = false;
        btnEdit.Enabled = false;
        btnRemoveAll.Enabled = false; ;
        groupBoxPerson.Enabled = true;
    }

    // 在单击 " 保存 " 按钮时设置各个控件的状态
    private void OnBtnSaveClick()
    {
        btnCreate.Enabled = true;
        btnSave.Enabled = false;
```

```
        btnRemove.Enabled = true;
        btnEdit.Enabled = true;
        btnRemoveAll.Enabled = true; ;
        groupBoxPerson.Enabled = false;
    }

    //在单击"编辑"按钮时设置各个控件的状态
    private void OnBtnEditClick()
    {
        btnCreate.Enabled = false;
        btnSave.Enabled = true;
        btnRemove.Enabled = false;
        btnEdit.Enabled = false;
        btnRemoveAll.Enabled = false;
        groupBoxPerson.Enabled = true;
    }
}
```

项目实训

【实训题目】
使用数据提供程序访问数据库。

【实训目的】
1. 掌握连接对象、命令对象、数据读取器对象的用法。
2. 掌握对数据库进行增加、删除、查询、修改的基本操作。

【实训内容】
创建一个数据库,并在数据库中创建一张表 Employees,表中字段至少包括姓名、编号、性别和部门等信息。然后设计窗体界面,使用连接对象、命令对象、数据读取器对象实现对职员信息的增加、删除、查询、修改。

步骤:
① 启动 Visual Studio,创建 Windows 窗体应用程序项目,项目名称设为"项目实训 6_3"。
② 设计 Employees 表的结构,并创建数据库,获取连接字。
③ 在 Form1 界面设计视图中,自行设计界面,设置主要控件的属性。
④ 使用数据提供程序对象以及数据集对象,实现数据查询与处理。
按 F5 键或 F10 键或 F11 键,调试运行程序,确保程序实现了正确的功能。

本单元主要介绍了 .NET Framework 中文件读写、目录管理和 ADO.NET。文件

系统部分包括 I/O 流、目录和文件处理，如文件流、目录流、目录处理、文件处理等。通过 ADO.NET 提供的类和对象，C# 代码可以访问数据库中的数据，这些类包含在 System.Data 命名空间中。本单元介绍了如何使用 ADO.NET 模型中的五大对象对数据进行增加、删除、查询、修改。

单元 7 综合应用

 学习目标

【知识目标】

- 了解三层架构的概念
- 掌握基于三层架构的数据操作

【能力目标】

- 能够分析小型软件系统的业务流程
- 能够设计较为复杂的窗体界面
- 能够使用三层架构实现简单 Windows 应用

教学课件 7-1
三层架构及实体类

源代码 7.1
基于三层架构的学生信息处理

任务 7.1 三层架构及实体类

7.1.1 概述

在项目开发过程中,人们常用三层架构来组织整个项目的代码,其中包括表示层(UI)、业务逻辑层(BLL)和数据访问层(DAL)。采用三层架构的优点在于,易于项目的修改和维护,在项目的开发或者开发后的升级、移植过程中,例如项目从 WinForm 移植到 Web,只需要将表示层重新做一遍即可,其余两层不用改动;易于扩展,若要添加新的功能,只需在原有的类库中添加新的方法即可;增强代码的可重用性;便于不同层次的开发人员之间的合作,即只要遵循一定的接口标准就可以进行并行开发,最终可以将各个部分拼接到一起构成最终的应用程序。三层架构的作用分别如下:

① 表示层:为用户提供交互操作界面。表示层位于最上层,用于显示和接收用户提交的数据,为用户提供交互式的界面。表示层一般为 Windows 窗体应用程序或 Web 应用程序。

② 业务逻辑层:负责关键业务的处理和数据的传递。业务逻辑层是表示层和数据访问层之间沟通的桥梁,复杂的逻辑判断和涉及数据库的数据验证都需要在此做出处理。业务逻辑层不会直接对数据库中的数据进行操作,该层一般为类库。

③ 数据访问层:负责数据库数据的访问。数据访问层主要是为业务逻辑层提供数据,根据传入的值来操作数据库,实现对数据的读取、保存和更新等操作。数据访问层通常为类库。

如图 7-1 所示,三层之间相互依赖,表示层依赖于业务逻辑层,业务逻辑层依赖于数据访问层。

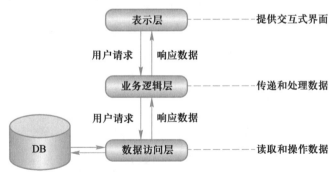

图 7-1 三层架构中各层之间的关系

微课 7-1
三层架构的搭建

此外,为便于在各层间传递数据,通常再添加一个类库,即实体类库。其中封装的每个类都对应一个实体,即数据库中的一张表。如 Student 类对应于数据库中的学生表 T_Stu,表中的每个字段都封装成 Student 类的属性。

下面将【例 6.8】中显示表 T_Stu 学生信息的代码用三层架构来重新进行组织。

(1)创建表示层

打开 VS 开发环境,依次选择"文件"→"新建"→"项目"→"Windows

窗体应用程序"菜单命令，打开"新建项目"对话框，将项目命名为 TriStu。

（2）创建业务逻辑层

在"解决方案资源管理器"中，选中"解决方案'TriStu'(1 个项目)"，右击，在弹出的快捷菜单中选择"添加"→"新建项目"命令，打开"添加新项目"对话框，如图 7-2 所示，点击"下一步"按钮，并输入名称 TriStu.BLL。

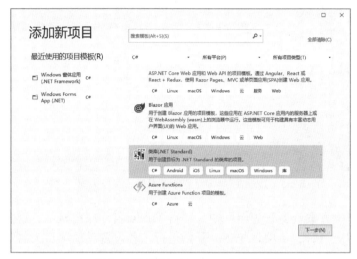

图 7-2　添加类库项目 TriStu.BLL 作为业务逻辑层

（3）创建数据访问层

搭建数据访问层的过程与创建业务逻辑层类似，将项目命名为 TriStu.DAL。

（4）创建实体类

与创建业务逻辑层类似，项目名称为 TriStu.Models。

如图 7-3 所示，在 TriStu 这个项目解决方案中共有 4 个项目，作为表示层的项目 TriStu 与解决方案同名。打开该解决方案所在文件夹，会看到有 4 个子文件夹，每个子文件夹与一个项目相对应，如图 7-4 所示。

图 7-3　解决方案 TriStu 包含 4 个项目

图 7-4　解决方案 TriStu 对应文件夹中的各子文件夹

（5）添加各层之间依赖关系

虽然三层结构的基本框架已经搭建成功，但是各层之间是独立的。只有添加依赖关系，才能让它们相互协作。步骤如下：

① 添加表示层对业务逻辑层及实体类库的引用。在"解决方案资源管

理器"中，在项目 TriStu 上右击，在弹出的快捷菜单中选择"添加"→"引用"命令，打开"引用管理器"对话框，在左侧选择"项目"→"解决方案"选项，选中 TriStu.BLL、TriStu.Models，单击"确定"按钮，即可实现项目 TriStu 对 TriStu.BLL 和 TriStu.Models 的引用，如图 7-5 所示。

② 类似的，分别添加业务逻辑层对数据访问层及实体类库的引用，以及数据访问层对实体类库的引用。至此，三层架构及各层之间的依赖关系创建完毕。

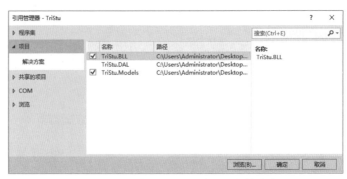

图 7-5 为表示层添加对业务逻辑层、实体类库的引用

在"解决方案资源管理器"中，项目 TriStu 名称加粗显示，这表示它为启动项目，即运行时，从项目 TriStu 开始运行（若设置其他项目为启动项目，可选中该项目，右击，在快捷菜单中选择"设为启动项目"命令即可）。同时，当以 "Data Source=(LocalDB)\MSSQLLocalDB;AttachDbFilename=|DataDirectory|\StuDB.mdf; Integrated Security=True" 作为数据库连接字并且没有对 DataDirectory 做任何设置时，可把对应的数据库文件放置在项目 TriStu 所在文件夹下的 \bin\Debug 子文件夹中。

【例 7.1】 以显示学生信息为例，测试各层之间如何协同工作。

（1）在实体类库定义类 Student

在 TriStu.Models 中，将默认的类名 Class1.cs 重命名为 Student.cs，该实体类与数据库 StuDB 中的表 T_Stu 相对应。定义实体类 Student 的代码如下：

微课 7-2
显示学生信息

```
public class Student
{
    public int ID { get; set; }              //学号
    public string Name { get; set; }         //姓名
    public int Age { get;set; }              //年龄

    public Student() { }
    public Student(int ID, string name,int age)
    {
        this.ID = ID;
        this.Name = name;
        this.Age = age;
    }
}
```

（2）在数据访问层定义数据库操作类 DBHelper

在数据访问层编写一个类 DBHelper，在该类中封装了通用的操作数据库的方法，只需要提供 SQL 语句和查询参数即可调用这些方法获得查询记录或操作数据的结果。定义类 DBHelper 的代码如下：

```csharp
class DBHelper
{
    // 定义数据库连接字符串
    public static string connString =@"Data Source=(LocalDB)\MSSQLLocalDB;
AttachDbFilename= |DataDirectory|\StuDB.mdf; Integrated Security=True";
    // 定义数据库连接对象
    public static SqlConnection conn = new SqlConnection(connString);

    // 获取数据的方法，返回 DataTable 对象，参数为一个 select 语句
    public static DataTable GetDataTable(string sqlStr)
    {
        try
        {
            conn.Open();
            SqlCommand cmd = new SqlCommand(sqlStr, conn);
            SqlDataAdapter dapt = new SqlDataAdapter(cmd);
            DataTable dt = new DataTable();
            dapt.Fill(dt);
            return dt;
        }
        catch
        {
            return null;
        }
        finally
        {
            conn.Close();
        }
    }

    // 获取数据的重载方法，返回 DataTable 对象，参数为一个参数化的 select 语句和
    // 参数对象数组
    public static DataTable GetDataTable(string sqlStr, SqlParameter[] param)
    {
        try
        {
            conn.Open();
            SqlCommand cmd = new SqlCommand(sqlStr, conn);
            cmd.Parameters.AddRange(param);
            SqlDataAdapter dapt = new SqlDataAdapter(cmd);
            DataTable dt = new DataTable();
```

```csharp
                dapt.Fill(dt);
                return dt;
            }
            catch
            {
                return null;
            }
            finally
            {
                conn.Close();
            }
        }

        //执行更新的方法，返回一个布尔值，参数为一个 insert|update|delete 语句
        public static bool ExcuteCommand(string sqlStr)
        {
            try
            {
                conn.Open();
                SqlCommand cmd = new SqlCommand(sqlStr, conn);
                cmd.ExecuteNonQuery();
                return true;
            }
            catch
            {
                return false;
            }
            finally
            {
                conn.Close();
            }
        }

        //执行更新的重载方法，返回一个布尔值，参数为一个参数化的 insert|update|delete
        //语句和参数对象数组
        public static bool ExcuteCommand(string sqlStr, SqlParameter[] param)
        {
            try
            {
                conn.Open();
                SqlCommand cmd = new SqlCommand(sqlStr, conn);
                cmd.Parameters.AddRange(param);
                cmd.ExecuteNonQuery();
                return true;
            }
            catch
```

```
            return false;
        }
        finally
        {
            conn.Close();
        }
    }
```

（3）在数据访问层定义数据访问类 StuService

针对实体类库中的每个实体类，数据访问层有一个对应的数据访问类。对实体类 Student，创建一个对应的类 StuService，用于对数据表 T_Stu 的数据处理。

本例只需获取表 T_Stu 的所有记录并提交给表示层显示，在类 StuService 定义方法 GetStudentList()，通过调用 DBHelper 类中的相应方法来获取学生信息数据，代码如下：

```
using TriStu.Models;
public class StuService
{
    public List<Student> GetStudentList()
    {
        string sqlstr = "select * from T_Stu";
        DataTable dt = DBHelper.GetDataTable(sqlstr);
        List<Student> list = new List<Student>();
        foreach (DataRow r in dt.Rows)
        {
            Student stu = new Student();
            stu.ID = int.Parse(r["ID"].ToString());
            stu.Name = r["name"].ToString();
            stu.Age = int.Parse(r["age"].ToString()); ;
            list.Add(stu);
        }
        return list;
    }
}
```

（4）在业务逻辑层定义类 StuManager

针对实体库中的每个实体类，业务逻辑层中也有一个对应的类。对实体类 Student，创建一个对应的 StuManager 类。由于此处只是简单地返回学生信息数据，没有业务逻辑需要处理，因此直接调用数据访问层类 StuService 的方法 GetStudentList()，得到结果即可，其代码如下：

```
using TriStu.DAL;
using TriStu.Models;
namespace TriStu.BLL
```

```csharp
{
    public class StuManager
    {
        StuService stu = new StuService();
        public List<Student> GetStudentList()
        {
            return stu.GetStudentList();
        }
    }
}
```

（5）编写表示层

在项目 TriStu 的窗体 Form1 中，放置一个 dataGridView 控件。在 Form1 的代码文件中，引入命名空间 TriStu.BLL，并添加以下代码：

```csharp
StuManager stu = new StuManager();
private void Form1_Load(object sender, EventArgs e)
{
    dataGridView1.DataSource = stu.GetStudentList();
}
```

代码编写完毕，运行程序，运行效果与图 6-25 相同。

7.1.2 基于三层架构操作数据

本节介绍如何实现三层架构下数据的添加、修改和删除。

1. 实现学生信息的添加

从表示层输入需要添加的学生信息，则输入的信息可通过一个 Student 对象传递到业务逻辑层、数据访问层，最终由数据访问层调用相应的方法将信息保存到数据库中。

（1）在数据访问层类 StuService 中添加 AddStudent 方法

微课 7-3
添加学生信息

```csharp
public bool AddStudent(Student newStu)
{
    string sqlStr = "insert into T_Stu values(@ID,@name,@age)";
    SqlParameter[] param = new SqlParameter[]
    {
        new SqlParameter("@ID",newStu.ID),
        new SqlParameter("@name",newStu.Name),
        new SqlParameter("@age",newStu.Age)
    };
    return DBHelper.ExcuteCommand(sqlStr, param);
}
```

（2）在业务逻辑层类 StuManager 中添加 AddStudent 方法

```csharp
public bool AddStudent(Student newStu)
{
```

```
            return stu.AddStudent(newStu);
        }
```

（3）在表示层获取输入的学生信息

在窗体 Form1 上放置"添加"按钮，以及 3 个文本框，分别接收学号、姓名、年龄的输入，为"添加"按钮的 Click 事件添加如下代码：

```
private void btnAdd_Click(object sender, EventArgs e)
{
    Student newStu=new Student();
    newStu.ID = int.Parse(txtID.Text);
    newStu.Name = txtName.Text;
    newStu.Age = int.Parse(txtAge.Text);
    if (stu.AddStudent(newStu))
    {
        MessageBox.Show(" 添加成功 ");
        dataGridView1.DataSource = stu.GetStudentList();
    }
    else
        MessageBox.Show(" 添加失败 ");
}
```

2. 实现学生信息的修改

与实现学生信息的添加类似，在各个层添加相应代码。

（1）在数据访问层类 StuService 中添加 UpdateStudent 方法

微课 7-4
修改学生信息

```
public bool UpdateStudent(Student stu)
{
    string sqlstr = "update T_Stu set name=@name,age=@age where ID=@id";
    SqlParameter[] param = new SqlParameter[]
    {
        new SqlParameter("@name",stu.Name),
        new SqlParameter("@age",stu.Age),
        new SqlParameter("@ID",stu.ID)
    };
    return DBHelper.ExcuteCommand(sqlstr, param);
}
```

（2）在业务逻辑层类 StuManager 中添加 UpdateStudent 方法

```
public bool UpdateStudent(Student s)
{
    return stu.UpdateStudent(s);
}
```

（3）在表示层获取要修改的学生信息

在窗体 Form1 上添加"修改"按钮，在 dataGridView1 中选中某一行，则该行对应记录中的各个字段值显示在表示学号、姓名、年龄的 3 个文本框，以便于修改。在窗体 Form1 的设计界面，选中控件 dataGridView1，在属性栏中切换到"事件"页，如图 7-6 所示。

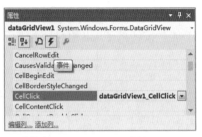

图 7-6　为控件 dataGridView1 添加 CellClick 事件

找到 CellClick 事件并双击，则 Visual Studio 自动生成 dataGridView1_CellClick 事件的代码框架，在此框架内添加以下代码：

```
private void dataGridView1_CellClick(object sender, DataGridViewCellEventArgs e)
{
    if (dataGridView1.SelectedRows.Count <= 0)
    //用于判断是否选中了 DataGridView 中的一行
    {
        MessageBox.Show(" 请选中一行进行操作 ");
        return;
    }
    txtID.Text = dataGridView1.SelectedRows[0].Cells[0].Value.ToString();
    txtName.Text = dataGridView1.SelectedRows[0].Cells[1].Value.ToString();
    txtAge.Text = dataGridView1.SelectedRows[0].Cells[2].Value.ToString();
}

private void btnUpdate_Click(object sender, EventArgs e)
{
    if (dataGridView1.SelectedRows.Count <= 0)
    //用于判断是否选中了 DataGridView 中的一行
    {
        MessageBox.Show(" 请选中一行进行操作 ");
        return;
    }
    Student newStu = new  Student();
    newStu.ID = int.Parse(dataGridView1.SelectedRows[0].Cells[0].Value.ToString());
    newStu.Name = txtName.Text;
    newStu.Age = int.Parse(txtAge.Text);

    //保存修改
    if (stu.UpdateStudent(newStu))
    {
        MessageBox.Show(" 修改成功 ");
```

```
            dataGridView1.DataSource = stu.GetStudentList();
    }
    else
        MessageBox.Show(" 修改失败 ");
}
```

3. 实现学生信息的删除

当删除学生信息时，需要将选中学生的学号信息通过表示层传递到业务逻辑层，再传送到数据访问层即可。从 T_Stu 表删除某个学生的信息时，该生在选课表 T_Sc 中的选课信息也需要删除，为保证数据一致性，通常采用事务来处理。

微课 7-5
删除学生信息

（1）在数据访问层类 DBHelper 中添加 ExcuteCommand 方法的重载

```
public static bool ExcuteCommand(List<String> sqlStr, List<SqlParameter[]> param)
{
    int i = 0;
    SqlCommand cmd = new SqlCommand();
    using (TransactionScope ts = new TransactionScope())
    {
        cmd.Connection = conn;
        conn.Open();
        try
        {
            foreach (string item in sqlStr)
            {
                cmd.CommandType = CommandType.Text;
                                        //设置命令类型为 SQL 文本命令
                cmd.CommandText = item;  //设置要对数据源执行的 SQL 语句
                cmd.Parameters.AddRange(param[i]);    //添加参数
                cmd.ExecuteNonQuery();
                //执行 SQL 语句并返回受影响的行数
                i++;
            }
            ts.Complete();
            return true;
        }
        catch
        {
            return false;
        }
        finally
        {
            conn.Close();
            sqlStr.Clear();
        }
    }
}
```

（2）在数据访问层类 StuService 中添加 DelStudent 方法

```csharp
public bool DelStudent(int id)
{
    List<String> strSqls = new List<string>();          // 创建集合对象
    List<SqlParameter[]> param = new List<SqlParameter[]>();
    string strDelete1 = "delete From T_Stu where ID = @id";
    // 定义删除表 T_Stu 的 SQL 语句
    strSqls.Add(strDelete1);                            // 将 SQL 语句添加到集合中
    SqlParameter[] param1 = new SqlParameter[]
    {
        new SqlParameter("@ID",id)
    };
    param.Add(param1);
    string strDelete2 = "delete From T_SC where Sno = @sno";
    // 定义删除表 T_SC 的 SQL 语句
    strSqls.Add(strDelete2);                            // 将 SQL 语句添加到集合中
    SqlParameter[] param2 = new SqlParameter[]
    {
        new SqlParameter("@sno",id)
    };
    param.Add(param2);
    return DBHelper.ExcuteCommand(strSqls, param);
}
```

（3）在业务逻辑层类 StuManager 中添加 DelStudent 方法

```csharp
public bool DelStudent(int id)
{
    return stu.DelStudent(id);
}
```

（4）在表示层获取待删除学生的学号

在窗体 Form1 上添加"删除"按钮，为该按钮的 Click 事件添加如下代码：

```csharp
private void btnDel_Click(object sender, EventArgs e)
{
    int id;
    if (dataGridView1.SelectedRows.Count <= 0)
    // 用于判断是否选中了 DataGridView 中的一行
    {
        MessageBox.Show(" 请选中一行进行操作 ");
        return;
    }
    id = int.Parse(dataGridView1.SelectedRows[0].Cells[0].Value.ToString());

    // 删除
    if (stu.DelStudent(id))
```

```
            {
                MessageBox.Show(" 删除成功 ");
                dataGridView1.DataSource = stu.GetStudentList();
                txtID.Text = "";
                txtName.Text = "";
                txtAge.Text = "";
            }
            else
                MessageBox.Show(" 删除失败 ");
        }
```

代码编写完毕，运行程序，运行效果与图 6-32 相同。

任务 7.2　个人记账系统的实现

教学课件 7-2
个人记账系统的实现

7.2.1　系统设计

记账在每个人的生活中很常见。通过记账，可以对每日花费一目了然，以便于养成合理消费的良好习惯。传统的记账方法是用一本记账簿来进行书面记录，若想根据某个时间段进行收支统计，就需要手工计算，这非常不方便。在本节，通过编写一个简易的个人记账系统，实现个人收入和支出的添加、修改、删除和查询、统计，极大便利个人的日常收支管理。

源代码 7.2
个人记账系统源代码

在这里，简化了系统的功能，只考虑一个用户使用该系统的情况。因此，该系统在功能上比较简单，主要包含 3 个功能模块：

① 支出处理：查找所有的支出记录，添加新的支出明细、修改或删除指定的支出记录；

② 收入处理：查找所有的收入记录，添加新的收入明细、修改或删除指定的收入记录；

③ 收支查询统计：查找指定时间段内的支出、收入详细记录，并统计收入、支出总额。

微课 7-6
创建记账系统数据库

用户输入正确的账号密码后进入主界面即可使用这 3 个功能，由此在数据库中存储以下信息：

① 用户信息：账号、密码。创建 User 表，User 表的说明见表 7-1。

表 7-1　User 表

字段名	数据类型	允许空	字段说明
id	nvarchar(20)	0	账号
pwd	nvarchar(20)	0	密码

② 支出信息：金额、日期、用途。创建 Spend 表，Spend 表的说明见表 7-2。

表 7-2　Spend 表

字段名	数据类型	允许空	字段说明
id	int	0	记录编号，主键
money	float	0	花费金额
date	date	0	记录日期
usefor	nvarchar(50)	1	花费说明

③ 收入信息：金额、日期、来源。创建 Income 表，Income 表的说明见表 7-3。

表 7-3　Income 表

字段名	数据类型	允许空	字段说明
id	int	0	记录编号，主键
money	float	0	收入金额
date	date	0	记录日期
comefrom	nvarchar(50)	1	收入来源

实现该系统的代码采用三层架构来组织。在数据访问层，也使用了封装访问数据库常用方法的类 DBHelper。整个系统设计了 7 个窗体，各窗体作用见表 7-4。

表 7-4　个人记账系统中的窗体

窗体名称	说明
frmLogin	登录，输入正确的用户名和密码后即可登录系统
frmMain	系统主界面，登录后即进入主界面，在该界面单击不同的按钮，即可打开其他窗体
frmIncome	在该界面实现收入信息的显示、添加、修改和删除
frmEditIncome	在 frmIncome 窗体的 DataGridView 控件中右击，在弹出的快捷菜单中选择"修改"命令，则打开该窗体，实现收入信息的修改
frmSpend	在该界面实现支出信息的显示、添加、修改和删除
frmEditSpend	在 frmSpend 窗体的 DataGridView 控件中单击"修改"按钮，则打开该窗体，实现支出信息的修改
frmView	在该界面可根据指定的时间段查询相关的收入、支出信息，并分别进行收支金额统计

7.2.2　登录

微课 7-7
实现登录功能

登录功能主要是验证账号和密码，验证无误后进入系统主界面。实现步骤如下：

① 在类库 MyAccounting.Models 中添加类 User，其属性与 User 表中各字段对应。在表示层的登录窗口中输入账号和密码，将它们分别赋值给 User 对象的属性，然后将该对象传入业务逻辑层。该类定义如下：

```csharp
public class User
{
    public string ID { get; set; }       // 账户
    public string Pwd { get; set; }      // 密码

    public User() { }
    public User(string userID, string userPwd)
    {
        this.ID = userID;
        this.Pwd = userPwd;
    }
}
```

② 在数据访问层 MyAccounting.DAL 中添加类 UserService，该类定义如下：

```csharp
public class UserService
{
    //验证用户账户密码
    public static bool ValidataUser(User u)
    {
        string sqlstr = "select id from [User] where (id = @id) and (pwd = @pwd)";
        SqlParameter[] param=new SqlParameter[]
        {
            new SqlParameter("@id",u.ID),
            new SqlParameter("@pwd",u.Pwd)
        };
        DataTable dt = DBHelper.GetDataTable(sqlstr,param);
        if (dt.Rows.Count != 0)
            return true;
        else
            return false;
    }
}
```

③ 在业务逻辑层 MyAccounting.BLL 中添加类 UserManage，该类定义如下：

```csharp
public class UserManage
{
    public static bool ValidataUser(User u)
    {
        return UserService.ValidataUser(u);
    }
}
```

④ 在表示层，添加窗体 frmLogin，其界面如图 7-7 所示：

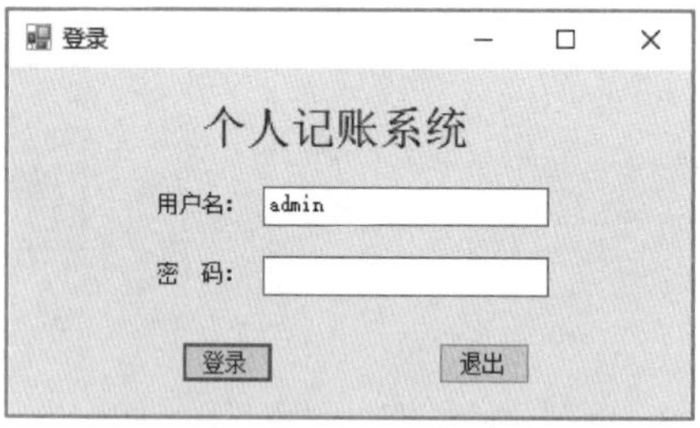

图 7-7 个人记账系统登录界面

为"登录"按钮的 Click 事件添加如下代码：

```csharp
private void btnLogin_Click(object sender, EventArgs e)
{
    if (txtUserName.Text.Trim() == "" || txtUserPwd.Text.Trim() == "")
        MessageBox.Show(" 用户名或密码为空！ "," 提示 ", MessageBoxButtons.OK，MessageBoxIcon.Information);
    else
    {
        User u=new User(txtUserName.Text.Trim(),txtUserPwd.Text.Trim());
        if(UserManage.ValidataUser(u))
        {
            this.Hide();
            frmMain mainForm = new frmMain();
            mainForm.Show();
        }
        else
        {
            MessageBox.Show(" 用户名或密码有误！ "," 提示 ", MessageBoxButtons.OK, MessageBoxIcon.Information);
        }
    }
}
```

为"退出"按钮的 Click 事件添加如下代码：

```csharp
private void btnExit_Click(object sender, EventArgs e)
{
    Application.Exit();
}
```

7.2.3 主界面

微课 7-8
主界面设计

登录成功后，进入主界面，如图 7-8 所示。在主界面，通过单击工具栏上的各个按钮，在主界面内打开不同的子窗体，从而增加、修改和删除收支记录，以及查询和统计指定时间段内的收支情况。

将主界面窗体 frmMain 的属性 IsMdiContainer 设置为 true。为 frmMain 添加以下代码：

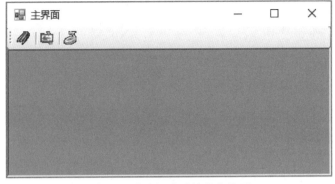

图 7-8　个人记账系统的主界面

```
// 工具栏上的按钮，打开【收入处理】界面
private void tsBtnIncome_Click(object sender, EventArgs e)
{
    frmIncome incomeForm = new frmIncome();
    incomeForm.MdiParent = this;
    incomeForm.Show();
}

// 工具栏上的按钮，打开【支出处理】界面
private void tsBtnSpend_Click(object sender, EventArgs e)
{
    frmSpend spendForm = new frmSpend();
    spendForm.MdiParent = this;
    spendForm.Show();
}

// 工具栏上的按钮，打开【收支统计】界面
private void tsBtnView_Click(object sender, EventArgs e)
{
    frmView viewForm = new frmView();
    viewForm.MdiParent = this;
    viewForm.Show();
}

private void frmMain_FormClosing(object sender, FormClosingEventArgs e)
{
    DialogResult result = MessageBox.Show(" 确认退出系统 ", " 警告 ", Message BoxButtons.YesNo, MessageBoxIcon.Exclamation);
    if (result = = DialogResult.Yes)
        e.Cancel = false;
    else
        e.Cancel = true;
}

private void frmMain_FormClosed(object sender, FormClosedEventArgs e)
```

```
        {
            Application.Exit();
        }
```

7.2.4 收入处理

在主界面工具栏通过单击"收入"按钮后,打开处理收入的窗体,在该窗体中,可以添加新的收入记录,以及修改和删除选中的收入记录。

① 在类库 MyAccounting.Models 中添加类 Income,其属性与 Income 表中各字段对应。该类定义如下:

微课 7-9
收入处理 - 数据的
显示、添加、删除

```csharp
public class Income
{
    public int 编号 { get; set; }           // 编号
    public float 金额 { get; set; }         // 金额
    public DateTime 日期 { get; set; }      // 日期
    public string 来源 { get; set; }        // 来源

    public Income() { }
    public Income(float money, DateTime date, string comefrom)
    {
        this.金额 = money;
        this.日期 = date;
        this.来源 = comefrom;
    }
}
```

② 在数据访问层 MyAccounting.DAL 中添加类 IncomeService,该类定义如下:

```csharp
public class IncomeService
{
    // 获取收入列表
    public List<Income> GetIncomeList()
    {
        string sqlstr = "select * from Income order by date DESC ";
        DataTable dt = DBHelper.GetDataTable(sqlstr);
        List<Income> list = new List<Income>();
        foreach (DataRow r in dt.Rows)
        {
            Income income = new Income();
            income.编号 = int.Parse(r["id"].ToString());
            income.金额 = float.Parse(r["money"].ToString());
            income.日期 = DateTime.Parse(r["date"].ToString());
            income.来源 = r["comefrom"].ToString();
            list.Add(income);
        }
```

```csharp
        return list;
    }


    // 添加收入记录
    public bool AddIncome(Income newIncome)
    {
        string sqlStr = "insert into Income values(@money,@date,@comefrom)";
        SqlParameter[] param = new SqlParameter[]
        {
            new SqlParameter("@money",newIncome.金额 ),
            new SqlParameter("@date",newIncome.日期 ),
            new SqlParameter("@comefrom",newIncome.来源 )
        };
        return DBHelper.ExcuteCommand(sqlStr, param);
    }


    // 根据编号查找收入记录，为修改做准备
    public Income SearchById(int id)
    {
        string sqlstr = string.Format("select * from Income where id={0}",id);
        DataTable dt = DBHelper.GetDataTable(sqlstr);
        Income income = new Income();
        DataRow r = dt.Rows[0];
        income.编号 = int.Parse(r["id"].ToString());
        income.金额 = float.Parse(r["money"].ToString());
        income.日期 = DateTime.Parse(r["date"].ToString());
        income.来源 = r["comefrom"].ToString();
        return income;
    }


    // 修改收入记录
    public bool SaveEdit(Income income)
    {
        string sqlstr = "update Income set money=@money,date=@date,comefrom=@comefrom where id=@id";
        SqlParameter[] param = new SqlParameter[]
        {
            new SqlParameter("@money",income.金额 ),
            new SqlParameter("@date",income.日期 ),
            new SqlParameter("@comefrom",income.来源 ),
            new SqlParameter("@id",income.编号 )
        };
        return DBHelper.ExcuteCommand(sqlstr, param);
    }
```

```csharp
        // 删除收入记录
        public bool DelIncome(int id)
        {
            string sqlstr = string.Format("delete from Income where id={0}",id);
            return DBHelper.ExcuteCommand(sqlstr);
        }
    }
```

③ 在业务逻辑层 MyAccounting.BLL 中添加类 IncomeManage，该类定义如下：

```csharp
public class IncomeManage
{
    IncomeService incomeService = new IncomeService();
    public IList<Income> listIncome;
    public float totalIncome;

    // 获取收入列表
    public IList<Income> GetIncomeList()
    {
        return incomeService.GetIncomeList();
    }

    // 添加收入记录
    public bool AddIncome(Income newIncome)
    {
        return incomeService.AddIncome(newIncome);
    }

    // 删除收入记录
    public bool DelIncome(int id)
    {
        return incomeService.DelIncome(id);
    }

    // 根据编号查找收入记录
    public Income SearchById(int id)
    {
        return incomeService.SearchById(id);
    }

    // 修改收入记录
    public bool SaveEdit(Income income)
    {
        return incomeService.SaveEdit(income);
    }
}
```

④ 在表示层，添加窗体 frmIncome，其界面如图 7-9 所示。

打开该窗体时，在 dgvIncome 控件中按最近日期的方式显示所有的收入记录；选择日期，输入金额和来源后单击"确认"按钮即可添加新的收入记录；在 dgvIncome 控件选中一条记录，右击，在弹出的快捷菜单中选择"删除"命令则可删除该记录，或选择"编辑"命令，则打开"修改收入记录"的窗体。窗体 frmIncome 的代码如下：

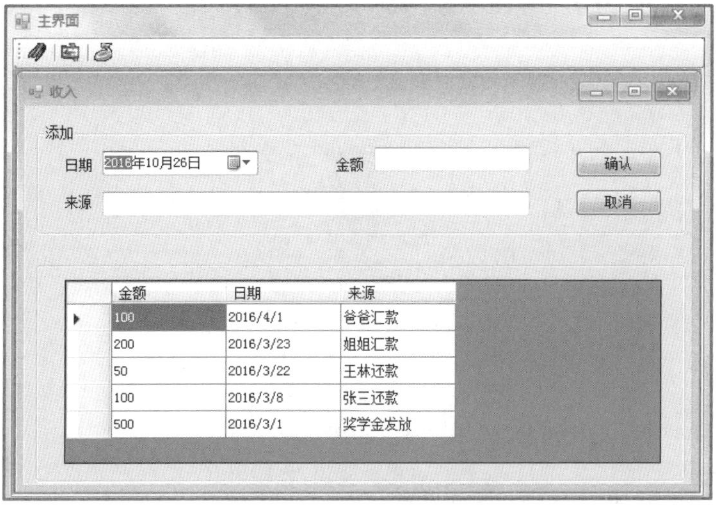

图 7-9 收入处理界面

```csharp
public partial class frmIncome : Form
{
    IncomeManage incomeManage;
    public frmIncome()
    {
        InitializeComponent();
        incomeManage = new IncomeManage();
    }

    private void frmIncome_Load(object sender, EventArgs e)
    {
        dtDate.Text = DateTime.Now.ToShortTimeString();
        //窗体打开时，显示现有的收入记录，按日期排序
        dgvIncome.DataSource = incomeManage.GetIncomeList();
        dgvIncome.Columns[0].Visible = false;
    }

    private void btnOk_Click(object sender, EventArgs e)
    {
        //确认添加一条新记录
        Income newIncome=new Income();
        newIncome.日期 = DateTime.Parse(dtDate.Text);
        newIncome.金额 = float.Parse(txtMoney.Text);
```

```csharp
            newIncome.来源 = txtComefrom.Text;
            if (incomeManage.AddIncome(newIncome))
            {
                txtMoney.Text = "";
                dtDate.Text = DateTime.Now.ToShortTimeString();
                txtComefrom.Text="";
                MessageBox.Show(" 添加成功 ", " 提示 ");
                dgvIncome.DataSource = incomeManage.GetIncomeList();
            }
        }

        private void btnCancel_Click(object sender, EventArgs e)
        {
            // 取消添加的内容
            txtComefrom.Text = "";
            txtMoney.Text = "";
            dtDate.Text = DateTime.Today.ToShortDateString();
        }

        private void msiEdit_Click(object sender, EventArgs e)
        {
            if (dgvIncome.SelectedRows.Count <= 0)
            // 判断是否选中 dgvIncome 中的一行
            {
                MessageBox.Show(" 请选中一行进行操作 ");
                return;
            }
            int incomeID = Convert.ToInt32(dgvIncome.SelectedRows[0].Cells[0].Value);
            frmEditIncome frmEdit = new frmEditIncome(incomeID);
            // 将 incomeID 传入 frmEdit 中
            frmEdit.ShowDialog();
            dgvIncome.DataSource = incomeManage.GetIncomeList();
        }

        private void msiDelete_Click(object sender, EventArgs e)
        {
            if (dgvIncome.SelectedRows.Count <= 0)
            // 判断是否选中 dgvIncome 中的一行
            {
                MessageBox.Show(" 请选中一行进行操作 ");
                return;
            }
            int incomeID = Convert.ToInt32(dgvIncome.SelectedRows[0].Cells[0].Value);
            incomeManage.DelIncome(incomeID);
            dgvIncome.DataSource = incomeManage.GetIncomeList();
        }
    }
}
```

⑤ 在窗体 frmIncome 的 dgvIncome 选中一条记录，右击，在弹出的快捷菜单中选择"编辑"命令，则打开"修改收入记录"窗体，如图 7-10 所示。

图 7-10 修改收入记录界面

对原有记录的各个值做修改后，单击"确定"按钮，则可保存修改；若单击"取消"按钮，则恢复原来的值。为该窗体添加以下代码：

微课 7-10
收入处理-数据的修改

```
public partial class frmEditIncome : Form
{
    int ID;
    IncomeManage incomeManage;
    Income orgIncome,newIncome;
    public frmEditIncome(int id)
    {
        InitializeComponent();
        this.ID = id;
        incomeManage=new IncomeManage();
    }

    private void frmEditIncome_Load(object sender, EventArgs e)
    {
        //显示原来的数据
        orgIncome = new Income();
        orgIncome = incomeManage.SearchById(ID);

        dtDate.Text = orgIncome.日期.ToShortDateString();
        txtMoney.Text = orgIncome.金额.ToString();
        txtComefrom.Text = orgIncome.来源;
    }

    private void btnOk_Click(object sender, EventArgs e)
    {
        newIncome = new Income();
        newIncome.编号 = orgIncome.编号;
```

```
                newIncome.日期 = DateTime.Parse(dtDate.Text);
                newIncome.金额 = float.Parse(txtMoney.Text);
                newIncome.来源 = txtComefrom.Text;

                // 保存修改
                if (incomeManage.SaveEdit(newIncome))
                {
                    MessageBox.Show(" 修改成功 ");
                    this.Close();
                }
                else
                    MessageBox.Show(" 修改失败 ");
            }

            private void btnCancel_Click(object sender, EventArgs e)
            {
                //恢复原数据
                dtDate.Text=orgIncome.日期.ToShortDateString();
                txtMoney.Text=orgIncome.金额.ToString();
                txtComefrom.Text = orgIncome.来源 ; ;
            }
        }
```

7.2.5 支出处理

在主界面工具栏通过单击"支出"按钮后,打开处理支出的窗体,在该窗体中,可以添加新的支出记录,以及修改和删除选中的支出记录。

① 在类库 MyAccounting.Models 中添加类 Spend,其属性与 Spend 表中各字段对应。该类定义如下:

微课 7-11
支出处理 – 数据的显示、添加、删除

```
public class Spend
{
    public int 编号 { get; set; }            // 编号
    public float 金额 { get; set; }          // 金额
    public DateTime 日期 { get; set; }       // 日期
    public string 用途 { get; set; }         // 用处

    public Spend() { }
    public Spend(float money, DateTime date, string usefor, string note)
    {
        this.金额 = money;
        this.日期 = date;
        this.用途 = usefor;
    }
}
```

② 在数据访问层 MyAccounting.DAL 中添加类 SpendService,该类定义

如下：

```csharp
public class SpendService
{
    //获取支出列表
    public List<Spend> GetSpendList()
    {
        string sqlstr = "select * from Spend order by date DESC ";
        DataTable dt = DBHelper.GetDataTable(sqlstr);
        List<Spend> list = new List<Spend>();
        foreach (DataRow r in dt.Rows)
        {
            Spend spend = new Spend();
            spend.编号 = int.Parse(r["id"].ToString());
            spend.金额 = float.Parse(r["money"].ToString());
            spend.日期 = DateTime.Parse(r["date"].ToString());
            spend.用途 = r["usefor"].ToString();
            list.Add(spend);
        }
        return list;
    }

    //添加支出记录
    public bool AddSpend(Spend newSpend)
    {
        string sqlStr = "insert into Spend values(@money,@date,@usefor)";
        SqlParameter[] param = new SqlParameter[]
        {
            new SqlParameter("@money",newSpend.金额 ),
            new SqlParameter("@date",newSpend.日期 ),
            new SqlParameter("@usefor",newSpend.用途 )
        };
        return  DBHelper.ExcuteCommand(sqlStr, param);
    }

    //根据编号查找支出记录，为修改做准备
    public Spend SearchById(int id)
    {
        string sqlstr = string.Format("select * from Spend where id={0}", id);
        DataTable dt = DBHelper.GetDataTable(sqlstr);
        Spend spend = new Spend();
        DataRow r = dt.Rows[0];
        spend.编号 = int.Parse(r["id"].ToString());
        spend.金额 = float.Parse(r["money"].ToString());
        spend.日期 = DateTime.Parse(r["date"].ToString());
        spend.用途 = r["usefor"].ToString();
        return  spend;
```

```csharp
        }

        // 修改支出记录
        public bool SaveEdit(Spend spend)
        {
            string sqlstr = "update Spend set money=@money,date=@date,usefor=@usefor where id=@id";
            SqlParameter[] param = new SqlParameter[]
            {
                new SqlParameter("@money",spend.金额 ),
                new SqlParameter("@date",spend.日期 ),
                new SqlParameter("@usefor",spend.用途 ),
                new SqlParameter("@id",spend.编号 )
            };
            return DBHelper.ExcuteCommand(sqlstr, param);
        }

        // 删除支出记录
        public bool DelSpend(int id)
        {
            string sqlstr = string.Format("delete from Spend where id={0}", id);
            return DBHelper.ExcuteCommand(sqlstr);
        }
}
```

③ 在业务逻辑层 MyAccounting.BLL 中添加类 SpendManage，该类定义如下：

```csharp
public class SpendManage
{
    SpendService spendService = new SpendService();
    public IList<Spend> listSpend;
    public float totalSpend;

        // 获取支出列表
        public IList<Spend> GetSpendList()
        {
            return spendService.GetSpendList();
        }

        // 添加支出记录
        public bool AddSpend(Spend newSpend)
        {
            return spendService.AddSpend(newSpend);
        }

        // 根据编号查找支出记录，为修改做准备
```

```csharp
        public Spend SearchById(int id)
        {
            return spendService.SearchById(id);
        }

        // 修改支出记录
        public bool SaveEdit(Spend spend)
        {
            return spendService.SaveEdit(spend);
        }

        // 删除支出记录
        public bool DelSpend(int id)
        {
            return spendService.DelSpend(id);
        }
    }
```

④ 在表示层，添加窗体 frmSpend，其界面如图 7-11 所示。

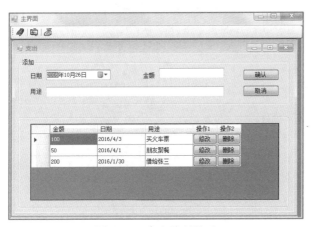

图 7-11　支出处理界面

打开该窗体时，在 dgvSpend 控件按最近日期的方式显示所有的支出记录；选择日期，输入金额和用途后单击"确认"按钮即可添加新的支出记录；在 dgvSpend 控件选中一条记录，单击"删除"按钮则可删除该记录，或右击，在弹出的快捷菜单中选择"编辑"命令，则打开"修改支出记录"窗体。窗体 frmSpend 的代码如下：

```csharp
public partial class frmSpend : Form
{
    SpendManage spendManage;

    public frmSpend()
    {
        InitializeComponent();
```

```csharp
    spendManage = new SpendManage();
}

private void frmSpend_Load(object sender, EventArgs e)
{
    dtDate.Text = DateTime.Now.ToShortTimeString();
    // 窗体打开时，显示现有的支出记录，按日期排序
    dgvSpend.DataSource = spendManage.GetSpendList();
    dgvSpend.Columns[0].Visible = false;

    // 在 dgvSpend 中的每一行显示两个按钮实现修改和删除
    DataGridViewButtonColumn btn1 = new DataGridViewButtonColumn();
    btn1.Width = 50;
    btn1.HeaderText = " 操作 1";
    btn1.DefaultCellStyle.NullValue = " 修改 ";
    dgvSpend.Columns.Add(btn1);
    DataGridViewButtonColumn btn2 = new DataGridViewButtonColumn();
    btn2.Width = 50;
    btn2.HeaderText = " 操作 2";
    btn2.DefaultCellStyle.NullValue = " 删除 ";
    dgvSpend.Columns.Add(btn2);
}

private void btnOk_Click(object sender, EventArgs e)
{
    // 确认添加一条新记录
    Spend newSpend = new Spend();
    newSpend.日期 = DateTime.Parse(dtDate.Text);
    newSpend.金额 = float.Parse(txtMoney.Text);
    newSpend.用途 = txtUseFor.Text;
    if (spendManage.AddSpend(newSpend))
    {
        txtMoney.Text = "";
        dtDate.Text = DateTime.Now.ToShortTimeString();
        txtUseFor.Text = "";
        MessageBox.Show(" 添加成功 ", " 提示 ");
        dgvSpend.DataSource = spendManage.GetSpendList();
    }
}

private void btnCancel_Click(object sender, EventArgs e)
{
    // 取消添加的内容
    txtUseFor.Text = "";
    txtMoney.Text = "";
    dtDate.Text = DateTime.Today.ToShortDateString();
```

```csharp
        }
        private void dgvSpend_CellClick(object sender, DataGridViewCellEventArgs e)
        {
            int spendID;
            spendID = Convert.ToInt32(dgvSpend.Rows[e.RowIndex].Cells[2].Value);
            if (e.ColumnIndex == 0)
            {
                frmEditSpend frmEdit = new frmEditSpend(spendID);
                frmEdit.ShowDialog();
            }
            else if (e.ColumnIndex == 1)
            {
                if (spendManage.DelSpend(spendID))
                    MessageBox.Show(" 删除成功！ ");
                else
                    MessageBox.Show(" 删除失败！ ");
            }
            dgvSpend.DataSource = spendManage.GetSpendList();
        }
    }
```

⑤ 在窗体 frmSpend 单击"修改"按钮后，打开"修改支出记录"的窗体，如图 7-12 所示。

图 7-12 修改支出记录界面

对原有记录的各个值做修改后，单击"确定"按钮，则可保存修改；若单击"取消"按钮，则恢复原来的值。为该窗体添加以下代码：

```csharp
public partial class frmEditSpend : Form
{
    int ID;
    SpendManage spendManage;
```

微课 7-12
支出处理 – 数据的修改

```csharp
    Spend orgSpend,newSpend;
    public frmEditSpend(int id)
    {
        InitializeComponent();
        this.ID = id;
        spendManage=new SpendManage();
    }

    private void frmEditSpend_Load(object sender, EventArgs e)
    {
        // 显示原来的数据
        orgSpend = new Spend();
        orgSpend = spendManage.SearchById(ID);

        dtDate.Text = orgSpend. 日期 .ToShortDateString();
        txtMoney.Text = orgSpend. 金额 .ToString();
        txtComefrom.Text = orgSpend. 用途 ;
    }

    private void btnOk_Click(object sender, EventArgs e)
    {
        newSpend = new Spend();
        newSpend. 编号 = orgSpend. 编号 ;
        newSpend. 日期 = DateTime.Parse(dtDate.Text);
        newSpend. 金额 = float.Parse(txtMoney.Text);
        newSpend. 用途 = txtComefrom.Text;

        // 保存修改
        if (spendManage.SaveEdit(newSpend))
        {
            MessageBox.Show(" 修改成功 ");
            this.Close();
        }
        else
            MessageBox.Show(" 修改失败 ");
    }

    private void btnCancel_Click(object sender, EventArgs e)
    {
        // 恢复原数据
        dtDate.Text = orgSpend. 日期 .ToShortDateString();
        txtMoney.Text = orgSpend. 金额 .ToString();
        txtComefrom.Text = orgSpend. 用途 ;
    }
}
```

7.2.6 收支查询统计

在主界面工具栏单击"收支统计"按钮后,打开【收支统计】窗体,在该窗体中,可以按指定起止日期查询该时间段内的收入和支出明细,并统计相应金额。

微课 7–13
收支查询统计

① 在数据访问层 MyAccounting.DAL 的类 IncomeService 中添加 GetIncomeList 方法的重载,以根据选定的起止时间来查找收入记录:

```
public List<Income> GetIncomeList(DateTime dt1,DateTime dt2)
{
        string sqlstr = string.Format("select * from Income  where date Between '{0}' and '{1}' Order by date DESC", dt1.ToShortDateString(), dt2.ToShortDateString());
        DataTable dt = DBHelper.GetDataTable(sqlstr);
        List<Income> list = new List<Income>();
        if (dt != null)
            foreach (DataRow r in dt.Rows)
            {
                Income income = new Income();
                income.编号 = int.Parse(r["id"].ToString());
                income.金额 = float.Parse(r["money"].ToString());
                income.日期 = DateTime.Parse(r["date"].ToString());
                income.来源 = r["comefrom"].ToString();
                list.Add(income);
            }
        return  list;
}
```

② 在业务逻辑层 MyAccounting.BLL 的类 IncomeManager 中添加 ViewIncome 方法,以统计选定起止时间内所有收入记录的金额总额:

```
public void ViewIncome(DateTime dt1,DateTime dt2)
{
        totalIncome = 0;
        listIncome=incomeService.GetIncomeList(dt1.Date,dt2.Date);
        for (int i = 0; i < listIncome.Count;  i++)
            totalIncome += listIncome[i].金额 ;
}
```

③ 在数据访问层 MyAccounting.DAL 的类 SpendService 中添加 GetSpendList 方法的重载,以根据选定的起止时间来查找支出记录:

```
public List<Spend> GetSpendList(DateTime dt1,DateTime dt2)
{
        string sqlstr = string.Format("select * from Spend  where date Between '{0}' and '{1}' Order by date DESC", dt1.ToShortDateString(), dt2.ToShortDateString());
        DataTable dt = DBHelper.GetDataTable(sqlstr);
        List<Spend> list = new List<Spend>();
        if (dt != null)
```

```
                foreach (DataRow r in dt.Rows)
                {
                    Spend spend = new Spend();
                    spend.编号 = int.Parse(r["id"].ToString());
                    spend.金额 = float.Parse(r["money"].ToString());
                    spend.日期 = DateTime.Parse(r["date"].ToString());
                    spend.用途 = r["usefor"].ToString();
                    list.Add(spend);
                }
            return list;
}
```

④ 在业务逻辑层 MyAccounting.BLL 的类 SpendManager 中添加 ViewSpend 方法，以统计选定起止时间内所有支出记录的金额总额：

```
public void ViewSpend(DateTime dt1, DateTime dt2)
{
        totalSpend = 0;
        listSpend = spendService.GetSpendList(dt1.Date, dt2.Date);
        for (int i = 0; i < listSpend.Count; i++)
            totalSpend += listSpend[i].金额 ;
}
```

⑤ 在表示层，添加【收支统计】窗体，窗体设计如图 7-13 所示。

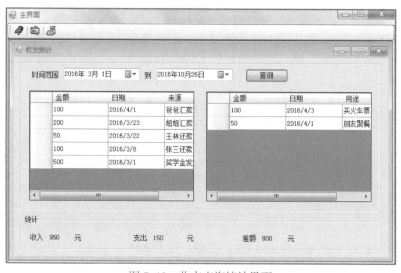

图 7-13　收支查询统计界面

为该窗体添加代码如下：

```
public partial class frmView : Form
{
        IncomeManage incomeManage;
        SpendManage spendManage;
```

```csharp
public frmView()
{
    InitializeComponent();
    incomeManage = new IncomeManage();
    spendManage = new SpendManage();
}

private void frmView_Load(object sender, EventArgs e)
{
    dtDate1.Text = DateTime.Now.ToShortTimeString();
    dtDate2.Text = DateTime.Now.ToShortTimeString();
}

private void btSearch_Click(object sender, EventArgs e)
{
    float l_income=0,l_spend=0,l_diff;
    DateTime dt1, dt2;
    dt1 = DateTime.Parse(dtDate1.Text);
    dt2 = DateTime.Parse(dtDate2.Text);

    lblIncome.Text="";
    lblSpend.Text="";
    lblDiffer.Text="";

    // 根据时间段查找收入记录
    incomeManage.ViewIncome(dt1.Date,dt2.Date);
    if (incomeManage.listIncome.Count!=0)
    {
        dgvIncome.DataSource = incomeManage.listIncome;
        dgvIncome.Columns[0].Visible = false;
        l_income=incomeManage.totalIncome;
        lblIncome.Text = l_income.ToString();
    }
    else
        MessageBox.Show(" 没有找到符合条件的收入记录！ ");

    // 根据时间段查找支出记录
    spendManage.ViewSpend(dt1.Date, dt2.Date);
    if (spendManage.listSpend.Count != 0)
    {
        dgvSpend.DataSource = spendManage.listSpend;
        dgvSpend.Columns[0].Visible = false;
        l_spend = spendManage.totalSpend;
        lblSpend.Text = l_spend.ToString();
```

```
            }
            else
                MessageBox.Show(" 没有找到符合条件的支出记录！ ");

            l_diff =l_income - l_spend;
            lblDiffer.Text = l_diff.ToString();
        }
    }
```

单元小结

本单元主要介绍了三层架构以及各层之间的逻辑关系，并使用一个案例演示三层架构的创建方法。最后，基于三层架构，通过一个常见的、简易的个人记账系统，讲解了小型 WinFrom 应用程序的开发过程。

参 考 文 献

[1] 龚根华，王炜立. ADO.NET 数据访问技术 [M]. 北京：清华大学出版社，2012.
[2] 张骏，崔海. ADO.NET 数据库应用开发 [M]. 北京：机械工业出版社，2008.
[3] 柴晟，王云，王永红. ADO.NET 数据库访问技术案例式教程 [M]. 2 版. 北京：北京航空航天大学出版社，2013.
[4] Agarwal Vidya Vrat, Huddleston James，等. C#2008 数据库入门经典 [M]. 4 版. 沈洁，杨华，译. 北京：清华大学出版社，2009.
[5] Watson Karli, Nagel Christian. C# 入门经典 [M]. 5 版. 齐立波，译. 北京：清华大学出版社，2010.
[6] Nagel Christian, Evjen Bill, Glynn Jay，等. C# 高级编程 [M]. 4 版. 李敏波，译. 北京：清华大学出版社，2006.
[7] Lee Wei-Meng. C# 2008 编程参考手册 [M]. 薛莹，译. 北京：清华大学出版社，2009.
[8] L. Shoemaker Martin. UML 实战教程——面向 .NET 开发人员 [M]. 高猛，朱洁梅，译. 北京：清华大学出版社，2006.
[9] 黑马程序员. C# 程序设计基础入门教程 [M]. 2 版. 北京：人民邮电出版社，2020.
[10] 崔舒宁. C# 程序设计 [M]. 北京：高等教育出版社，2020.

郑重声明

高等教育出版社依法对本书享有专有出版权。任何未经许可的复制、销售行为均违反《中华人民共和国著作权法》,其行为人将承担相应的民事责任和行政责任;构成犯罪的,将被依法追究刑事责任。为了维护市场秩序,保护读者的合法权益,避免读者误用盗版书造成不良后果,我社将配合行政执法部门和司法机关对违法犯罪的单位和个人进行严厉打击。社会各界人士如发现上述侵权行为,希望及时举报,本社将奖励举报有功人员。

反盗版举报电话 (010) 58581999 58582371 58582488
反盗版举报传真 (010) 82086060
反盗版举报邮箱 dd@hep.com.cn
通信地址 北京市西城区德外大街 4 号
高等教育出版社法律事务与版权管理部
邮政编码 100120

防伪查询说明

用户购书后刮开封底防伪涂层,利用手机微信等软件扫描二维码,会跳转至防伪查询网页,获得所购图书详细信息。用户也可将防伪二维码下的 20 位密码按从左到右、从上到下的顺序发送短信至 106695881280,免费查询所购图书真伪。

反盗版短信举报

编辑短信"JB,图书名称,出版社,购买地点"发送至 10669588128

防伪客服电话

(010) 58582300